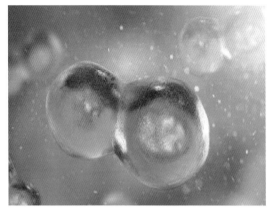

图 1-5　细胞图像

图 1-6　金相图像

图 1-8　"十"字光标处的 RGB 分量为(192,32,66)

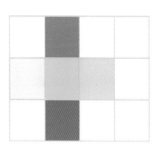

图 1-10　彩色图像 1

图 1-12　彩色图像 2

(a) 原始图像

(b) 增强后的图像

图 1-14　图像增强

(a) 高斯模糊图像   (b) 复原后的图像

图 1-15   图像复原

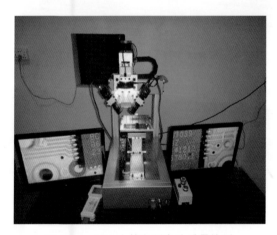

图 1-18   PCB 上的印制电路质量检测

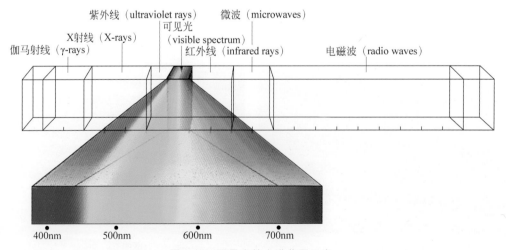

图 1-25   可见光的光谱范围示意

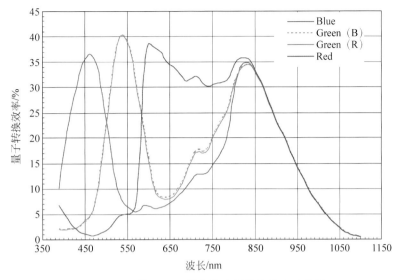

图 1-28 一款 CMOS 图像传感器的波长响应曲线

(a) 环形光源

(b) 条形光源

(c) 面光源

(d) 同轴光源

图 1-40 形式各异的机器视觉光源

(a) 白光照明　　　　　　　　(b) 红光照明　　　　　　　　(c) 蓝光照明

图 1-41　不同颜色照明下的图像

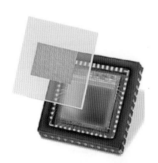 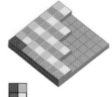 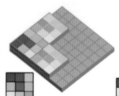 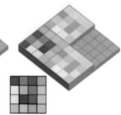

4交织图像
分辨率为$N/2 \times M/2$

9交织图像
分辨率为$N/3 \times M/3$

16交织图像
分辨率为$N/4 \times M/4$

图 1-45　多光谱马赛克滤镜图像传感器

图 1-49　H0102Rgb.bmp

面向新工科专业建设计算机系列教材

图像处理与图像分析基础
（C/C++ 语言版）

任明武　◎　编著

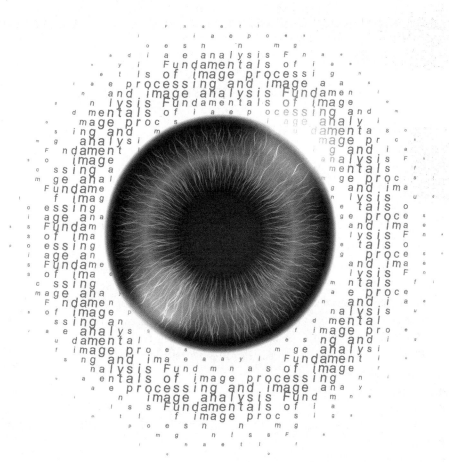

清华大学出版社
北京

内 容 简 介

本书讲述了图像处理和图像分析的基础知识,能够为机器视觉系统的应用开发和图像特征计算与描述、计算机视觉等课程的学习打下坚实的基础。本书针对计算机相关专业本科教学的特点,将课程内容提炼到 32 学时;系统地讲述了图像处理与图像分析系统的基本概念和硬件组成;深入浅出地讲述了空间域图像处理与图像分析的原理与经典方法,分析了它们的优缺点与适用范围;精心设计了作业和思考题,并通过对实际应用的举例,加深读者对相关方法的理解,提高读者灵活运用和解决实际问题的能力。书中编程示例和算法程序全部给出了 C/C++源代码,并穿插讲述了图像优化编程技术。

本书适合计算机科学与技术、人工智能、数据科学、电子工程等相关专业的本科生学习,也适合机器视觉等相关工业领域的专业人士参考。

图书在版编目(CIP)数据

图像处理与图像分析基础:C/C++语言版/任明武编著.—北京:清华大学出版社,2022.1(2023.5重印)

面向新工科专业建设计算机系列教材

ISBN 978-7-302-59203-7

Ⅰ.①图…　Ⅱ.①任…　Ⅲ.①图像处理－C语言－程序设计－教材　Ⅳ.①TP391.41

中国版本图书馆 CIP 数据核字(2021)第 187907 号

责任编辑:闫红梅　张爱华
封面设计:刘　乾
责任校对:刘玉霞
责任印制:宋　林

出版发行:清华大学出版社
　　　　网　　　址:http://www.tup.com.cn,http://www.wqbook.com
　　　　地　　　址:北京清华大学学研大厦 A 座　　　　邮　　编:100084
　　　　社 总 机:010-83470000　　　　　　　　　　　邮　　购:010-62786544
　　　　投稿与读者服务:010-62776969,c-service@tup.tsinghua.edu.cn
　　　　质量反馈:010-62772015,zhiliang@tup.tsinghua.edu.cn
　　　　课件下载:http://www.tup.com.cn,010-83470236
印 装 者:三河市铭诚印务有限公司
经　　销:全国新华书店
开　　本:185mm×260mm　　印　　张:14.75　　插　页:2　　字　　数:348 千字
版　　次:2022 年 1 月第 1 版　　　　　　　　　　　　印　　次:2023 年 5 月第 3 次印刷
印　　数:2301～3300
定　　价:59.00 元

产品编号:085238-01

系列教材编委会

PREFACE

序

　　至此,《图像处理与图像分析基础(C/C++语言版)》算是定稿了,这是我从事该领域教学 20 多年来第一次编写教材,深知不够完美,书中错误或不恰当之处,敬请读者批评指正。

　　由于受到疫情的影响,教学方法发生了一些改变。线上教学的需要,促使我把多年的教学材料较系统地进行了整理,以达到较好的教学效果,这就是本书稿的来源。

　　在教学内容的安排上,考虑到教材的特点,书稿的篇幅不宜太长,所以本书没有面面俱到地讲述图像处理与图像分析的所有内容。本书的初衷是面向本领域的初学者,通过通俗易懂的讲述,在 32 个学时内让读者清晰地掌握图像处理和图像分析的概念、原理和方法,并尽可能做到体系完整。

　　在举例和作业与思考的安排上,我确实颇费心思:既要考虑初学者的能力,不能太难,又要结合实际应用,不能空洞乏味。所以我尽个人能力,努力给出了一些实用化场景的例子和题目,希望能够起到提高兴趣、巩固知识、加深认识和启发思维的作用。作业与思考中的文件资源可从 www. tup. tsinghua. edu. cn 本书页面下载。

　　书中编程示例和算法程序全部给出了 C/C++ 源代码,并穿插讲述了图像优化编程技术。这样做的目的是,通过 C/C++ 源代码展现,能够使读者更透彻地理解算法的详细步骤和实现过程,提高灵活运用的能力;通过讲解图像优化编程的技术,培养实现算法和编程解决实际问题的能力。

任明武

2021 年 3 月于南京

前言

　　本书系统地讲述图像处理和图像分析的基础知识,为机器视觉系统的应用开发和图像特征计算与描述、计算机视觉等方面课程的学习打下较好的基础,培养读者对图像数据的学习兴趣并锻炼编程和实践能力。

　　本书共分7章。第1章是基本概念与系统设计,讲述基本概念,图像系统的硬件组成,摄像机和扫描仪的组成、分类和核心技术指标,图像传感器和智能相机的发展,重点讲述了图像处理与图像分析系统设计的一般流程。第2章是图像增强,讲述常用图像增强方法、图像数据及运算的特点、编程优化方法和图像分块处理、逐像素处理的策略。第3章是图像平滑,讲述常用滤波方法及其思想和特点,以及编程优化技巧。第4章是边缘检测,讲述边缘检测的基本概念和常用算子、边缘锐化,以及两个灵活运用的实例。第5章是图像分割,讲述图像分割的基本概念、基于直方图的阈值选取方法、阈值选取策略、直方图的构造方法等,以及两个光照不均图像的分割实例。第6章是目标形状描述,讲述直线和圆的霍夫变换的基本概念、方法及运用,以及基于链码的目标轮廓跟踪、轮廓填充算法和目标周长、面积的计算。第7章是应用实践,通过两个具体的实际应用,讲述书中原理和方法的灵活运用。

　　本书根据本科教学的特点,将课程内容精炼到32学时,略去了图像压缩及与之关系紧密的频域处理的相关内容。针对计算机相关专业的编程基础和实践需要,书中编程示例和算法程序全部给出了C/C++源代码,并面向机器视觉系统的应用开发,穿插讲述了图像优化编程技术。

　　本书融入了作者多年来从事图像处理与分析的教学经验以及在机器视觉领域的研发体会,诸如处理方法的由来与动机、图像分级处理策略、解析法与枚举法、优化编程等;注重理论和实践相结合,简化数学推导,强化基本概念,以通俗的方式讲述相关的原理与经典方法,并分析它们的优缺点与适用范围;精心设计了作业和思考题,并通过对实际应用的举例,加深读者对知识的理解,提高灵活运用知识和实践的能力。

　　本书既可以作为计算机科学与技术、人工智能、数据科学、电子工程等相关专业的本科教学用书,也可作为机器视觉等相关工程技术人员的参考用书。

任明武

2021 年 3 月

CONTENTS

目录

第 1 章

基本概念与系统设计

本章讲述与图像有关的一些概念,包括图像处理与图像分析的相关术语;讲述图像系统的一般硬件组成,分析高清视频对存储、传输和实时处理的要求;讲述摄像机的组成、分类、选择,镜头和光源及其核心技术指标;讲述扫描仪的组成、分类和核心技术指标;讲述图像采集设备的新发展、图像传感器和智能相机的发展;最后重点讲述图像处理与图像分析系统设计的一般流程。

1.1 基本概念

1.1.1 什么是图像

在社会生活中,人们会接触各种各样的图像,比如手机拍摄的照片或者小视频,医院拍摄的 CT 图像、B 超图像等。那么什么是图像呢?

图像就是用各种观测系统以不同的形式和手段观测世界而获得的,可以直接或间接作用于人眼而产生视觉的实体。

现代科学研究和统计表明,人类从外界获得的信息大约有 75% 来自视觉系统。随着科学和技术的发展,人们获取信息的手段也越来越多,不仅可以通过视觉、听觉,还可以通过触觉来识别文字,因此可以预见通过视觉系统获得的信息占比会进一步降低,但是“百闻不如一见”,视觉将仍然是最主要的信息获取手段。

在日常生活中,常见的各种观测系统包括可见光相机(摄像机)、红外热像仪、CT 设备、B 超设备、雷达(SAR 图像)、显微镜等;形式包括印刷、录像、影视等;手段包括可见光、红外辐射、X 射线、超声波、电磁波等。

不同应用领域的图像,因为其各有特点,又被冠以易记的名字。比如红外图像(见图 1-1)、卫星遥感图像(见图 1-2)、B 超图像(见图 1-3)、文档图像(见图 1-4)、细胞图像(见图 1-5)和金相图像(见图 1-6)等。

图 1-1　红外图像

图 1-2　卫星遥感图像

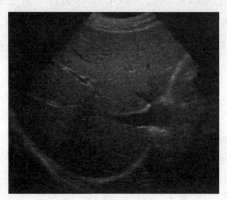

图 1-3　B超图像

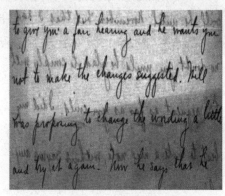

图 1-4　文档图像

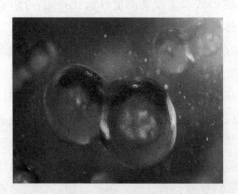

图 1-5　细胞图像

图 1-6　金相图像

1.1.2　图像数据的表示

图像数据从时间轴上大致分为两种：一种是图片，就是常说的 picture，图片保存的常用文件格式有 bmp、jpg 等，常被称为一幅图像或者一帧图像；另一种是视频，也称视频图像，就是常说的 video，即视频类型的图像，常被称为一段录像。视频图像是由每秒 25 帧以上连续的图片组成的,这里面的每一幅图片叫作帧(frame),它必须要满足一定的帧率,要大于人类的视觉暂留需要的帧率(每秒 25 帧)。如果去掉这个限制,在学术上就将视频图像统称为序列图像(sequence image)。由于视频图像的数据量特别大,而且相邻帧之间有大量的信息冗余,因此视频图像一般是执行图像压缩后再保存和传输,常用文件格式有 avi、mp4、H. 264 等。

照片或者单帧图像都可以看成是由 x 轴和 y 轴表示的二维数据,习惯上规定 x 轴代表图像的宽度,y 轴代表图像的高度,比如 1080p 高清图像的分辨率是 1920×1080 像素,就是说图像的宽度是 1920,图像的高度是 1080,宽高比为 16∶9。对于有确定宽度和高度两个维度的一幅图像数据而言,其最直观和最简便的形式就是一个矩阵,称之为图像矩阵。以灰度图像为例,宽度为 n、高度为 m 的图像 F,其矩阵表示为:

$$F = \begin{bmatrix} f(0,0) & f(0,1) & \cdots & f(0,n-1) \\ f(1,0) & f(1,1) & \cdots & f(1,n-1) \\ \vdots & \vdots & & \vdots \\ f(m-1,0) & f(m-1,1) & \cdots & f(m-1,n-1) \end{bmatrix} \tag{1-1}$$

其中,$f(i,j)$ 表示位置 (i,j) 处的亮度值,矩阵中的每个元素对应图像的一个点或区域,称为像素(picture element,pixel)。图像 F 也可用向量表示为:

$$F = [f_0, f_1, \cdots, f_{m-1}]^{\mathrm{T}} \tag{1-2}$$

其中,$f_i = [f(i,0), f(i,1), \cdots, f(i,n-1)]$ 为行向量,T 表示转置,这种记法比较简洁,但可读性差。

图像常被分为灰度图像(grayscale image)和彩色图像(colorful image)两种。在灰度图像中,每像素只有一个数值,就是亮度(grayscale);而在彩色图像中,每像素有 3 个数值,分别是红色、绿色和蓝色,即(red,green,blue)3 个颜色分量,习惯上称为 RGB 分量。

图 1-7 是灰度图像,"+"字光标处较亮,所以其灰度值也比较大,其值是 236。图 1-8 是彩色图像,"+"字光标处较红,所以红色分量的值较大,其值是 192。

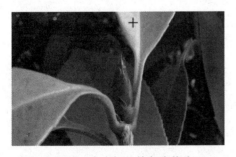 

图 1-7　"+"字光标处的灰度值为 236　　　图 1-8　"+"字光标处的 RGB 分量为(192,32,66)

图像数据也是一种常规数据,可以说它是以矩阵的形式表示的数据,一幅图像就是一个矩阵而已。但是,图像数据有其独特的特点和非常实用的处理方法,在数十年的发展过程中形成了独特的理论和方法体系。

1.1.3　图像数据的存储与访问

人们读书和写字是按照"从上到下、从左到右"的顺序进行的。一幅图像数据在计算机内存中的存放顺序也是如此，即先存放第一行数据，再存放第二行数据，每行数据都是按照"从左到右"的顺序存放的，以此类推。下面举例说明。

图 1-9 和图 1-10 分别是一幅灰度图像和一幅彩色图像，它们都有 12（＝4×3）像素。常规图像的灰度或颜色的取值范围是 0～255，所以灰度图像的每像素用 8 比特、彩色图像的每像素用 24（＝8×3）比特就可以表示了。在计算机中，8 比特就是 1 字节。在C/C++编程语言中，用 unsigned char 定义单字节的无符号整数；在 Windows 和图像处理中常把 unsigned char 重新定义为 BYTE 数据类型。图 1-9 中的灰度图像在计算机内存中占用了 12 字节；因为彩色图像的每像素有（red，green，blue）3 个颜色分量，每个颜色分量占用1 字节，所以图 1-10 中的彩色图像占用了 36（＝12×3）字节。一个简单的 C/C++语言程序 1-1 如下。

图 1-9　灰度图像 1

图 1-10　彩色图像 1

【程序 1-1】　图像数据的存储与访问

```
int main()
{
    unsigned char pImg[3][4];              //也可以写成 BYTE pImg[3][4]
    //unsigned char pImg[3][4 * 3];        //当图像为彩色图像时使用此句
    int x, y;

    // step.1-------------- 读图像文件 ------------------------------ //
    //把图像数据读到数组 pImg 中,此部分省略
    // step.2-------------- 图像处理 ---------------------------- //
    for (y = 0; y < 3; y++)
    {
        for (x = 0; x < 4; x++)            //当图像为灰度图像时使用此句
        //for (x = 0; x < 4 * 3; x++)      //当图像为彩色图像时使用此句
        {
            pImg[y][x] = 255 - pImg[y][x];
        }
    }
    // step.3-------------- 保存图像 ---------------------------- //
    //把数组 pImg 保存到图像文件中,此部分省略
```

```
        // step.4 ------------- 结束 --------------------------- //
        return 0;
    }
```

执行该程序得到的效果分别如图 1-11 和图 1-12 所示。它实际上是执行了一个亮度或颜色反相操作。图 1-9 中的黑色像素在图 1-11 中变成了白色像素,即灰度值从 0 变成了 255;图 1-9 中的白色像素在图 1-11 中变成了黑色像素,即灰度值从 255 变成了 0。对于图 1-10 所示的彩色图像,比如第一行中的那个红色像素,其 RGB 分量为(255,0,0),反相后在图 1-12 中变成了(0,255,255),颜色从红色变成了青色。

图 1-11　灰度图像 2　　　　　　　　　图 1-12　彩色图像 2

顺便说明一下,图 1-9 和图 1-11 是像素只有两种取值的灰度图像,又被称为二值图像(binary image)。二值图像的每像素可以使用 1 比特来表示。

矩阵在 C/C++ 语言中表示为数组。无论是一维数组,还是二维数组或者更高维数的数组,都在计算机中占用一块地址连续的内存空间,该地址空间可以由第一像素和最末像素的存储地址决定,也可以由第一像素的存储地址和总的像素数决定。反相操作无非就是把这片内存空间的数据做个变换,因此程序 1-1 可以修改如下。

【程序 1-2】　图像灰度或者颜色反相

```
int main()
{
    unsigned char * pImg, * pEnd, * pCur;
    int width, height;

    // step.1 ------------- 读图像文件 ------------------------ //
    //读文件,得到图像宽度和高度,赋值到 width 和 height 中
    //根据图像宽度和高度,申请内存空间 pImg,把图像数据读到其中
    //此部分省略
    // step.2 ------------- 图像处理 ------------------------ //
    pEnd = pImg + width * height;           //尾指针,当图像为灰度图像时使用此句
    //pEnd = pImg + width * height * 3;      //尾指针,当图像为彩色图像时使用此句
    for (pCur = pImg; pCur < pEnd; ) * (pCur++) = 255 - * pCur;
    // step.3 ------------- 保存图像 ---------------------- //
    //把数组 pImg 保存到图像文件中,此部分省略
    // step.4 ------------- 结束 -------------------------- //
    delete pImg;                            //程序结束,勿忘释放自己申请的内存
    return 0;
}
```

通过这两个小程序,希望读者对图像编程有一个直观的认识。现在图像编程的工具和软件很多,比如 MATLAB 和 OpenCV,网上也有很多良莠不齐的开源代码。在图像处理和图像分析的学习过程中,建议一定要自己编程实现每个算子、算法和应用,不能简单调用 MATLAB 或者 OpenCV 中的函数,这样能加强对图像数据的认识,并能增加对图像进行分析的经验。建议在充分理解各类算子、各种方法的来源、原理和特点的基础上,能够根据硬件处理器的不同进行有特色的编程优化,能够熟练地将多类算子和方法组合使用后,再调用 MATLAB 或 OpenCV 中的函数来提高实验和软件开发的速度,这样更能弥补 MATLAB 和 OpenCV 在处理实际问题时的不足。

1.1.4 图像处理、图像分析与计算机图形学

经常听到许多与图像有关的术语,比如虚拟现实、增强现实、人脸识别、指纹识别、图像理解、计算机图形学、图像处理、图像分析等,那么,它们分别指的是什么呢?

虚拟现实、增强现实都是计算机图形学的研究内容。人脸识别一般是指人脸图像识别,指纹识别是指指纹图像识别,它们的重点在于识别方法本身,侧重于模式识别和机器学习的研究领域。图像理解就是对图像的语义理解,研究图像中有什么目标、目标之间的相互关系等,比如 3D 场景的重建、语义分割等,侧重于计算机视觉和机器学习的研究领域。

对于图像处理、图像分析和计算机图形学的区分,有多种方法,也有些混乱。有一种最简单的区分方法是从输入输出上来区分的(见表 1-1)。

表 1-1 图像处理、图像分析和计算机图形学的区分

定　义	输　入	输　出
图像处理	图像数据	图像数据
图像分析	图像数据	可描述性数据
计算机图形学	可描述性数据	图像数据

图像处理:输入是图像数据,输出也是图像数据。涉及"输入是图像数据,输出也是图像数据"的理论与方法,是图像处理的研究范畴。比如图像采样、图像滤波(见图 1-13)、图像增强(见图 1-14)、图像复原(见图 1-15)、图像编码与解码等。

(a) 含噪声的图像　　　　　　　　　　　(b) 滤波后的图像

图 1-13　图像滤波

(a) 原始图像

(b) 增强后的图像

图 1-14　图像增强

(a) 高斯模糊图像

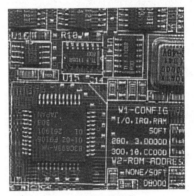
(b) 复原后的图像

图 1-15　图像复原

　　图像分析：输入是图像数据,输出是可描述性数据。比如输出图像中是几粒大米、每粒大米的周长和面积等数据。涉及"输入是图像数据,输出是可描述性数据"的理论与方法,是图像分析的研究范畴,比如图 1-16(b)所示的边缘检测和图 1-16(c)所示的图像分割。

(a) 原始图像

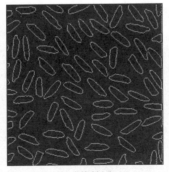
(b) 边缘检测

(c) 图像分割

图 1-16　图像分析

　　计算机图形学：输入是可描述性数据,输出是图像数据。涉及"输入是可描述性数据,输出是图像数据"的理论与方法,是计算机图形学的研究范畴,其实就是如何把可描述数据以更逼真的图像的形式展现出来(见图1-17),比如游戏就是计算机图形学的研究范畴。

(a) 电站设备　　　　　　　　　(b) 桥梁　　　　　　　　　(c) 战场环境

图 1-17　计算机图形学

因为图像分析的输入也是图像数据,人们习惯上会把图像分析归到图像处理,这时图像处理指的是广义的以图像数据为输入的处理。

1.1.5　机器视觉与机器学习

随着以人工智能技术为代表的第四次工业革命的兴起,比如德国"工业4.0"高科技战略计划和我国"中国制造2025"制造业强国战略计划,经常会听到机器视觉(machine vision,MV)和机器学习(machine learning,ML)等概念,那么它们有什么区别呢?

1. 机器视觉的概念

通俗地说,机器视觉就是要代替人眼,机器学习就是要代替人脑。有了"眼"和"脑",再加上第一次工业革命和第二次工业革命的自动化的"手"和"腿"、第三次工业革命的计算机信息化和网络化的"神经",一个初级的机器人或者智能制造系统就实现了。因为视觉就是图像,视觉又是人脑获取信息最多的手段,所以机器视觉就是图像采集、图像处理和图像分析的应用,主要是使用图像测量代替人眼目测,其核心是图像测量;而机器学习是一种技术,它可以从图像数据中学习到知识和实现认知,也可以被用于机器视觉,比如对缺陷样本进行学习后在线进行缺陷检测、对字符样本进行学习后进行产品名称的字符识别。从某种意义上说,机器视觉更像是一个系统,机器学习则是一种具体的技术。

美国制造工程师协会(Society of Manufacturing Engineers,SME)机器视觉分会和美国机器人工业协会(Robotic Industries Association,RIA)自动化视觉分会对机器视觉下的定义为:"机器视觉是通过光学的装置和非接触的传感器自动地接收和处理一个真实物体的图像,以获得所需信息或用于控制机器人运动的装置。"对于机器视觉系统而言,图像是唯一的信息来源。尽管机器视觉应用各异,但一般包括以下几个过程。

(1) 图像采集:即把场景转换成数字图像存入处理器的存储器,一般是指利用恰当的光源、镜头,相机(摄像机)、图像处理单元(或图像采集卡)获取被测物体的图像。

(2) 图像处理:即处理器运用不同的图像处理算法对采集到的图像进行色彩和分辨率的转换、滤波、增强和裁剪等。

(3) 图像测量:即处理器运用边缘检测、图像分割、轮廓跟踪、形状分析、目标匹配等图像分析技术,检测和定位目标,并测量目标的关键参数,例如印制电路板(PCB)上的孔位或者连接器的引脚个数。

(4) 判决和控制:即处理器上的控制程序根据收到的图像测量数据得出结论并进行相关部件的控制。例如 PCB 上的引脚数是否合乎规格或者移动机械臂去拾取某一部件。

机器视觉应用是从 1960 年左右开始的,初期的应用普及主要体现在半导体及电子行业,例如 PCB 上的印制电路质量检测(见图 1-18);我国的机器视觉技术的应用开始于 1990 年左右。目前,机器视觉得到了广泛的应用。可以说,在工业生产中,什么地方用人眼,什么地方就能用机器视觉。

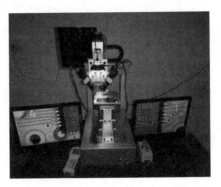

图 1-18　PCB 上的印制电路质量检测

2. 机器学习的概念

机器学习的本意就是让机器具备像人一样学习的能力,基于机器学习方法的图像识别也是机器视觉的一种。它首先确定好具体的方法,选择和验证拟采用的具体方法(算法或者网络模型);其次再通过大量的样本数据(训练样本),计算得到该方法的参数(训练或者学习过程);最后在训练结束后,就可以利用该方法对新的数据进行计算,得到结果(识别或者认知过程)。

机器学习有众多学习方法,但是自 2010 年以来,随着高密度计算通用处理器(如 GPU)和神经网络计算专用处理器(如 NPU)的出现,具有更多层数(几十到几百层)的神经网络方法(于 1943 年提出)具有了商用可行性,并在语音识别、字符识别、人脸识别等应用上取得了显著成效,可以简单认为因层数众多被称为深度学习(deep learning,DP)。

与其他需要人们自己挑选识别特征的学习方法相比,深度学习方法可以直接输入图像就得到结果,所以被称为"端到端"的方法。比如手写体字符识别,深度学习的方法是直接输入该字符的灰度图像就能得到结果,而其他的学习方法往往需要根据人们的直观经验,先将图像二值化(图像分割)、计算字符特征(比如,填充率、边心距、矩、笔画等),然后输入这些特征才能得到结果,由于这些特征需要人工精心挑选,因此相当费力而且不容易选好,识别率很低。

但这并不说明有了深度学习就不需要图像处理和图像分析了。首先,深度学习是把图像处理和图像分析中的一些常用方法和策略(图像增强、边缘检测、二值化、梯度计算、变分辨率处理等)作为它的几个层,掌握好图像处理和图像分析,能够促进深度学习的研究。其次,深度学习需要大规模的、各类占比合理的、已经标注好的、应用场景和类型完备的样本数据才能得到准确的结果,这些数据的积累相当不容易。图像处理和图像分析的方法目前仍是机器视觉的主流方法,深度学习是图像识别,识别能力足够,测量能力不足,无法应用在图像测量的应用场景中。另外,"数据时代,数据为王",各大公司出于商业竞争的需要,都把自建的数据样本看作核心竞争力而不对外公开。研究者们使用的公开数据集也会因缺少某些反映实际情况的样本,导致研究出来的方法不具有特别高的商业价值。从目前看来,深度学习在机器视觉领域的广泛应用还需要一个较长时间的发展过程。

3. 机器视觉系统

近几年随着深度学习在人脸识别、语音识别、手写体识别等领域的成熟商用,工业界也在进行使用深度学习技术的探索。首先,深度学习是一种技术,它可以用在机器视觉应用中;其次,为了区分和典型的机器视觉,本书把机器视觉分为经典机器视觉和基于深度学习技术的机器视觉。下面从应用环境、算法目的等方面进行二者的比较。

1) 经典机器视觉

经典的机器视觉系统一般用在定制化的、理想化的场景中。它采用最理想的光源照明、最好的摄像机,以采集最佳的图像;它处理的对象唯一,是生产线上的同一种单品,没有多种姿态,没有遮挡,也没有变化的光照。它使用经典的图像处理和图像分析技术,算法的首要目的是追求高精度,要求算法的识别精度至少大于99.99%,个别应用甚至要求错误率小于百万分之一。算法处理流程更倾向于图像测量,是对被检对象的参数的精确测量。它一般用在流水式生产线上,想尽一切办法,尽可能地替代人,尽可能地减少误判。

可以试想一下,在无人值守的、源源不断产出产品的自动化生产线上将"正品误判成次品"或者将"次品误判成正品"是多么可怕。比如,某企业承接了一个高速图文印刷质量在线检测的项目,要求凡是因其漏检导致的印刷品报废,该企业都要赔偿;某企业做了一种美钞鉴伪仪,银行的营业网点要求凡是该鉴伪仪漏检的假钞,该企业都要按真钞赔偿;曾经有一家企业做了一个印鉴鉴伪的系统,因为一次支票假章鉴别失败,法院判决该企业按支票的金额进行赔付,直接导致了该企业关闭。

下面以金融领域的人民币验钞模块来说明一下。中国人民银行在2017年7月6日颁布了《中华人民共和国金融行业标准》(JR/T 01514—2017),给出了人民币现金机具鉴别能力技术规范的纸币防伪特征(见表1-2)和纸币鉴别机具鉴别能力要求(见表1-3)。表1-3中,以无拒钞仓的点钞机为例,它要求鉴别速度大于900张/min,即大于15张/s(系统留给每张纸币的总处理时间是66ms,扣掉假币剔除时的翻板时间,留给算法的时间不到40ms),要求假币的漏识率为0,冠字号码单个字符识别的正确率大于99.97%。表1-2中,给出了18种防伪特征,意味着图像采集系统需要采集反射和投射两种照明类型的图像,采集白光、红外、紫外等多种不同光谱的图像,识别几十种特征和识别横竖冠字号码20个字符的时间小于40ms,且精度要求非常高。目前业界图像鉴伪模块使用2根CIS扫描仪、1个高速DSP板,其价格控制在1500元以下。指标要求很高又对设备的成本非常敏感,可见做产品与做学术研究有很大的不同。

表 1-2 纸币防伪特征

序 号	防伪特征	序 号	防伪特征
1	纸币外形尺寸(长、宽)	10	安全线(贴膜)光学特征
2	可见光反射图文	11	精细镂空图文
3	可见光透视图文	12	电学特征
4	红外反射图文	13	光谱吸收特征
5	红外透视图文	14	透明视窗特征
6	荧光图文	15	水印特征
7	磁性图文	16	冠字号码
8	安全线磁性特征	17	厚度特征
9	印刷光变图文	18	其他防伪特征

表 1-3 纸币鉴别机具鉴别能力要求

设 备		项 目				
		鉴别速度/(张·min⁻¹)	漏识率/%	误识率/%	冠字号码字符误读率/%	拒钞率/%
纸币自动鉴别仪		—	0	0	—	≤0.2
集成单张鉴别模块的机具		—	0	0	—	≤0.2
非自助纸币鉴别机具	无拒钞仓的鉴别机具 金融机构用无拒钞仓的鉴别机具	≥900	0	≤0.02	≤0.03	≤0.2
	无拒钞仓的鉴别机具 非金融机构用无拒钞仓的鉴别机具	≥900	0	≤0.05	≤0.03	≤0.2
	有拒钞仓的鉴别机具	≥750	0	≤0.02	≤0.03	≤0.2
自助纸币鉴别机具		≥300	0	≤1	≤0.03	≤5

2) 基于深度学习技术的机器视觉

深度学习方法一般面向复杂多变的场景,比如各种天气(风、雪、雨、雾等)、多天时(强顺光、强逆光、阴影、白天、夜晚等)、目标存在多姿态或者局部被遮挡等复杂情况;采用深度学习技术的目的是提高稳健性,加强机器视觉系统对环境变化的适应性和对被检对象形状变化的适应性;使用深度学习技术的机器视觉系统的精度要求一般较低,不要求高于99.9%;它常用于智能人机交互,比如人脸识别、语音识别、翻译、医学诊断等应用中,这些系统允许有一定的识别错误;深度学习的最后一步一般需要人来把关,比如在火车站进站时,如果乘客人脸自动比对不成功,就由现场服务人员来进行人工识别。

1.1.6 图像数据处理方法的分类

如同其他物理信号一样,图像信号也可以在时间域(time domain,简称时域)、频率域(frequency domain,简称频域)和空间域(spatial domain,简称空域)上进行表示。在时间域,就是将信号表示为自变量是时间 t 的函数 $x(t)$;在频率域,就是将信号表示为自变量是频率 u 的函数 $f(u)$;在空间域,就是将信号表示为自变量是坐标值的函数 $I(x,y)$,(x,y) 就是图像矩阵的数据下标。通过 A/D 变换(必须满足奈奎斯特采样定理),可以把

图像信号 $x(t)$ 转换为 $I(x,y)$；通过 D/A 变换，可以把 $I(x,y)$ 转换为 $x(t)$；通过 FFT（傅里叶变换）可以把 $x(t)$ 或 $I(x,y)$ 转换为 $f(u)$，通过 FFT 逆变换可以把为 $f(u)$ 转换为 $x(t)$ 或 $I(x,y)$，如图 1-19(a)所示的曲线可分解成如图 1-19(b)所示的 3 个正弦波。高频波的频率是低频波的 3 倍，高频波的振幅是低频波的 1/3。图 1-19(a)所示的复杂曲线只是图 1-19(b)所示的 3 个正弦波叠加的结果，这个在时间域无穷长的周期信号，在频率域只是几个确定的离散值（频率、振幅和相位）。

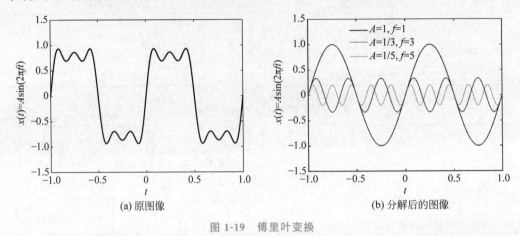

(a) 原图像　　　　　　(b) 分解后的图像

图 1-19　傅里叶变换

频率域图像处理主要是通过离散傅里叶变换、Gabor 变换或者小波变换等将图像变换到频率域，在频率域进行处理。傅里叶变换后的高频分量代表图像中目标的边缘信息（高频对应图像矩阵邻域内灰度值变化速度快的像素），使用高频分量可以完成边缘提取，去掉高频分量可以消除噪声。在绝大多数图像中，灰度、颜色变化是平缓的，图像的能量往往集中在少数几个频率上，即图像能量主要集中在低频分量上，因此图像压缩中对低频分量分配较多的比特，而对高频分量分配较少的比特（具体实现方法是对低频分量除以较小的整数进行量化，而对高频分量除以较大的整数进行量化）。

空间域图像处理是在表示图像的二维矩阵上直接处理，一般采用点运算和邻域运算的方式，使用代数运算、几何运算等方法对数据进行处理。比如相邻两像素的灰度值相减，可以得到图像中的边缘信息，同一个场景的多幅图像相加取平均可以有效地抑制噪声。空间域图像处理具备直观、快速的特点，本书主要讲解图像在空间域的处理方法。

1.2　图像系统的组成

随着网络化和智能手机的发展，人们获取图像数据变得轻而易举，研究者们能够很容易地从网上拿到各式各样的图像数据，基本不用自己费尽周折来设计图像采集方案。但是，图像数据的容易得到也带来了消极的影响，就是人们不用心去考虑这些图像数据是否真实和是否完备，也渐渐不知道如何采集图像数据，导致很多图像处理和图像分析算法变成了"纸上谈兵"。比如，天时和气象条件非常影响目标检测的检测率和识别率，天时就包括昼夜（夜间噪声大、照度低）的变化、顺光（亮度和对比度合理）和逆光（动态范围不足）的变化等,气象则包括雨(雨滴的干扰、对比度低)、雪(雪片的干扰)、雾(对比度差、能见度差)、沙尘(噪声大、对比度差)等,采用缺乏完备的天时和气象条件的图像数据研究出的方法往往缺乏稳健性。图 1-20(a)、图 1-20(b)分别是同一个场景在顺光、强逆光时的图像。

(a) 顺光图像　　　　　　　　　　　　(b) 强逆光图像

图 1-20　同一场景在不同天时的图像

可以试想一下,对图 1-20(a)和图 1-20(b)都能处理的算法,必须要能够适应光照的变化,其难度应该很大。

另外,虽然图像处理和图像分析作为一种技术,在众多领域得到了广泛应用,但是它们只是图像应用系统的一个环节,除了以软件形式呈现出来的图像处理和图像分析算法外,设计合适的图像采集硬件方案也是至关重要的。比如,在点钞机领域,中国人民银行在 2011 年推出了新国标 GB 16999—2010,有企业抓住了市场先机,率先推出行业新产品并通过了认证,但是为了降低成本,错误地采用了基于摄像机的图像采集方案(企业决策者听信了缺乏图像采集常识的算法研究人员的片面之词),不但没有因抢得市场先机挣到丰厚的利润,反而带来亏损,导致退出了勤奋经营数十年且在业内有良好口碑的金融机具领域。

下面讲述图像采集设备的组成、相关设备核心技术指标和发展。对图像采集硬件的初步的认识,便于对图像处理和图像分析系统建立较完整的概念。

图像采集和处理系统的组成和一般的物理系统的组成没有很大的区别,它们都包括输入、输出、处理、通信、控制等单元模块;区别在于,图像采集和处理系统的输入是图像数据,以及与图像数据的特点(大带宽、大存储、高速处理等)相适配的其他单元模块。图像采集和处理系统的一般组成如图 1-21 所示。

图像采集和处理系统的设计一定要考虑图像数据的特殊性,图像数据的显著特点是数据量特别大,它对存储、传输和处理都有着很高的要求。下面以现在很多摄像机和手机上的摄像头都能输出的、一般的计算机显示器都能支持的 1080p 高清视频来举例说明。

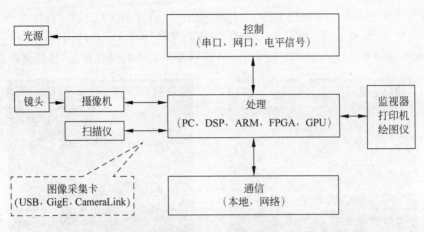

图 1-21　图像采集和处理系统的一般组成

1080p 高清视频的图像分辨率是 1920(宽度)×1080(高度)像素,每像素都有(red,green,blue)3 个分量,每个分量占用 1B,帧率为 60f/s。1080p 高清视频每秒的数据量为 1920×1080×60×3 字节,约为 356MB(兆字节)/s。可以想象一下,什么样的硬盘能一秒写 356MB 数据,多大容量的硬盘能够保存 1080p 高清视频一天的原始数据(大约 29.4TB/天)?什么样的网络能够传输 1080p 高清视频的原始数据(通信带宽大约 2.8Gb/s,千兆网的传输速度是不够的,所以正在发展万兆网摄像机,也有很多摄像机使用了 5Gb/s 的 USB 3.0、USB 3.1 接口)?

当然,现在 1080p 高清视频的存储和传输都采用了先压缩(视频压缩方法也从 H.264 发展到了 H.265)的办法,但是压缩带来了一定的数据失真,同时 H.264/H.265 还会带来大约 100ms 以上的编码延迟。在压缩过的视频上做数据分析,在有些应用中是不可行或者不被允许的(在这些应用中,就只能对原始数据先做图像处理和图像分析,然后再做压缩进行存储和传输)。既要实时处理又要实时压缩,这促进了多核异构处理器和边缘计算的发展。在这类处理器中,有些核负责实时处理,有些核负责实时压缩(见 1.5.3 节)。

下面重点讲述两类最常见的图像传感器:摄像机和扫描仪。

1.3　摄像机

把光信号变成电信号的图像采集曾经是普通用户面前的难以逾越的障碍。2000 年采购 1 台分辨率 1300×1030 像素的摄像机会花费 3.5 万元,现在的价格大约为 400 元;2006 年采购 1 台分辨率 320×240 像素的热像仪会花费 20 万元,2019 年分辨率 384×288 像素的热像仪只卖 7500 元左右。

摄像机(camera,也称为相机)凭借它的非接触性、可远距离成像、安装和应用方便等优良特点,一直是使用最广的图像采集设备。家用领域从胶片照相机到数字单反相机,工业领域从模拟摄像机到超高分辨(亿像素)数字摄像机、高速摄像机(比如 20 000f/s)、高光谱相机,卫星上的多光谱相机,还有手机"三摄四摄""前置后置"等,摄像机的图像传感器(image sensor)从 CCD 芯片转向 CMOS 芯片,从多次曝光的宽动态图像传感器到同时具有大小像素的宽动态图像传感器,围绕摄像机的技术变革从未停歇。

　　图 1-22 和图 1-23 所示分别是 GigE 和 USB 3.0 的工业相机。可以看出,相机的网口、USB 口都带有紧定螺丝(孔),电源和控制信号的接插件全部是带有锁紧机构的航空插头(相比而言,民用相机的接插口一般不带有紧定和锁紧机构)。

图 1-22　JAI 的 GigE(千兆网)相机

图 1-23　Basler 的 USB 3.0 相机

1.3.1　摄像机的组成

　　摄像机一般由图像传感器、图像信号处理电路、图像数据接口电路、控制信号接口电路、芯片驱动和算法程序 5 部分组成,如图 1-24 所示。

　　(1) 图像传感器的分辨率、帧率、增益、自动增益、去噪、曝光时间等是可以通过程序来动态设置的。

　　(2) 图像信号处理电路完成图像数据格式的转换,一般会采用 FPGA 或者专用芯片,以实现和图像数据接口电路的适配。

　　(3) 图像数据接口电路主要是完成图像数据的传输。图像数据传输的接口种类有很多,常见的有模拟视频(已退出历史舞台,计算机端需要模拟图像采集卡)、网口(GigE,与计算机即插即用)、HD-SDI(传输距离远,计算机端需要专用的图像采集卡)、USB 2.0(基本退出历史舞台)、USB 3.0(数据传输带宽高,与计算机即插即用,但传输距离近)、Camera Link(数据传输带宽高,计算机端需要专用的图像采集卡,但传输距离近,成本较大)等,有的网络相机还传输图像数据压缩后的 H.264/H.265 码流,这时的图像数据接口电路还带有 H.264/H.265 编码芯片。

（4）控制信号接口电路，一般包括串口(RS232/RS485)、CAN 接口、I/O 接口等，主要完成摄像机的配置、摄像机的控制以及与其他设备的同步与触发等。

（5）表面上觉得摄像机只是一个设备，但是现在的摄像机的核心是软件和算法程序，每个电路都需要程序来控制和配置。有一个非常重要的算法程序是 ISP(image signal processor)，完成对摄像机的曝光时间(exposure)、增益(gain)和白平衡(white balance，就是白色的物体在图像中的 RGB 分量值是相等的，白平衡处理不好时图像就呈现偏色)的自动控制(分别简写为 AE、AG、AWB，称为 3A)。

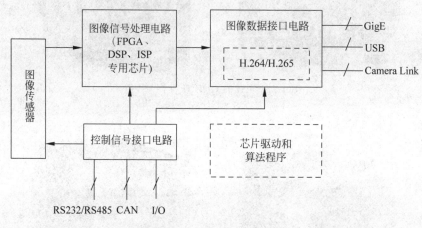

图 1-24 摄像机的组成

1.3.2 摄像机的分类

摄像机的分类方法多种多样，大致的分类方法有以下几种。

（1）按照图像的颜色可分为彩色(colorful)摄像机、黑白(black/white，B/W)摄像机。

（2）按图像数据的信号形式可分为模拟摄像机(analog camera，现在基本见不到了)和数字摄像机(digital camera)两种。

（3）按图像传感器的扫描方式分为线扫描摄像机(line scan camera，一帧图像只是一行数据)和面扫描摄像机(area scan camera，一般常见到的摄像机基本上都是面扫描摄像机，一帧图像是一个二维矩阵)。

（4）按照对波长感应范围分为红外、可见光、紫外等摄像机。

（5）按照图像传感器的芯片工艺分为 CCD(因其成本高、帧率低，曾经最大的 CCD 制造商 SONY 已将其停产，但其成像质量高)、CMOS(成本低、帧率高，被广泛使用，日常见到的摄像机几乎都是它)、EMCCD(分辨率不高、成本高、灵敏度高，一般用在军事领域)、sCMOS(科学级 CMOS，灵敏度高，一般用在显微、高光谱相机和军事领域)、InGaAs(铟镓砷，波长响应范围为 400～1700nm，短波红外(SWIR)，目前价格很高，图像分辨率 640×512 像素约 10 万元/片，一般用在机器视觉和高光谱相机领域)、MCT(碲镉汞，波长响应范围为 3.7～4.8μm，中红外(MWIR)，一般用在军事领域)、Vox(氧化钒，波长响应范围为 8～14μm,远红外(LWIR),一般用在民用和工业的测温、机器视觉和军事领域)等。

(6) 按照对光强的响应能力分为微光相机、星光相机、宽动态相机等。

(7) 按应用领域分为监控相机(网络相机,H. 264/H. 265 压缩码流输出,可以支持多用户同时访问)、机器视觉相机(图像原始数据实时输出、带外部触发以实现与其他设备的同步,一般是全局曝光以防止几何扭曲和运动模糊,价格相对较高)、军用级和宇航相机。

图 1-25 是可见光的光谱范围示意图,可见光通常指波长范围为 380～760nm 的电磁波,可见光透过三棱镜可以呈现出红、橙、黄、绿、蓝、靛、紫 7 种颜色。其中,紫色光波最短,为 380～420nm,红色光波最长,为 630～760nm,其他分别是,靛为 420～450nm,蓝为 450～490nm,绿为 490～570nm,黄为 570～590nm,橙为 590～630nm。

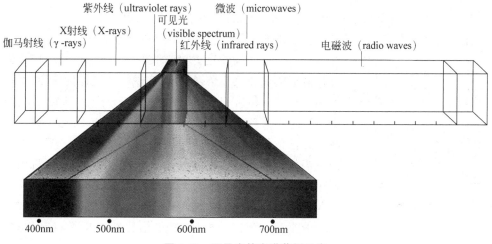

图 1-25 可见光的光谱范围示意

1.3.3 摄像机的选择

在摄像机的选择上,图像传感器的靶面尺寸、Bayer 图、波长响应范围、曝光方式、动态范围与灵敏度等参数,很容易被忽视。下面介绍摄像机的选择参数。

1. 靶面尺寸与视场角

图像传感器(见图 1-26)就是一个芯片,该芯片上排列着一系列的感光单元,称为像元(pixel);像元都有一定的物理尺寸(比如 6μm×6μm,1μm×1μm,50μm×50μm 等,像元尺寸越大则在低照度时成像质量越好,价格越贵),也占据一定的面积,它们的总面积(比如有 1mm×1mm,全画幅 36mm×24mm,1/1. 8 英寸(in,1in=2.54cm),1/3 英寸,1/4 英寸,2/3 英寸等说法,这些尺寸比较难以理解,记住就行)就构成了感光区域(靶面)。根据简单的成像几何原理可知:当镜头的焦距相等时,显然靶面越大则视场角越大;当像元个数相同时,像元尺寸越大则视场角越大;当物距相等时,视场角越大则分辨力越低。

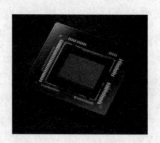

图 1-26　图像传感器的形态

2. Bayer 图

日常用到的摄像机、手机中的摄像机、照相机、单反相机等,都只有一片图像传感器,怎么能采集到具有红、绿、蓝三种颜色的彩色图像? 如果在图像传感器表面覆盖一个只含红、绿、蓝三色的马赛克滤镜,如图 1-27 所示,再对相邻像元进行插值实现颜色补全,就可以实现一片图像传感器(所以彩色相机和黑白相机的价格是相同的)输出彩色图像数字信号。由于这个设计理念最初由 Bayer 先生提出,因此这种马赛克滤镜也被称作 Bayer 滤镜。

R	G	R	G	R	G
G	B	G	B	G	B
R	G	R	G	R	G
G	B	G	B	G	B
R	G	R	G	R	G
G	B	G	B	G	B

图 1-27　Bayer 滤镜示意

当然也可以通过棱镜分光的方式,在一个摄像机内使用多个图像传感器。日本的 JAI 公司(www.jai.com)就研制了 3CMOS(输出 RGB)和 2CCD(输出 RGB+NIR)的摄像机,也有企业生产 5CCD 的相机,但价格比普通摄像机高出许多。3CMOS 摄像机的基本原理是:相机内设有三棱镜,此三棱镜把光源分为红、绿、蓝三原色光,三原色光分别由三片图像传感器成像,其颜色的准确程度及影像质量大为改善,一般用在对颜色要求苛刻、显微和精准测量的应用中。

因为彩色的图像传感器采用了像元覆盖 Bayer 滤镜的方式,相邻像素的插值在物体的边界处会有较明显的色彩失真和细节丢失,所以在机器视觉应用中,为了测量的精确性,一般采用黑白图像传感器(虽然得不到颜色信息,但是没有像素之间的不一致性)。

3. 波长响应范围

在很多应用和几乎全部的机器视觉系统中,都需要采用照明光源,但若光源发出光线的波长不在图像传感器的感光范围内,则显然这种照明是不适用的。此时尽管照明非常强,但摄像机就是没反应,相当于“对牛弹琴”。一般要根据场景中待检测目标和背景的颜色差异来选择合适的照明,再根据照明的光线波长来选择合适的摄像机或者合适的带通滤光片。选择合适的带通滤光片能够有效地提升图像中前景目标和背景的对比度。

图像传感器都会给出自己的波长响应曲线,图 1-28 就是一款 CMOS 图像传感器的波长响应曲线(不同型号的图像传感器的波长响应曲线是不尽相同的)。从该曲线可以看到加了 Bayer 滤镜的每种像元对特定波长的光子的响应。可以发现,蓝色滤镜的像元有

2个波峰,分别位于 470nm 和 830nm;绿色滤镜的像元有 2 个波峰,分别位于 510nm 和 830nm;红色滤镜的像元有 2 个波峰,分别位于 600nm 和 830nm。由于可见光的波长为 380~760nm,可知这个传感器还对近红外光(SWIR)有响应,而且在 830nm 处还有个波峰,对波长 830nm 左右的光还特别敏感。显然,如果不把 830nm 左右的非可见光滤掉,摄像机是做不到白平衡的;但若是滤掉了非可见光,就白白浪费了这些光子,黑暗的场景中成像效果就变差。因此,在监控相机中有一个日夜切换滤光片,光照充足时(白天)就把该滤光片挡在图像传感器前面,使得白天的图像具有很好的色彩平衡;光照不足时(夜晚)就把该滤光片从图像传感器前面移走,使得对非可见光也能成像,甚至在夜晚启用近红外(波峰 830nm 的 LED)照明(在安防领域,常把带有红外 LED 照明的摄像机称为近红外摄像机)。在机器视觉领域,若是彩色相机就直接在图像传感器的前面固定一个近红外截止滤镜,以达到白平衡。

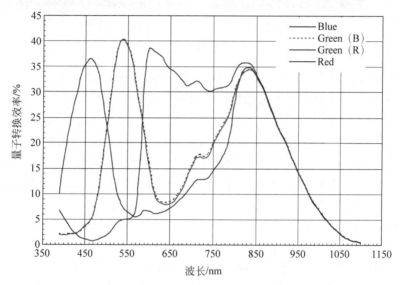

图 1-28　一款 CMOS 图像传感器的波长响应曲线

4. 曝光方式与几何扭曲、运动模糊

图像传感器的像元构成了一个阵列,这些像元把接收到的光子累积成电信号,那么这么多(比如 1920×1080 个)像元是同时开始接收光子和同时结束接收光子(开始到结束的时间长度称为曝光时间,控制开始和结束的机制称为电子快门或曝光机制)的吗?

图像传感器的曝光机制主要有两种:全局曝光(global shutter)和滚动曝光(rolling shutter)。全局曝光就是全部的像元同时曝光,这种图像传感器的价格较高,优点是拍摄高速运动的物体时像素之间的空间相对关系不发生变化,常用在运动场景、图像测量和立体视觉应用中(多个全局曝光的相机在同步触发成像时,各图像中像素之间的关系稳定,这对双目立体视觉非常必要),如图 1-29(a)所示;滚动曝光就是全部的像元不是同时曝光的,一般是按行曝光,在其采集得到的图像中,不同行上的数据来自不同的时刻,这种图像传感器的价格低(大量用在民用领域中),缺点是拍摄高速运动的物体时一定会产生不同程度的几何扭曲(所以一般不用在机器视觉中),因为对运动的物体而言,根据物体相对于摄像机的运动方向和距离远近的不同,在不同的时刻,物体出现在不同的位置,如图 1-29(b)所示。另外,滚动曝光还会在高速闪烁的光照环境下出现条块,所以滚动曝光的摄像机一般不能用在对测量精度要求高的机器视觉应用中。

(a) 全局曝光　　　　　　　　　　　　(b) 滚动曝光

图 1-29　不同曝光方式的图像

当拍摄运动物体或摄像机位于运动平台上时,还要注意运动模糊(motion blur)的问题。运动模糊指的是在曝光期间物体和相机发生了相对位移。只有在曝光的时间内,物体没有移动 1 像素代表的物理距离,或者物体的移动距离小于 1 像素代表的物理距离时,才不会产生运动模糊。拍摄静止的场景时,无论是全局曝光还是滚动曝光都不会产生运动模糊;拍摄高速运动的物体时,即使是全局曝光也会产生运动模糊,此时要尽可能减小曝光时间,时间短则物体的运动距离就小,运动模糊就会很弱。但是曝光时间越短,光通量就越小,图像就越暗,噪声也会变大,所以在机器视觉中常使用频闪照明来补光(要求光源发出光线的波长必须在图像传感器的感光范围内,并且能够有效地提升图像中前景目标和背景的对比度),并通过摄像机的外触发或者光源的外触发来实现曝光和闪光同步。通过减小曝光时间,可以有效解决全局曝光和滚动曝光的摄像机的运动模糊,但是不能解决滚动曝光摄像机的几何形状扭曲,比如图 1-29(b)和图 1-29(a)是一样清晰的,这是因为曝光时间很短,所以运动模糊不显著;但图 1-29(b)明显存在几何形状扭曲,这是因为滚动曝光所致。

只要摄像机拍摄运动目标,图像中就一定会存在运动模糊。只是受到目标运动速度的大小、摄像机曝光时间的长短、目标距离远近的影响,模糊的强弱程度不同而已。滚动曝光的摄像机在拍摄运动目标时,除了存在运动模糊的问题外,还会存在整体几何关系扭曲的问题。图 1-30 是在高速行驶的列车上用手机(手机上的摄像机都是滚动曝光的)拍摄的照片,可以明显看到护栏立柱的倾斜、近处电线杆的倾斜,但远处的电线杆和房屋基本上还是正常的竖直姿态(远处时,单位像素代表的物理尺寸非常大,和火车的运动速度相比,没有运动几像素)。

图 1-30　高速运动平台上滚动曝光的
远近景物图像

5. 宽动态

图像传感器的动态范围可以理解成对环境光照强弱程度的响应范围,如果一个图像传感器同时对场景中的高亮目标和黑暗目标都能得到合理的图像数据,那么该图像传感器的动态范围就很大。动态范围比较大的图像传感器称为宽动态图像传感器,使用该种图像传感器的摄像机称为宽动态摄像机。宽动态摄像机在白天隧道口(隧道里面太黑而隧道外太亮,既要看清隧道里面也要看清隧道外面)、夜晚对面来车(对面来车的车大灯太亮而路面很黑,既要看清对面来车也要看清路面)等场景中是非常需要的。宽动态图像传感器大致有以下 3 种类型。

(1) 图像数据分段变换的方式。就是说图像传感器内置分段函数,把获得的图像数据根据其亮暗的不同,采用不同的函数变换到合适的像素值输出。

(2) 多次曝光的方式。这种方式的图像传感器是瞬间先后拍摄两帧或者两帧以上的图像,一帧图像的曝光时间很小,一帧图像的曝光时间很长。曝光时间短的图像帧能够看清高亮目标而不会导致像素值上溢,曝光时间长的图像帧能够看清黑暗目标而不导致像素值下溢,把两帧图像数据进行融合得到的图像数据就可以既能看清高亮目标也能看清黑暗目标,从而实现了宽动态。但是当拍摄运动目标时,由于这两帧图像是先后拍摄的,图像中的动目标就会产生拖尾现象。

(3) 大小像素的方式。这种方式图像传感器的靶面上排列着尺寸大小不同的多种像元。小尺寸的像元感光能力弱,从而能够看清高亮目标;大尺寸的像元感光能力强,从而能够看清黑暗目标;把这两种像元的输出进行融合,就可以既能看清高亮目标也能看清黑暗目标。

采用以上类型的图像传感器都能实现宽动态摄像机。当然摄像机还可以采用多光路分光方式,采用多片图像传感器来实现宽动态,但这种方式成本较高。

6. 低照度

图像传感器的低照度可以理解为该传感器能够对场景成像的最小光照强度。该最小光照的值越小,则该图像传感器对黑暗场景成像的能力就越强。习惯上把最小照度是 0.001lx(光照度单位,读作勒克斯)及以下的图像传感器称为星光级图像传感器,是说在只有星光的微光环境中,在没有任何辅助光源的情况下,仍可以显示清晰成像。由于图像传感器的最小照度与像元大小成反比关系,像元的面积越大,则像元接收到的光就越多,从而其最低照度值就越小。因此,超低照度图像传感器的像元尺寸一般都很大,有的甚至达到 $12\mu m\times12\mu m$、$50\mu m\times50\mu m$(在图像分辨率一定的情况下,像元越大,图像传感器的靶面就越大,价格就越高)。低照度图像传感器对于夜间图像质量的提高具有重要意义。

1.3.4　镜头

镜头相当于人眼的晶状体(人眼的虹膜相当于镜头的光圈、人眼的黄斑相当于图像传感器),如果没有晶状体,人眼看不到任何物体;摄像机如果没有镜头,也只能输出一片光影,得不到清晰的图像。镜头的形式和品种是非常丰富的,如图 1-31 所示。除了常见的镜头外,还有紫外镜头、近红外镜头、红外镜头、远心镜头、多面镜头(可同时拍摄物体的侧面与顶面),交线镜头、鱼眼镜头、全景镜头等。

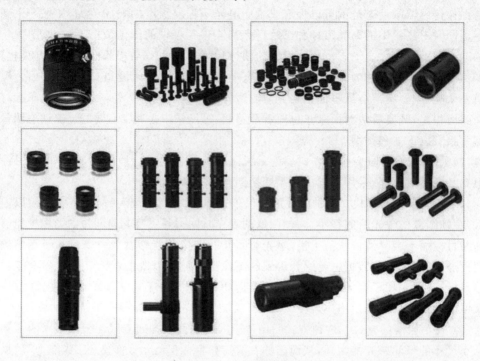

图 1-31   各式各样的镜头

虽然人们习惯上认为摄像机应该包括镜头,但是镜头的研制属于光学领域,与摄像机属于不同的研究和制造领域,摄像机的制造商一般不生产镜头,所以在选好摄像机后,还得选择合适的镜头。选择镜头时考虑的主要参数有接口标准、靶面尺寸、解像度(分辨力)、变焦等,如图 1-32 所示。

产品型号	M5028-MPW2	接口标准		C-Mount
光学分辨率	500万像素	尺寸		ϕ29mm×45.36mm
焦距	50mm	畸变率	2/3英寸图像传感器时	0.027%(y=5.5)
最大光圈	1:2.8		1/1.8英寸图像传感器时	0.017%(y=4.32)
最大靶面 (像平面)	8.8mm×6.6mm (ϕ11mm)		1/2英寸图像传感器时	0.015%(y=4.0)
光圈可调范围	F2.8～F32.0	最小工作距离时的目标尺寸	2/3英寸图像传感器时	4.78cm×6.38cm
成像距离范围	0.4m～无穷远		1/1.8英寸图像传感器时	3.77cm×5.00cm
光圈控制	手动光圈		1/2英寸图像传感器时	3.48cm×4.64cm
对焦控制	手动调焦			
视场角	2/3英寸图像传感器时	水平视角H=10°	垂直视角V=7.5°	对角线视角=12.5°
	1/1.8英寸图像传感器时	水平视角H=7.9°	垂直视角V=5.9°	对角线视角=9.9°
	1/2英寸图像传感器时	水平视角H=7.3°	垂直视角V=5.5°	对角线视角=9.1°
工作温度	−10～+50℃	质量		69.0g

图 1-32   一款 5M 像素的镜头及其核心参数

随着安防产业和机器视觉产业的发展,我国也有众多的镜头生产厂家,生产的镜头品种齐全,质优价廉。受到国内厂家竞争的影响,国外厂家的镜头价格也日渐回落,现在国内外中低端镜头的价格相差不大。

1. 接口标准

镜头与相机的机械接口主要有 C-Mount、CS-Mount、M12-Mount 和 F-Mount 等标准。因为图像传感器靶面有多种大小、多种宽高比例(比如 4∶3,16∶9),镜头和摄像机的接口标准也非常多。

C-Mount 是最早采用的(图 1-32 中镜头的接口标准即为 C-Mount),后来为了减小摄像机的体积,发展出了 CS-Mount,又发展出了 M12-Mount。对摄像机的体积的减小主要体现在对图像传感器和镜头之间的距离和接口直径上。C-Mount 和 CS-Mount 对图像传感器和镜头之间的距离(法兰距)要求分别为 17.52mm 和 12.52mm,对螺纹接口的直径要求均为 25.4mm。M12-Mount 对法兰距没有统一的要求,对螺纹接口的直径要求为 12mm,显然 M12-Mount 的镜头和摄像机可以小很多,分别如图 1-33(a)和图 1-33(b)所示。C-Mount 的镜头安装到 CS-Mount 的摄像机上时,可以加一个 5mm 的转接环(见图 1-34),把 CS-Mount 摄像机镜头接口的预留距离从 12.52mm 扩展到 17.52mm。M12-Mount 镜头和 CS-Mount 镜头也可以通过特制的转接环进行互转。

(a) M12-Mount镜头　　　(b) 单板摄像机

图 1-33　M12-Mount 镜头和单板摄像机

图 1-34　镜头 C-CS 转接环

对于超大靶面图像传感器的摄像机,因为 C-Mount 和 CS-Mount 的接口直径才 25.4mm,所以其也常采用单反照相机的 F-Mount 接口,镜头则常采用尼康或者佳能的单反镜头(这些镜头产量大,价格低)。德国施耐德(Schneider)、日本腾龙(Tamron)都生产 F-Mount 的工业镜头及超大靶面镜头。

2. 像面尺寸

镜头像面尺寸必须和摄像机的图像传感器的靶面尺寸相一致。图 1-32 所示镜头的像面尺寸是 2/3 英寸的,所以与其相适配的摄像机的图像传感器的靶面尺寸最大不能超过 2/3 英寸,但是该镜头可以给图像传感器靶面尺寸小于 2/3 英寸的摄像机使用,比如 1/1.8 英寸和 1/2 英寸的,只是视场角会变小而已,水平视场角和垂直视场角分别从 10.0°×7.5° 变小到 7.9°×5.9° 和 7.3°×5.5°,当然还可以给 1/3 英寸和 1/4 英寸的摄像机使用,只是视场角会进一步缩小。大像面尺寸的镜头是可以给小靶面尺寸的图像传感器的摄像机使用的,但是当小像面尺寸的镜头给大靶面尺寸的图像传感器的摄像机使用时,摄像机采集得到的图像中心圆形区域是正常的,但 4 角区域就会变暗或者不能成像,如图 1-35 所示。

图 1-35   镜头像面尺寸小于图像传感器靶面尺寸时的暗角缺陷

图像传感器的靶面尺寸、镜头的像面尺寸都有各自的行业标准,根据图像传感器的靶面尺寸选择合适的镜头即可。一般来说,镜头的像面尺寸越大则价格越贵。

3. 解像度

摄像机的图像传感器不但对镜头的像面尺寸提出了要求,而且还对镜头的解像度提出了要求。比如 40M 像素(即 4000 万像素,如华为手机 Mate20Pro 的 7296×5472 像素)、2M 像素(即 200 万像素,如 1920×1080 像素)和 30 万像素(VGA,如 640×480 像素)等分辨率的图像传感器对镜头的解像度也提出了对等的要求,如华为手机 Mate20Pro 采用了高解像度的莱卡镜头,如图 1-32 所示的镜头标明了解像度是 5M 像素。如果镜头的解像度不高,就像给人眼蒙上一层毛玻璃。一般来说,镜头的解像度越高则其价格越高。

图 1-36 所示是一款解像度为 12M 像素的远心镜头,下面对其几个关键技术指标进行解释。

(1)当图像传感器靶面 1.1 英寸(1.1 英寸图像传感器的宽高尺寸是 14.19mm×10.38mm)时(比如,SONY 的 IMX253 传感器,像元大小 $3.75\mu m$,像素数为 4112×3008,所以传感器的靶面尺寸是 $4112×0.345\mu m = 14.19mm$,$3008×0.345\mu m = 10.38mm$),因为镜头的视野是 41.1mm×30.1mm,所以光学放大倍数是 0.345(14.19/41.1=0.345,10.38/30.1=0.345)。

(2)该镜头的解像度为 $9.7\mu m$,即该镜头能够区分开 $9.7\mu m$ 的不同物体,比如间隔 $9.7\mu m$ 的两根细线,或者宽度为 $9.7\mu m$ 的相邻的黑线和白线(线对);因为镜头的放大倍率是 0.345,所以 $9.7\mu m$ 转换到像平面上的尺寸是 $9.7\mu m×0.345=3.3465\mu m$,该尺寸优于传感器的像元尺寸 $3.75\mu m$。

(3)此镜头的工作距离是固定的 165.2mm,就是说物体距离镜头的距离必须是这个距离,否则物体就不能清晰成像。当然,允许在 165.2mm 远近有一定的距离变化(即景深),以适应物体表面的起伏变化,但也非常有限,此镜头的景深是 6.63mm。

另外,该镜头是一种远心镜头(telecentric lens)。使用远心镜头得到的图像中,像素数能够精确地代表物体的物理尺寸,而且在镜头的景深范围内不存在使用常规镜头时的物体图像"近大远小"的现象。

产品型号	TEC-V0345165MPY-W	接口标准	C-Mount
光学分辨率	1200万像素	尺寸	ϕ75mm×160.8mm
焦距	50mm	最大靶面(像平面)	ϕ17.6mm
光学放大倍数	0.345×	光圈可调范围	F5.0~F32.4
工作距离	165.2mm	光圈控制	手动光圈
景深	6.63mm	解像度	9.7μm
视野大小	1.1英寸图像传感器时 41.1mm(H)×30.1mm(V)		
畸变率	1.1英寸图像传感器时 −0.024%		
工作温度	−10~+50℃	质量	380g

图 1-36 一款 12M 像素的远心镜头及其核心参数

4. 变焦

图 1-32 和图 1-36 所示的镜头都是固定焦距的镜头,视场角是固定的、不可变的,称为定焦镜头。定焦镜头的缺点是不能灵活地拍摄大小可变的场景,与之不同的镜头称为变焦镜头。变焦镜头可以在一定范围内变换焦距,从而得到不同宽窄的视场角,在不改变拍摄距离的情况下,可以通过变动焦距来改变拍摄范围。在民用领域,变焦镜头不仅减少了携带摄影器材的数量,也节省了更换镜头的时间;在工业领域,变焦镜头提高了机器视觉系统对检测场景的适应性。但是,机器视觉中很少使用变焦镜头,因为镜头焦距一变,摄像机的内参数、外参数就都变了,很多需要精密测量的值就测不准了。

变焦镜头可以通过变换焦距来改变拍摄范围,但是焦距变化后往往需要重新调焦(聚焦)才能拍摄到清新的图像。调焦的方式有两种:一种是手动调焦(manual focus,MF);另一种是自动聚焦(auto focus,AF)。照相机可以手动调焦,用人眼来评判图像是否清晰;机器视觉系统安装到位后,也可以手动调焦,调好后就保持不变了。自动聚焦就是根据拍摄得到的图像,摄像机自动计算清晰度参数并控制镜头中的玻璃镜片运动或者图像传感器和镜头像面的距离,直到图像清晰为止。由于存在机械的启停运动,这样的自动聚焦的时间一般大于 0.8s,也就是说至少需要 0.8s 才能将图像调节清晰,0.8s 的聚焦速度难以应用在目标高速移动的场景中。

近十几年来,一种通过改变两种不同的液体交接处月牙形表面的形状来实现焦距的变化的液体镜头得到了广泛的关注,也进入了机器视觉领域。由于没有了机械运动,其远近焦距可在小于 1ms 的瞬间内完成调节,如图 1-37 所示。液体调焦镜头也可以和已有的镜头联合使用,如图 1-38 所示,可以通过 USB 接口控制该液体镜头的焦距。

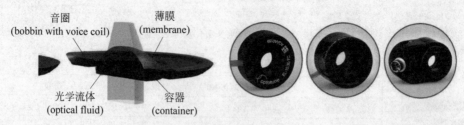

图 1-37　液体调焦镜头的原理与形态

(a) 单独使用　　　　　　　(b) 安装在已有镜头前　　　(c) 安装在已有镜头和摄像机之间

图 1-38　液体调焦镜头的安装方式

1.3.5　光源

摄像机的图像传感器是把光转化为图像。对常规的摄像机而言，光的来源一般有三种：光源光、反射光、透射光；对红外热像仪而言，还有物体自身发出的红外光（热辐射）。在自然场景中，常规摄像机拍摄图像利用的是物体对阳光的反射光，白天拍摄时树木、花朵等有不同的颜色是因为它们反射了太阳光中不同波长的光线，在夜晚拍摄时得不到颜色信息，是因为此时太阳这个光源没有了。太阳光是最广泛的光照来源，其辐射光谱如图 1-39 所示。

太阳辐射的波长为 $150\text{nm}\sim4000\text{nm}(4\mu\text{m})$，可分为三个主要区域，即波长较短的紫外光区、波长较长的红外光区和介于二者之间的可见光区，能量分布的占比分别为 7%、43% 和 50%。从图 1-39 可见，太阳光的光谱范围非常宽，在个别光谱上的辐射较弱（常使用这些特定光谱的照射和成像来避开阳光干扰）。

但是，太阳光不是全天时可依靠的，比如到了晚上就没有了，即使是在白天的不同时刻，其光强也不一致。因此，在社会生活中，常使用路灯等照明光源解决夜晚的问题；在机器视觉中，常选用特定的机器视觉光源来解决光照有无和光强一致性问题。机器视觉中一些常用的光源如图 1-40 所示。

机器视觉的光源具有各种形状的外形。它们可以发出各种波长或者颜色的光，发出各种角度的光，甚至发出各种形状的光（即结构光源，一般用在计算机视觉中，本书不做详

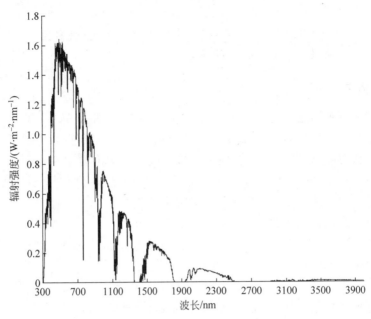

图 1-39　太阳光辐射光谱

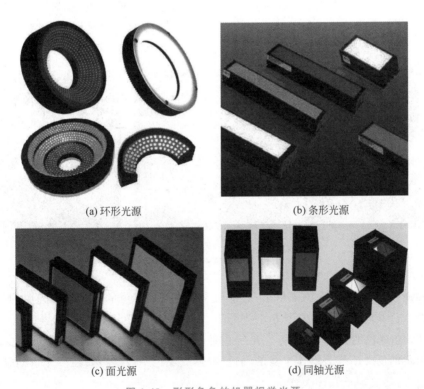

(a) 环形光源　　　　　　　(b) 条形光源

(c) 面光源　　　　　　　(d) 同轴光源

图 1-40　形形色色的机器视觉光源

细介绍）。为了配合整个机器视觉系统的全生命周期，光源的工作寿命要求特别长，目前
LED 光源的寿命能达到 100 000h；为了保持图像分析算法的参数一致性，它必须发出均

匀的光,所以光源使用特定的恒流电源供电;为了减弱发光器件长时间工作带来的自身发光效率衰减,一般采用频闪照明的方式(与摄像机同步触发)而避免常亮照明。机器视觉光源的选择主要从以下几个方面进行考虑。

1. 光源的发光颜色

光源的发光颜色即光谱范围。光源无非就是照亮目标并使摄像机良好成像,光源的选择必须考虑场景中目标的颜色(目标的反射光谱)、背景的颜色(背景的反射光谱)以及摄像机的图像传感器波长响应曲线,确保在摄像机拍摄的图像中目标和背景区分明显。如果图像传感器对目标的反射光不产生响应,那就相当于没有照明;如果光源发出的光被目标和背景反射后在图像中不能很好地区分目标和背景,那也不利于后续的图像运算,不但会增加处理算法的复杂度,而且也会降低目标的检测精度。

一般采用目标和背景中互相缺少的颜色的光源(补色光)来照明。比如,检测图 1-41(a)所示红色筹码上白色图案的印刷缺陷,使用蓝光照明就比使用红光照明要好。因为红色的背景反射红色光而吸收蓝色光,白色的图案反射红色光和蓝色光,所以使用蓝色光照明会强化图案而弱化背景。图 1-41(b)是使用红光照明时黑白摄像机拍摄得到的灰度图像,可以看到图案和背景的灰度值都很大。图 1-41(c)是使用蓝光照明时黑白摄像机拍摄得到的灰度图像,可以看到图案的灰度值很大,而背景的灰度值很小,图案和背景对比明显,从而能够大大简化算法处理的难度(当然也可以采用白光照明,此时需要给黑白摄像机的镜头安装一个蓝色的带通滤光片)。

(a) 白光照明　　　　　　　(b) 红光照明　　　　　　　(c) 蓝光照明

图 1-41　不同颜色照明下的图像

需要强调的是,在光源的照射下,摄像机采集得到的图像的颜色是由光源的颜色和物体本身的颜色共同决定的。在红色的光源下,白纸就是红色的,红纸也是红色的,但绿纸是黑色的;在绿色的光源下,白色就是绿色的,绿纸也是绿色的,但红纸是黑色的。图像数据中像素的值并不代表物体本身的颜色(物体的颜色一般是指其在阳光下的颜色)。

2. 照明方式

光源照明的方式非常多。需要根据检测目标的特性来选择合适的照明方式,比如选用带有方向性的偏振照明,实现透明玻璃的表面划痕等的检测;选用两种或两种以上照明方式以不同的颜色、不同的角度等配合,来实现特定目标的检测。最常用的照明方式如下。

(1) 明场照明:光直接照射物体,这是最常用的照明方式,可以得到高对比度的图像。但照射在不锈钢、硅片或其他一些强反射的材料上时,会引起镜面反射。

(2) 同轴照明:物体的反射光线以平行线、以垂直于摄像机传感器平面的方式到达摄像机。可以照射强反射的物体,比如玻璃镜面,不会产生阴影。

(3) 暗场照明:相对于物体表面提供低角度照明,光线以比较接近和物体表面平行的方式照射,即夹角比较小,比如小于 $45°$。可应用于物体表面有深浅变化的照明。

(4) 漫射照明:即使用各种角度的光线的照明。连续漫反射照明使用半球形的均匀照明光源,可对表面高低不平(具有各种反射角度)的物体进行照明,比如芯片焊接完成后的电路板。

(5) 背光照明:光从物体背面射过来。通过摄像机可以看到物体的外轮廓,常用于测量物体的尺寸和测定物体的方向、不透明材料的细小裂缝及物体各部分的透明程度。

1.4 扫描仪

虽然摄像机是最常用的图像采集设备,但摄像机不能紧贴物体表面进行测量,即使微距镜头也需要至少离开被测目标 10mm 以上;而且使用常规镜头(远心镜头除外)的摄像机拍摄不同距离(深度)的目标时,距离摄像机近的目标在图像中就大(分辨力高),反之则小(分辨力低),即"近大远小"。有一种能弥补摄像机的这些缺点的图像采集设备,它就是扫描仪(scanner),它必须贴近目标表面才能成像,且图像中同一行上的每像素代表的物理尺寸都相等(分辨力相等),图像中像素数可以直接换算为物理尺寸。

1.4.1 扫描仪的组成与分类

除了比摄像机多了一些机械传动机构外,扫描仪光电部分的组成和图 1-24 所示摄像机的组成基本上是一样的,它也必须有图像传感器。扫描仪的特点是成像过程中贴近物体表面(图像传感器组件与被测表面的距离一般在 2mm 以内)、有机械机构拖动图像传感器组件或者被测目标(比如,纸张、布匹、板材等)使得二者存在相对运动。既然是"扫描",就是说在成像过程中,一定要有机械动作,有的扫描仪是拖动被测目标,有的扫描仪是拖动图像传感器(简称扫描头)。

把经常用来拍摄文档的高拍仪(一般都是用手机摄像机模组做的)称为扫描仪,这是不够严谨的,高拍仪实际是摄像机;另外,扫描仪一般都是指图像扫描仪,这也有别于这些年来在机器视觉领域用的也比较广泛的 3D 扫描仪(见 https://lmi3d.com)。

扫描仪的图像传感器都是线扫描方式,它自身只能采集一行的图像数据。如果它和目标之间没有相对运动,是不可能采集得到二维的图像数据的,因此就有了机械传动部分。机械传动部分主要包括步进电机、传动皮带、滑动导轨和齿轮组。步进电机的最小步距决定了扫描仪采集得到的图像 y 方向上的分辨率,比如每英寸走 100 步就是每英寸采集 100 行图像,所以扫描仪得到的图像 y 方向上的分辨率实际是 lpi(lines per inch),但习惯上和 x 方向分辨率不做区分,将它们统称为 dpi(dots per inch,即每英寸多少个像素点)。由于扫描仪的图像采集过程中有机械运动,因此扫描仪的寿命一般不长,扫描仪的寿命取决于皮带、导轨、齿轮等的寿命,一般采用扫描的纸张数来表示,工业级扫描仪的寿命可达 200 万张,商用级扫描仪的寿命一般不到 10 万张。

扫描仪有很多分类方式,主要分类方式有:

(1) 按图像传感器分为 CCD 和 CIS 扫描仪。

(2) 按扫描方式分为滚筒、平板和手持等扫描仪。

(3) 按使用领域分为医学、工业和商务办公等扫描仪。

(4) 按扫描范围分为 A4、A3、A0 和超大幅面扫描仪。

(5) 按扫描速度分为高速扫描仪和双面扫描仪等,分别如图 1-42 和图 1-43 所示。

幅面:最大A3
速度:每分钟100张(正反双面200个图像)
传感器:CCD
光学分辨率:600dpi
进纸容量:300张
接口:USB3.1 Gen1
质量:35kg

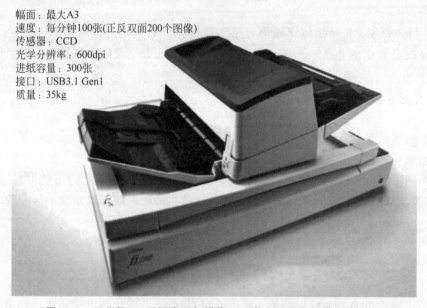

图 1-42　工业级 A3 双面高速扫描仪——富士通图像扫描仪 fi-7700

速度:每分钟30张(正反双面60个图像)
幅面:A4
光学分辨率:300dpi
进纸容量:50张
接口:USB3.1 Gen1
质量:2.7kg

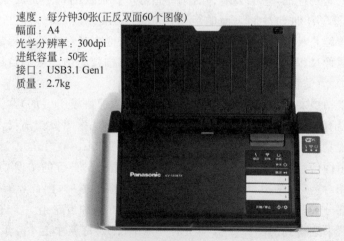

图 1-43　商用 A4 双面扫描仪——松下 KV-S1037

扫描仪的图像传感器一般有两种：和摄像机通用的线扫描图像传感器、扫描仪专用的线扫描图像传感器。

（1）和摄像机通用的线扫描图像传感器也有 CCD 和 CMOS 两种。CCD 图像传感器成像质量最佳（照度要求低、噪声小、各像素曝光一致、景深好、动态范围更宽），高端扫描仪一般都使用 CCD 图像传感器。但 CCD 图像传感器的成像需要反射镜和镜头，所以使用它制造的扫描仪的体积较大。

（2）扫描仪专用的线扫描图像传感器称为 CIS（compact image sensor，接触式图像传感器），如图 1-44 所示。CIS 是将感光单元紧密排列，直接收集被扫描对象反射的光线信息，由于本身造价低廉，又无须透镜组，因此用它可以制造出结构更为紧凑的扫描仪，成本也大大降低。

扫描宽度		183mm	
感光单元密度		200dpi(CNT"H")	100dpi(CNT"L")
有效像素数		1440	720
扫描速度	黑白模式	41μs/行	23μs/行
	彩色模式	41μs×4/行 (红/绿/蓝/近红外)	23μs×4/行 (红/绿/蓝/近红外)
光源种类	红光：	λ_p=632mm±15nm 电流：76mA	
	绿光：	λ_p=525mm±15nm 电流：54mA	
	蓝光：	λ_p=455mm±15nm 电流：12mA	
	近红外线：	λ_p=944mm±20nm 电流：95mA	
信号输出		3路模拟信号输出	
第1路模拟信号		432像素	216像素
第2路模拟信号		432像素	216像素
第3路模拟信号		576像素	288像素
焦点位置		距玻璃表面0.9mm处	
质量		35g	

图 1-44 一款 CIS 传感器及其核心参数

图 1-44 中给出的传感器有两种型号，分别是 CNT"H"和 CNT"L"，下面以 CNT"H"为例来解释一下相关参数的含义。

（1）扫描宽度是 183mm，就是说这根 CIS 只能扫描 183mm 的物理范围。100 元人民币的宽度是 155mm，A4 纸的宽度是 210mm，所以它不适合用来扫描 A4 纸文档，但适合扫描人民币。

（2）感光单元密度是 200dpi，就是说每 25.4mm 上有 200 个感光单元，所以 183mm 需要安装 183/25.4×200＝1440 个感光单元，即有效像素数是 1440。

（3）扫描速度是 41μs/行，即每一行图像数据（1440 像素）的采集需要 41μs。因为有黑白和彩色两种工作模式，在黑白模式时只采集 1 行数据，所以扫描速度不变，仍然是 41μs/行；而在彩色模式时，控制该 CIS 交替发出 4 种波长的光（红/绿/蓝/近红外），每扫描一行时仅使用一种光。当 4 种光交替顺序出现时，则每 4 行中有 3 行分别是红色、绿色和蓝色，有 1 行是近红外（IR），所以彩色模式时的扫描速度是 41μs×4/行，采集得到彩色图像和近红外图像。

（4）图像信号的输出格式是 3 路模拟信号，必须采用 3 路 A/D 采样芯片或者 1 路高速 A/D 采样芯片使用高速开关轮流切换来得到数字图像。该 CIS 分成 3 路模拟信号输出的原因：若是采用一路模拟输出，信号频率就会太高。这 3 路模拟信号分别输出 432 像素、432 像素和 576 像素，即 432 像素＋432 像素＋576 像素＝1440 像素。

1.4.2　扫描仪的核心技术指标

扫描仪的指标非常多，比如寿命、单双面、速度、幅面、颜色分辨能力、数据接口等，下面讲述容易忽视的两个核心技术指标：光学分辨率和动态范围。

1. 光学分辨率

扫描仪的分辨率有两种：一种是光学分辨率；另一种是插值分辨率。光学分辨率就是扫描仪图像传感器的真实分辨率，它越高则扫描仪的清晰度越高，扫描仪的成本也越大，价格也越高。插值分辨率是扫描仪所带的驱动程序或者接口函数提供给用户的分辨率，是为了便于用户使用的软件分辨率。当光学分辨率低于插值分辨率时，它采用图像数据插值的方式将图像进行放大；反之，则采用抽样方式进行缩小。比如，光学分辨率是 200dpi 时，用户要求的分辨率是 600dpi，目标是边长 1 英寸的正方形，扫描仪采集得到的原始图像为 200×200 像素，则扫描仪通过自带的插值算法将其放大到 600×600 像素。低端的家用扫描仪一般只给出插值分辨率，比如宣称"分辨率1200dpi"，就有些糊弄普通消费者的意思。

一般扫描文档类图像的分辨率设定为 200dpi，即 25.4mm 上有 200 个像素点，大约每毫米 8 个像素点，因为人眼的分辨能力一般也就能每毫米区分 8 个点。

2. 动态范围

动态范围是指扫描仪所能探测到的颜色最大密度（最暗）和最小密度（最亮）的差值，与摄像机的宽动态（动态范围大的摄像机从隧道里面向隧道口外面拍照时，图像中既能看清隧道里面的场景也能看清隧道外面的场景）含义相同。密度值是总光量除以反射分量或者透射光分量的以 10 为底的对数，最暗时密度值最大，最亮时密度值最小。若按透射来理解，密度值可以理解为目标材质的密度，材质越密，则光线越不容易通过。显然，动态范围越大，则该扫描仪的对目标的适应能力就越强，此值越大就说明有效地表现亮区和暗区的能力更强。扫描仪"动态范围不足"就像是人得了"夜盲症"，也许此人在白天有非常好的视力，比如达到 2.0，但是到了晚上，他却什么也看不见。

对于纸质的文档而言，其反射稿的动态范围在 2.6 左右，其透射稿的动态范围在 4.0 左右。在具体的应用中，要选择与目标的动态范围相适配的扫描仪。

1.5　图像采集设备的新发展

图像采集设备的发展日新月异。比如，图像传感器的分辨率越来越大，千万像素级的摄像机普遍应用；图像传感器的帧率也越来越高，很多都能达到 100f/s 以上；图像传感器的光谱数也越来越多,已经不仅仅局限于 R、G、B 三个波段;摄像机动态范围也越来越大;边缘计算迅猛发展。下面讲述多光谱图像传感器、偏振光图像传感器、智能相机的发展。

1.5.1 多光谱图像传感器

多光谱图像传感器是指在传感器表面覆盖多个不同光谱的马赛克滤镜,而不仅仅是图 1-27 所示 R、G、B 三色的 Bayer 滤镜。

在农作物估产、农业灾害预测、伪装目标检测、食品检测等多个领域,因为单纯的灰度图像和彩色图像的波长范围太宽,不能细分不同物质的属性,所以难以胜任。除了昂贵的高光谱设备、棱镜分光的多传感器多光谱相机、多摄像机组合的多光谱相机外,随着图像传感器分辨率的提高,一种通过在图像传感器表面覆盖多光谱马赛克滤镜的方法,能大幅降低成本,且无须对不同光谱像素进行对准(见图 1-45)。

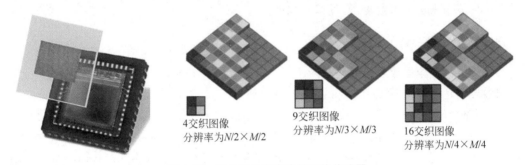

4交织图像
分辨率为N/2×M/2

9交织图像
分辨率为N/3×M/3

16交织图像
分辨率为N/4×M/4

图 1-45 多光谱马赛克滤镜图像传感器

多光谱马赛克滤镜实际上都是对 Bayer 滤镜的扩展,扩展的方法包括更多的波段种类、每个波段使用不同的光谱范围、滤镜使用大小不同的尺寸等,包括 OmniVision 在内的众多厂家的多款图像传感器都使用了扩展的 Bayer 滤镜。

显然,图像传感器总像素数是不变的,光谱越多则每个光谱的图像分辨率越低,所以目前通过镀膜实现的多光谱图像传感器的分辨率一般不高。

1.5.2 偏振光图像传感器

面向玻璃、不锈钢、液晶屏等低对比度高反光表面的缺陷检测,多会采用偏振光的方法,得到不同角度的反射光的多个图像或者多种像素,期望总能有某几个方向的图像或像素拍摄到表面划痕等;当使用透射光照明时,偏振光入射的角度将会被透明物不同的应力区域变换成不同的角度,从而缺陷和应力区域将能被识别出来。

相比采用偏振光源或者在光源和摄像机之间加一个偏振片(有的把偏振片加到了镜头和图像传感器之间,有的把偏振片加到了镜头和光源之间),SONY 于 2018 年推出了 IMX250MZR/MYR(5M 像素)、2019 年推出了 IMX253MZR/MYR(12M 像素)的偏振光图像传感器,直接给像元戴上偏光片,这样就能在不改变照明、镜头等的条件下,直接得到偏振光图像,从而简化了机器视觉应用的升级和研发(见图 1-46)。

IMX250MZR(单色)/MYR(彩色)、IMX253MZR(单色)/MYR(彩色)图像传感器在

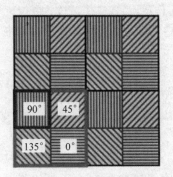

单个像元的结构

图 1-46　偏振光图像传感器(IMX250MZR,SONY)

微镜头层和光电二极管层之间增加了一个偏光器阵列层,对每 4 像素分别使用 4 个角度(0°,45°,90°和 135°)的偏光器,可得到一幅包含 4 种偏振方向像素的图像,使用该图像可以直接计算像素的偏振角度、程度以及强度。

1.5.3　智能相机的发展

今天得到一幅图像是轻而易举的事,但在 20 年前却非常困难。在 2000 年左右,远程的图像传输还是靠电话线和 Modem(调制解调器),带宽小于 64kb/s,每秒最多能传输 8KB;那时手机上都没有摄像头,当然也没有 4G、5G 等无线传输设备;不过已经有了 1M 像素以上的 CCD 数字摄像机,但价格高达 3 万元;当时硬盘的容量在 10GB 左右,现在的硬盘都在 4TB 左右;当时一个 16MB 的 U 盘,价格大约 1200 元,现在 16GB 尚不到 50 元;一般计算机的 CPU 主频只有 800MHz(Pentium Ⅲ),且是单核的。

图像数据的大规模应用也就是最近 20 年的事,机器视觉系统、图像识别系统得到广泛的应用,各行业对图像人才的需求持续旺盛,现在做图像分析的研究人员应该庆幸赶上了一个好时代。伴随着通信能力、CPU、GPU、ARM 和图像传感器等的发展,智能相机的发展大概经历了以下 4 个过程。

1. 单纯的图像采集设备阶段

在 2008 年以前,发展了各种各样的数字摄像机和监控相机,它们以 Ethernet、USB、Camera Link 等各种接口方式进行图像数据的传输,而图像传感器是以 CCD 居多,CMOS 的性能仍然较差。有的摄像机嵌入了 TI 的 DM642、ADI 的 BF533 等 DSP 处理器,但目的是用作图像压缩,做 MPEG.2 或者 H.263 视频编码。当时没有视频编码的专用硬件芯片,虽然 JPEG 图片压缩芯片很早就有了。模拟摄像机则通过图像采集卡进入计算机,通过专用图像压缩卡实现远程图像传输。

2. DSP 架构的智能相机阶段

从 2008 年到 2016 年,DSP 处理器的龙头企业 TI 推出了一系列使用 DDR 内存的处理器,比如 DM6437、DM64467、DM648、DM6467、DM8168、DM6678、DM6655 等;也推出了 H.264 硬件编码芯片,比如 DM365、DM385 等;在 DSP 处理能力大大提高、DDR 内存

数据吞吐率大大提高的同时,又使得视频图像编码不占用 DSP 的计算资源,这个阶段出现了基于这些 DSP 处理器的智能相机(smart camera)。

智能相机是一种高度集成化的小型机器视觉系统。它将图像传感器、处理器、内存、通信等硬件集成在一个摄像机内,将图像采集、处理、视频编码、通信控制在本机内就能完成,从而为功能复杂、模块化划分和高可靠性要求的视觉成像领域提供了易于实现的解决方案,并且高可靠、低功耗、宽温、宽压。图 1-47 给出了一款智能相机的结构框图。

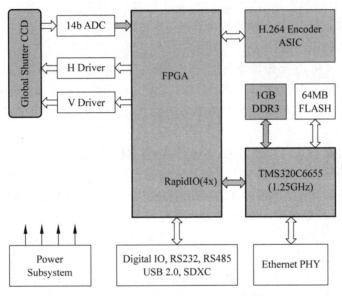

图 1-47 一款 DSP 智能相机的结构框图

这个阶段,车辆违章抓拍对智能相机的需求旺盛,由于智能交通对相机的可靠性要求很高,违章车辆的行驶速度又快,从而催生了智能相机产业。这个阶段的通信成本仍然很高,通信带宽不足,车辆违章行为识别、车牌识别算法只能运行在路口的设备中。在这个阶段图像传感器仍然还是以 CCD 图像传感器居多,CMOS 图像传感器的性能正在逐渐跟上,通过专用的图像采集卡采集数字图像的模拟相机逐渐退出市场。

3. X86 架构的智能相机的快速发展

从 2016 年开始,图像传感器 CMOS 逐步替代 CCD,CMOS 在高帧率和高分辨率上的指标都远远超过了 CCD,两者在成像质量上的差距也越来越小,SONY 公司从 2017 年停止生产 CCD 图像传感器。同时,随着硬件设备价格的进一步降低,图像应用越来越广泛,从智能交通领域扩展到了机器人视觉对位、缺陷检测、人脸识别等众多领域,从业人员越来越多。由于 DSP 架构的智能相机开发难度相对较大,而 OpenCV(运行在 Linux、Windows 下,开源)对很多开发人员来说更容易掌握,产品也更能快速开发;同时 Intel X86 处理器也完成了多核和低功耗的改进,并采用了 DDR4 内存。在多个因素的影响下,国内以杭州海康威视数字技术股份有限公司(简称海康威视)为代表的安防企业在完成了监控相机的布局后,直接采用 X86 架构进入了机器视觉领域,基于 DSP 架构的智能相机厂家在考虑到研发生态的因素后,也进行了向 X86 的转型。

可以预见,DSP 架构的智能相机将逐渐退出通用市场,X86 架构的智能相机将在未来一段时间内成为市场的主流。

4. 处理器多核异构和深度学习的智能相机是发展趋势

在数据处理器的发展过程中,面向不同的应用,出现了多种典型的处理器,比如 Intel X86、FPGA、DSP、单片机等,以及最近 20 年内出现的 GPU、ARM 等。涉及图像分析的应用的复杂度越来越高,比如从传统的单机计算转变到多机计算、从单一的图像分析转变到要带远程图像传输、从图片的保存转变到硬盘录像等。

既要做图像采集,还要做图像处理、图像分析、行为识别、身份识别,还要实现 H.264/H.265 编码、硬盘录像、通信(USB、HMDI、CAN、RS232 等)、实时控制,甚至还要带 GPS 和 4G/5G 传输,这是对智能相机的必然要求。但是这些要求很难在单一处理器上实现。

每种处理器都有其自身的优点,比如,ARM 处理器通信接口丰富,FPGA 时序控制精准、程序执行始终如一、对外接口灵活可变,DSP 计算能力强、专用性强,X86 处理器开发方便,GPU 图形处理器具有强大的并行计算能力。在一个硬件芯片内集成多种类型的处理器,即多核异构处理器,则能充分发挥各处理单元的优点。FPGA、DSP、ARM、GPU 等多种处理器之间已经形成了"你中有我,我中有你"的局面。示例如下。

(1) 英伟达(NV)的 TX2 处理器带有 2 核 Denver2 CPU、4 核 ARM(A57)、256 核 Pascal 架构 GPU、H.264/H.265 硬件视频编解码器、128 位 DDR4 内存控制器。

(2) TI 的 DRA72x 处理器带有 1 个 GPU、1 个 DSP、1 个 ARM 及专用视频协处理器和图像处理器等,它采用了 28nm 工艺,也不支持 DDR4 内存,目前已稍显落后。

(3) 华为的 Hi3519AV100 芯片带有 2 个 ARM® Cortex-A53 核和 1 个 DSP 核(Tensilica Vision P6 DSP@630MHz)、1 个神经网络 NNIE 核、2.0Tops 计算能力、多摄像机接口(带 ISP)、H.264/H.265 硬件视频编解码器,典型功耗为 2.5W(源于该芯片先进的 12nm 制造工艺)。

(4) Xilinx 的 UltraScale+EG 系列超大规模 FPGA 带有 4 个 ARM® Cortex-A53、2 个 Cortex-R5、1 个 Mali-400 MP2(GPU)、H.264/H.265 硬件视频编解码器。

如果把不压缩的原始图像数据传输到后台的计算中心进行集中计算,势必会浪费大量的通信带宽。如果把图像压缩后传输到后台的计算中心,会因为要进行图像解压才能执行图像分析算法,导致解压过程浪费大量的计算资源。在后台的计算中心执行图像分析算法,还会带来很大的时间延迟。所以在摄像机内完成所有的图像分析和图像识别功能非常必要,这也就是边缘计算日益重要的原因。

基于多核异构处理器的发展和图像应用的日益复杂化,以及深度学习为代表的人工智能技术的日益推广,基于多核异构处理器、能够实现深度学习的具备边缘计算能力的智能相机是必然的发展趋势,处理器的类型必将越来越多。

1.6 图像处理与图像分析系统的设计流程

那么,如何设计一个图像处理与图像分析的系统呢?遵循的一般步骤和要点是什么?下面按照从直观到复杂的顺序,对相关要素进行分析。

1. 是室内环境还是室外环境

系统运行环境是室内还是室外,这个要素非常容易确定。

"室内环境还是室外环境"其实说的是光照和气象问题,因为光照的变化、雨雾天气会严重影响目标成像的质量,还会增加算法的复杂性。

室内环境意指光照可控的环境。机器视觉的应用场景一般是室内环境,因为检测的多是生产线的产品,它的运行环境是在车间内、厂房内的。室内环境的特点是通过安装特定的光源,使得图像数据不受雨、雪、雾等天气的影响,不受白天、黑夜、逆光等天时的影响,在所有的天时条件下,都能保证图像数据具有很高的一致性,从而图像算法不必考虑这些外界因素的干扰,能够做到简单而可靠。

相比于室内环境,影响室外环境光照的干扰因素非常复杂,且不容易消除。室外环境光照的干扰主要来自太阳和天气,太阳会对场景产生逆光、光照不足、树木和建筑的阴影、目标自身的影子等,天气会对场景产生雨、雾、雪等的干扰。这些干扰是不容易消除的,消除太阳光干扰的一种有效办法是使用更强的光压制阳光,或者使用偏振片减弱阳光。比如,乘坐汽车时,经常在一些公路卡口,会感觉眼睛被强烈闪了一下,甚至于瞬间失明,这就是为了保证在各种光照条件下能够拍摄到车辆驾驶室内驾驶员和乘客,而采用了爆闪灯进行闪光的缘故。

光照条件严重影响图像数据的质量,严重制约图像处理算法的技术路线,对图像处理算法的复杂程度和性能也有很大的制约。

2. 工作环境温度

工作环境温度是一个比较容易忽略的因素,但它也非常容易确定。

工作环境温度是指要求系统在低温多少度和高温多少度下能够可靠工作。设想一下,如果一个系统在环境温度-10℃就不能正常工作的话,能否安装在哈尔滨的汽车上?如果一个系统到了环境温度$+40$℃就不能正常工作的话,能否安装在吐鲁番盆地的汽车上?关于工作环境的温度范围,撇开最终系统不谈,仅硬件芯片就有商业级($0\sim70$℃)、工业级($-40\sim85$℃)、汽车级($-40\sim120$℃)和军工级($-55\sim150$℃)等的分级。

工作环境温度制约硬件的选型,比如有的硬件可能就没有这个温度范围的型号;制约硬件的成本,比如军工级的芯片肯定比商业级的贵很多;制约系统的稳定性,比如有些硬件虽然可以工作在极限温度下,但计算速度会变慢,或者图像噪声会变大,或者系统功耗会增加。

下面举一个例子来说明。2014 年时,一个无人驾驶的车队为了临时增加一个网口,在研华工控机上的扩展槽上插了一块自购的千兆网卡,但是由于工控机放在了车辆的后备箱里,得不到汽车空调的降温,车辆就在行驶过程中出现了数据失联(但是,研华工控机母板上自带的两个千兆网口就都没有出现过这类故障)。

3. 是运动目标还是静止目标

目标是运动的还是静止的,这个要素非常容易确定。

当目标是运动目标时,要考虑目标运动速度对图像采集的帧率要求、目标运动带来的运动模糊、目标运动带来的检测区域变大、目标对算法处理实时性的要求(若算法处理太慢,有可能丢失目标)、目标运动过程中的“近大远小”、目标轨迹变化以及目标和摄像机之间空间相对关系变化带来的目标形状变化等。

4. 是立体目标还是面片目标

被测目标的形状是立体的还是面片的,这个要素也非常容易确定。

当被测目标是立体目标时,就要考虑图像是否需要拍摄到目标的每个侧面;根据被测目标的检测区域要求,考虑摄像机的架设方式、摄像机镜头的视场角大小,摄像机的视场范围与镜头的焦距和图像传感器的靶面尺寸直接相关;当单独一台摄像机不能完整拍摄到被测目标的检测区域时,还需要考虑采用多台摄像机;因为立体目标会形成阴影,要考虑合理的照明方式,减弱阴影的影响;同时,立体目标还对镜头的景深提出了要求,既要看清楚目标上距离摄像机镜头近的区域,也要看清楚远离摄像机镜头的区域,但景深又约束了镜头的焦距,一般而言,摄像机镜头的焦距越长,景深就越短。

相比于立体目标,面片类目标对摄像机镜头的景深要求、焦距要求很容易满足;另外,因为面片类目标不存在区域之间的互相遮挡,一般也不存在阴影,摄像机的视场角和摄像机的台数也容易确定。

对于立体目标,尤其要注意球体、管状物等类型的被测目标;对于面片目标,尤其要注意玻璃片、薄膜片等透明的被测目标。

当目标对象的物距变化范围很大时,可以采用“测距＋液体镜头”(见图1-38)的方式来实现快速变焦,或者采用多个不同焦距和景深的摄像机来同时拍摄。

5. 是使用摄像机还是使用扫描仪

摄像机和扫描仪是最常用的图像采集设备,它们均有大量的应用场景,比如摄像机广泛应用于视频监控中、扫描仪广泛应用于文档处理中。

显然,对于室外的场景、立体的目标,扫描仪是不适合的。扫描仪属于近距离的接近成像,它必须紧贴被测目标。扫描仪需要它和被测目标之间存在相对运动,比如对于常规的文档扫描,纸张不动而扫描仪动;对于大理石板、布匹等宽大目标的扫描,大理石板和布匹运动而扫描仪不动。CIS制式的扫描仪采用了CIS分段拼接的方式,光源、镜头和感知单元一体化,成本低,体积紧凑,占用空间小,很容易做到超大幅面的高精度测量。扫描仪可以看成景深很小的、定焦的线扫描摄像机,但它不需要外加光源、不需要很大的物距。扫描仪适合对面片类目标的图像采集,在降低成本和适合超大幅面上,比摄像机更具优势。

摄像机的应用范围要比扫描仪大得多,扫描仪能做到的,摄像机都能做到。摄像机既可以看远,比如几十公里外的目标;也可以看近,比如微距;而且绝大多数的摄像机都是面阵的,它采集图像时不但不要求和目标之间存在相对运动,而且是最好没有相对运动。摄像机的缺点是:它自身不带光源,非常容易受到环境光照的干扰,在外接光源时还需要处理好光源和摄像机的同步问题;它也不带镜头,在提供了灵活性的同时,也增加了成本;它和被测目标之间存在一定的盲区,当目标靠近镜头很近时,不能成像;由于摄像机和镜头是分体的,在尺寸精密测量的场合,还需要进行摄像机和镜头之间的内参数标定、摄像机和被测目标之间的外参数标定,这个过程非常复杂,导致摄像机系统的维护要比扫描仪困难。

另外,能使用扫描仪的场合优先考虑使用扫描仪。1.2节提到的一个点钞机失败的例子,就说明了这个问题。

6. 是选用彩色图像还是选用灰度图像

使用彩色图像处理还是灰度图像处理,是一个相对容易确定的因素。

使用彩色图像还是灰度图像,决定着数据量的大小、分辨力的高低和图像采集的速度,从而影响图像算法的性能。"彩色图像还是灰度图像"不是说被检测的目标是彩色还是黑白的,而是说"要把场景采集成彩色图像还是灰度图像",当被检测目标的颜色和背景的颜色有明显差异时,采用黑白摄像机安装相应的滤光片,把场景采集成灰度图像,也能保证在图像中目标和背景有明显的灰度值差异,不影响图像算法的性能。

但是,在同等的图像分辨率下,灰度图像的数据量只是彩色图像的1/3,使用灰度图像会大大降低存储、通信和计算的负荷。另外,对于广泛使用的采用单个图像传感器的彩色摄像机,其彩色图像是使用Bayer滤镜的方式得到的,这样的彩色图像会在目标边界处形成伪边缘,即出现虚假信息会降低图像算法的精度。使用Bayer滤镜的彩色图像的目标分辨力也低于黑白图像的目标分辨力。

在机器视觉中,优先考虑使用黑白摄像机。在监控领域中,因为监控是面向人眼的,所以优先考虑使用彩色摄像机。

7. 视场范围与图像分辨率的计算

对于任何图像处理与图像分析系统而言,必须对感兴趣的目标保证足够的分辨力,比如某种金属构件裂纹检测系统要求分辨力优于$10\mu m$,图像必须能够分辨出$10\mu m$的细小裂纹(图1-36所示的远心镜头就可以,它的分辨力是$9.7\mu m$)。

在视场范围确定时,根据应用对目标分辨力的要求,可以计算得到摄像机的图像分辨率。假设要求的视场范围是$w\times h$,单位为cm,目标分辨力要求为1mm,则摄像机图像传感器的水平分辨率必须大于$10w$(列),垂直分辨率必须大于$10h$(行)。当摄像机的图像分辨率不够时,就要考虑使用多个摄像机同时拍摄,或者当目标静止时,把单个摄像机移动起来分次拍摄。有时,为了减小高分辨率摄像机的昂贵成本,在一些情况允许的场合,也常采用多个低成本的低分辨率摄像机联合拍摄来实现。

在图像分辨率确定时,根据应用对目标分辨力的要求,可以计算得到视场的范围。假设摄像机的图像分辨率为 $w \times h$，单位为像素，目标分辨力要求为 1mm，则视场范围就为 $0.1w \times 0.1h$，单位为 cm。比如图 1-36 所示的远心镜头，当使用靶面 1.1 英寸、分辨率为 12M 像素的摄像机时，因为其分辨力为 $9.7\mu m$，所以其视野范围为 $41.1mm \times 30.1mm$。

最后，根据最终确定的视场范围和图像分辨率来选择合适的镜头，当找不到合适的镜头或者镜头成本太高时，需要重新设计视场范围或者图像分辨率。

8. 照明与光源

无论是在机器视觉领域还是在监控领域，摄像机的成像都是离不开光源的，只是有时使用了太阳这个免费的光源，所以不容易被察觉。使用光源主要有以下 4 种典型情况。

（1）环境光照不够时，要通过照明得到清楚的图像。比如，监控摄像机为了保证夜晚时也能得到清楚的图像，采用了补光灯来照明，尤其是在住宅小区中，为了不影响人们夜间休息，采用了近红外光照明。比如，为了消除运动模糊而降低摄像机的曝光时间时，为了弥补曝光时间减少带来的光通量不足，要采用照明来提高环境照度，车辆违章抓拍中就一定要用额外的照明。

（2）算法参数的一致性。通过设置参数使得环境光照恒定，避免算法因为光照变化太大，而降低精度。比如在机器视觉中，常常采用固定的频闪照明，确保图像质量不受环境光照的影响，甚至在摄像机的外面再加一个外罩以遮挡外部光线，进一步去除环境光照的影响。

（3）抑制环境光的干扰。当环境中有强光干扰时，使用更加强烈的光来压制环境光照。比如，上面的讲到的公路卡口使用爆闪灯，就是用来保证在各种光照条件下，都能清晰地拍摄到车辆驾驶室内驾驶员和乘客。

（4）特殊目标的成像。比如，为了拍摄出人民币上紫外印刷的防伪图案，需要采用紫外线照明。再比如，为了在所拍摄的图像中，目标和背景有更大的对比程度，采用补色光照明。

在选择光源时，要注意光源的均匀性、光谱范围和照明方式，尤其要注意光谱范围能够和摄像机中图像传感器对光谱的响应适配。

9. 同步与触发

为了提高光源的使用寿命，采用频闪照明式，但此时要保证频闪和摄像机曝光是同步的，即摄像机要在闪光的开始时刻才开始曝光。在使用多台摄像机拍摄时，要保证这些相机所拍摄的图像是同一时刻，这样才能够保证场景拼接的正确性，才能够保证目标检测时不会重复计数等。在多目（摄像机）立体视觉系统中，要保证多台摄像机同时开始拍摄一帧图像，才能得到正确的视差。这些问题都涉及多台摄像机的同步机制，一般情况下这些摄像机使用同一个外部信号来触发图像的拍摄，即摄像机图像传感器只有在收到触发信号（比如电平信号的上跳沿）时才立刻开始曝光。

此时，摄像机一定要有外触发接口。一般来说，监控领域的摄像机都没有外触发接口，而机器视觉领域的摄像机都有。

10. 图像数据的存储和传输

图像数据的存储与传输是一个比较容易忽略的因素。表面上看图像数据的存储和传输与图像算法的关联不大,只是当实时处理来不及时才将图像数据暂时存储到硬盘上或者缓存到内存中。实际上,图像数据的存储和传输与系统的整体性能紧密相关,至少它们对存储器的写入速度和网络的通信速度提出了要求。有些应用不需要实时处理,为了节省处理器的成本,需要先把图像存储下来,最后再集中进行图像处理,这种情况下就要考虑外部存储器(硬盘)的写入速度,若写入速度不够,就有可能导致数据不能被完整记录。有些应用需要把图像处理结果和图像数据都发送到远端的服务器中,这种情况下就要考虑图像数据是否需要进行压缩来减小对通信带宽的要求,但图像压缩会增加系统对处理器性能的要求。比如,处理器是否带有图像硬编码器,图像压缩会不会占用处理器的时间、会不会影响图像算法对内存数据的访问等。

下面举一个例子来说明。2000 年时,计算机处理器的性能还很差,算法程序无法实时处理路面图像。要得到路面的裂纹等缺陷,高速公路路面检测车必须先把路面图像存储到计算机的硬盘中,等回到办公区后再慢慢处理。但是那时还没有电子盘(固态盘),机械硬盘(普通硬盘)的写入速度又不够,路面图像也没有办法存储到硬盘中。因此采取的方案是:车上的计算机先对路面图像进行图像压缩(当时采用了 MMX 指令集编程优化的小波压缩算法),把图像数据压缩到原来的 1/10 左右,再把压缩后的数据写到硬盘中。这样既满足了硬盘的写入速度,又节省了硬盘的存储空间。

11. 是边缘计算还是集中计算

图像处理和图像分析系统都需要硬件计算处理单元来进行计算,才能完成相应的图像处理、图像分析算法。在硬件计算处理单元的体制上,有集中式计算和分布式计算两种方式。集中式计算是使用中心机房里集中在一起的主机处理来完成所有的业务;分布式计算是把一个需要巨大计算能力才能解决的问题分成许多小的部分,然后把它们分配给多个在空间上分散的计算单元分别进行处理;边缘计算是一种数据处理更接近目标所在空间位置的分布式计算,计算主要或完全在分布式设备节点上执行,这样尤其能够大大减小数据传输的压力。

在图像处理和图像分析系统中,也同样面临计算架构的选择。使用边缘计算,就是把图像算法在本地的计算单元上执行,甚至在摄像机内部的计算单元上执行。这样就不必把图像数据传输到中心机房去进行算法处理,从而大大减小了图像数据传输的压力,对数据量极大的图像数据而言尤其重要;同时,也免去了本地或者摄像机进行图像压缩和中心机房进行解压带来的时间延迟和计算资源的浪费。但是当边缘计算的业务不固定时,就会导致同一台设备的计算能力时而紧张时而闲置,或者一些边缘计算设备忙碌异常,而另一些边缘计算设备的计算资源闲置,而此时集中式计算就特别适合。

对于业务固定、实时性要求极高、计算量适中的图像应用,可以选择边缘计算;对于业务灵活多变、实时性要求较低的图像应用,可以选择集中式计算。比如,电子警察的违章车辆抓拍,其图像算法就是判定车辆行为是否违规,但是在判定违章时必须马上进行抓拍(往往还需要闪光,尤其在夜里),此时就必须要采用边缘计算。否则,若是把图像数据(往往还需要先压缩)传输到中心机房,中心机房的计算机再进行图像解压和执行算法,等到发出的抓拍命令到达路口的摄像机时,违章车可能早就不见踪影了。再如,地铁的人群拥挤程度检测,由于往往需要多台摄像机才能覆盖较大的进站场景,而拥挤程度即使延迟10s给出也没有关系,此时就可以选择集中式计算。

12. 系统的可扩展性与可维护性

最后,要考虑图像处理与图像分析系统的可扩展性和可维护性。系统的可扩展性和可维护性在很多领域有非常专业的论述,下面只是针对图像处理与图像分析系统简单地说明一下。

图像系统的可扩展性主要依赖于计算单元的能力。边缘计算设备一般为了节省成本、省电、省空间和提高可靠性,在当时的硬件条件下满足了当时的业务要求,但是当产生新的业务需求时,因其计算能力不够,往往导致产品的更新换代,这就是扩展性不好。比如,在上面列举的电子警察案例中,如果增加识别车辆的类型、车辆是否冒黑烟等业务,就很难在已有摄像机中实现。集中式计算由于脱离了具体的图像采集设备,其系统扩展性就很好,当面临增加新业务时,若其计算资源可以调度,则不用更换任何硬件设备;当其计算能力实在不足时,则替换成性能更好的主机或者在机房内增加主机的数量即可。比如,在上面列举的地铁拥挤程度检测中,若是增加年龄识别、性别识别等新业务,可以简单到把新算法部署到主机上即可,不需要把每台摄像机都更换掉。

图像系统的可维护性包括软件可维护性和硬件可维护性(可维修性)。硬件可维护性比较容易做到,也有相应的施工规范或者国家标准、企业标准等可参考。软件可维护性尤其要考虑图像算法的可维护性,比如是否可以远程升级,是否能够参数学习,是否能够错误自检等。

作业与思考

1.1 写出图像处理、图像分析、计算机图形学、机器视觉、深度学习、图像测量、图像识别、体视、光圈、景深、运动模糊、pixel、fps、dpi、二值图像等概念的定义及其对应的中/英文。

1.2 学习bmp文件的格式,其一般由文件信息描述、数据信息描述、调色板、图像数据4部分组成,彩色图像没有调色板。什么是调色板?什么是伪彩色?它们是如何实现的?用C/C++语言编程实现一幅灰度图像bmp文件H0101Gry.bmp(见图1-48)和彩色图像bmp文件H0102Rgb.bmp(见图1-49)的读取、反相以及灰度图像H0101Gry.bmp的伪彩色,将处理结果图像保存成bmp文件。

1.3 在www.onsemi.com网站寻找两款分别是全局曝光和滚动曝光的图像传感器,给出它们的型号,并比较它们的帧率、像素数、像元尺寸、靶面大小、感光曲线和最低工作温度等方面的差异。

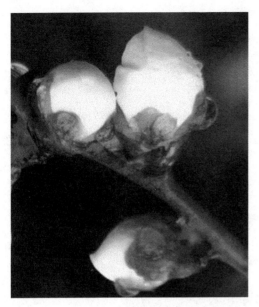
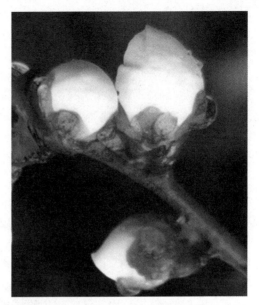

图 1-48　H0101Gry. bmp　　　　　　　　图 1-49　H0102Rgb. bmp

1.4　在 www. jai. com 网站寻找两款不同计算机接口、不同分辨率、不同光谱数、不同镜头卡口的摄像机,给出它们的型号,并比较它们的帧率、分辨率、曝光方式、质量与体积、工作温度范围、应用领域等方面的差异。

1.5　在网上学习一下 SONY 偏振光图像传感器的成像效果,通过分析来说明偏振光在机器视觉中的应用优点。

1.6　寻找一款带液体镜头的远心镜头,写出厂商、型号和接口方式、分辨力、工作距离、景深等核心技术指标。

1.7　寻找一款最低价 A4 幅面馈纸式双面扫描仪,看其是否支持 A3 幅面的文档扫描,写出其厂商、型号、核心技术指标和价格。

1.8　用手机拍摄一些静止目标和运动目标的图像,并分析它们是否发生了几何扭曲和运动模糊。

1.9　为什么图 1-30 中近处的竖杆倾斜严重而远处的竖杆基本上没有倾斜?

1.10　为什么使用不同颜色的光照明,摄像机拍摄得到的彩页图 1-41 中 3 幅图片的对比度相差很大?

1.11　为什么电子警察的车辆违章抓拍系统要采用边缘计算的方式?

1.12　图像处理和图像分析在金融领域得到广泛应用,比如,使用图像实现真假印鉴的比对、使用图像来判定纸币的新旧程度,使用图像来识别真假指标等。那么,为什么银行的自动取款机、点钞机中的图像采集设备不能使用摄像机而只能使用扫描仪?

1.13　高速公路(路面缺陷)检测车是一种机器视觉应用,它在国内的发展从 2001 年开始至今经过了两代,第一代为图片 H0103. bmp(见图 1-50),第二代为图片 H0104. bmp(见图 1-51)。在第一代中采用了面阵摄像机拍摄路面图像的方式,在车后架设 1 台摄像机,摄像机距离路面 2m,要求摄像机所拍摄的图像必须覆盖 1 个约 4m 宽的车道,且图像

上能够辨认宽度 2mm 左右的路面裂缝,车辆的最大行驶速度是 72km/h。请问:

(1) 假设摄像机靶面的宽高比为 4:3 时,那么摄像机的图像传感器至少应该是多少万像素?

(2) 摄像机镜头的视角应该是多少?假设 2.8mm 焦距的镜头的视角约 89°,25mm 焦距的镜头约 44°,应该选用哪种焦距的镜头?

(3) 应该每秒拍摄几幅图像,才能保证所拍摄的图像序列能够覆盖车行驶过的路面?

(4) 选择何种曝光方式的摄像机和设置曝光时间为多少微秒,才能保证所拍摄的图像不产生运动模糊?

(5) 如果把拍摄的图像原始数据实时存入硬盘,请问硬盘的写盘速度是每秒多少兆字节?

(6) 通过上述(1)~(5),说明在设计图像采集系统时尤其需要注意的几个问题。

(7) 第二代的高速公路检测车的图像采集是如何实现的?请为其选择一款合适的线阵列摄像机和一款合适的激光线结构光照明,给出核心技术指标和计算依据。

图 1-50   H0103. bmp

图 1-51   H0104. bmp

第 2 章

图 像 增 强

本章讲述线性拉伸、分段线性拉伸、均值方差规定化、直方图均衡化、对数变换等常用图像增强方法；讲述图像数据、点运算、邻域运算、直方图的特点；讲述基于查找表的编程优化方法；讲述图像分块处理、逐像素处理的策略。

2.1 基本概念

2.1.1 什么是图像增强

图像增强(image enhancement)是指对图像的亮度、对比度、颜色等进行调节,改善视觉效果,以便于人眼观察的相关技术与方法的统称。

从定义上看,好像任何提高视觉效果的方法都可以被称为图像增强；实际上,在专业的图像处理领域,一些面向确定的、已知原因的图像退化改善方法,比如去掉运动模糊、去掉椒盐噪声、人为修改特定结构特征的方法等,它们虽然也能改善视觉效果,但是并不被称为图像增强,比如被称为图像复原(image restoration,利用退化过程的先验知识,去恢复已被退化图像的本来面目)、边缘锐化(edge sharpen,通过人为修改使得在边界处的黑色像素变得更黑、白色像素变得更白,以突出边缘)。

对图像数据进行增强的方法是非常多的,在长期的发展过程中,形成了一些有代表性的方法,掌握这些方法的名称、原理和特点,尤其是掌握准确的专业术语对于沟通和交流是非常重要的。

图 2-1 是一幅夜里拍摄的图像,经过简单(C 语言编程大约需要 6 行代码)的图像增强后,其结果如图 2-2 所示。

图 2-1 原始图像

图 2-2 图像增强的结果

2.1.2 点运算与邻域运算

在空间域,像素不但具有自身的亮度值,也有位置坐标。比如,要判定每月有 4000 元收入的人的富裕程度,不但要看其收入,还得看他所处的地域。如果他的邻居每月只有 1000 元的收入,那他应该是比较富裕的;如果他的邻居每月有 9000 元的收入,那他应该是比较贫穷的。如果不考虑人所在的具体地域,直接给每个人奖励 500 元,那么就相当于图像处理中的点运算;如果考虑了人所处的具体地域,若他比周围人富裕时则奖励 200 元,若他比周围人贫穷时则奖励 1000 元,那么就相当于图像处理中的邻域运算。

在图像处理中,点运算(point operation)的直观含义就是运算结果仅与该像素自己有关,与像素的邻居无关,即计算结果仅与像素自己的灰度值有关。点运算方法实际是对灰度级进行变换,结果图像中每像素的灰度值仅由对应的输入像素的灰度值决定。可描述如下:

$$G(x,y) = f(g(x,y)) \tag{2-1}$$

其中,(x,y) 是像素的坐标,$g(x,y)$ 是像素 (x,y) 原来的灰度值,f 是灰度值的变换函数,$G(x,y)$ 是像素 (x,y) 变换后的灰度值。可以看出,点运算的关键是寻找合适的 f。f 的自变量是灰度值,与像素的坐标 (x,y) 没有任何关系。

在图像处理中,邻域运算(neighborhood operation)的直观含义就是运算结果不仅与该像素自己有关,还与该像素的多个邻居(多个邻居构成了邻域,邻域有一定的大小和形状)有关。它是利用本像素和其邻近像素的灰度值来计算该像素变换后的灰度值,变换函数的自变量是坐标值和灰度值。比如,当前像素的灰度值乘以 8 后减去与其相邻的 8 个像素的灰度值之和,可描述如下:

$$G(x,y) = g(x,y) \times 8 - \left[\sum_{i=-1}^{1} \sum_{j=-1}^{1} g(x+j, y+i) - g(x,y) \right] \tag{2-2}$$

图 2-4 所示是图 2-3 所示按照式(2-2)进行计算的结果。为了防止数据的上溢(超过 255)和下溢(小于 0),对式(2-2)的计算结果采用式(2-3)表示的饱和运算,$G(x,y)$ 如果大于 255 就取 255,如果小于 0 就取 0。由于图 2-4 太黑了(在第 4 章中会解释其原因),不便于人眼观察,所以进一步采用一个点运算(见式(2-4)),进行灰度值的反相,得到的图像如图 2-5 所示。

$$G(x,y) = \max(0, \min(g(x,y), 255)) \tag{2-3}$$

$$G(x,y) = 255 - g(x,y) \tag{2-4}$$

图 2-3 原始图像   图 2-4 邻域运算结果   图 2-5 反相后的结果

2.1.3　图像运算的典型程序结构

程序 2-1 和程序 2-2 分别给出了点运算和邻域运算的典型程序结构。在图像处理的 C/C++程序中,对于变量的命名有如下习惯。

（1）原始图像一般用 pImg 或 pOrgImg 命名,有时灰度图像、彩色图像、二值图像、梯度图像分别用 pGryImg、pRGBImg、pBinImg、pGrdImg 命名,处理后得到的结果图像一般用 pResImg 命名;这些变量名的第一个字符 p(pointer)代表指针数据类型。

（2）一般用 pCur 代表原始图像中当前像素的地址,用 pRes 代表结果图像中像素的地址。用 pEnd 代表数据访问结束时的 pCur 值,是图像末尾像素的下一个地址。

（3）图像的宽度一般用 width 表示,对应变量 x;图像的高度用 height 表示,对应变量 y。

（4）为了易于理解,一般不用 i 或 j 替代 x 或 y。

（5）在函数定义上,一般要求"输入变量在前,输出变量在后""图像在前,图像的描述在后";在函数实现上,一般要求其语句不超过 50 行,并写明步骤和注释。

注意,在程序 2-1 和程序 2-2 中,f 代表的是语句体,不是函数。如果 f 是函数,则产生 width×height 次函数调用,程序的执行效率会降低。

【程序 2-1】　点运算的典型程序结构

```
void F1(BYTE * pImg, int width, int height)
{
    BYTE * pCur, * pEnd;

    pEnd = pImg + width * height;
    for (pCur = pImg; pCur < pEnd;)
    {
        * (pCur++) = f( * pCur);              //f 代表点运算的语句体,不是函数
    }
    return;
}
```

【程序 2-2】　邻域运算的典型程序结构

```
void F2(BYTE * pOrgImg, int width, int height,BYTE * pResImg)
{
    BYTE * pCur, * pRes;
    int x, y;

    for (y = 0, pCur = pOrgImg, pRes = pResImg; y < height; y++)
    {
        for (x = 0; x < width; x++, pCur++, pRes++)
        {
            * pRes = f(pOrgImg, x, y);        //f 代表邻域运算的语句体,不是函数
        }
    }
    return;
}
```

2.2 线性拉伸

图 2-6 中像素的灰度值偏小,其最暗像素的灰度值是 20,其最亮像素的灰度值是 100。在计算机显示器上,灰度图像的最大亮度可以到 255,因此把像素的灰度值都放大 2 倍,即采用点运算 $G(x,y)=g(x,y)\times2$ 来改善视觉效果,得到图 2-7 所示图像。图 2-7 所示图像明显比图 2-6 所示图像明亮了许多,但其灰度最大值也才是 200,仍然没有达到 255。所以继续变换,把图 2-7 所示图像的灰度值加 55,即采用点运算 $G(x,y)=g(x,y)\times2+55$,得到图 2-8 所示图像。显然,图 2-8 所示图像比图 2-6 所示图像更加利于观察,即进行了图像增强。从图 2-6 到图 2-8 的点运算函数为:

图 2-6 原始图像

$$G(x,y)=g(x,y)\times2+55 \tag{2-5}$$

写成一般的形式如下:

$$G=k\cdot g+b \tag{2-6}$$

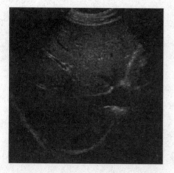

图 2-7 $G(x,y)=g(x,y)\times2$

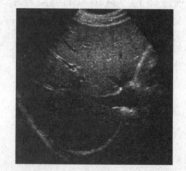

图 2-8 $G(x,y)=g(x,y)\times2+55$

因为式(2-5)中的运算与坐标 (x,y) 无关,所以式(2-6)中去掉了 (x,y)。因为式(2-6)满足线性空间 $f(x+y)=f(x)+f(y)$,$f(c\cdot x)=c\cdot f(x)$ 的性质,所以被称为线性变换。当 $k>1$ 时,灰度值的范围会变大,因此在图像增强中,式(2-6)被称为线性拉伸(linear stretch)。

式(2-6)还可以被看成是一个斜截式直线方程,k 代表直线的斜率,b 代表直线的截距。

如果不考虑数值在计算机中的计算溢出,当 $k>1$ 时,结果图像中所有像素灰度值的方差就变大,其视觉效果是结果图像黑白反差更加明显;当 $0<k<1$ 时,结果图像中所有像素灰度值的方差就变小,其视觉效果是结果图像中黑白反差减弱。当 $k=1$,$b>0$ 或者 $b<0$ 时,仅使结果图像的灰度值上移或下移,其视觉效果是使整幅图像更亮或更暗。

再做进一步分析,式(2-5)虽然使得图 2-8 所示图像的灰度最大值成了 255,但其灰度最小值却成了 95,而不是 0。实际上,理想的结果是通过线性拉伸,把图像的灰度最小值变为 0,把灰度最大值变为 255。规范地说,就是把原始图像的最小值 g_{min} 变成结果图像期望的最小值 G_{min},把原始图像的最大值 g_{max} 变成结果图像期望的最大值 G_{max},相当于已知 2 个点 (g_{min},G_{min}) 和 (g_{max},G_{max}) 求直线的斜率 k 和截距 b,则有:

$$k = \frac{G_{max}-G_{min}}{g_{max}-g_{min}} \tag{2-7}$$

$$b = G_{min}-k \cdot g_{min} \tag{2-8}$$

比如,图 2-6 要变换到 0～255,则有 $k=(255-0)/(100-20)=3.1875$,$b=20-20\times3.1875=-43.75$,$k$ 和 b 都是浮点数,变化结果如图 2-9 所示,其肉眼观察效果明显优于图 2-5 和图 2-8。

线性变换只有两个参数 k 和 b,因此可以画成一条直线。请分析图 2-10 和图 2-11 所示的直线代表的线性变换对结果图像会有什么效果。

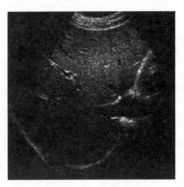

图 2-9　$G(x,y)=g(x,y)\times$
3.1875-43.75

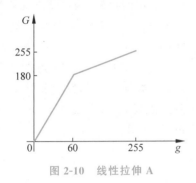

图 2-10　线性拉伸 A

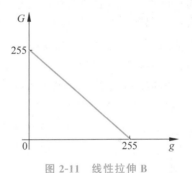

图 2-11　线性拉伸 B

图 2-10 中有 2 条线段,又被称为分段线性拉伸(piecewise linear stretch)。第 1 条线段的斜率是大于 1 的,因此灰度值在 0～100 内的像素得到了增强;第 2 条线段的斜率是小于 1 的,因此灰度值在 101～255 内的像素得到了抑制。分段线性拉伸是将灰度区间分成两段乃至多段做线性变换。在感兴趣的灰度区间,其斜率大于 1,从而突出有价值的信息;在不感兴趣的灰度区间,其斜率小于 1,从而抑制无用信息。

按照点运算的典型程序结构的程序 2-1,下面给出线性拉伸的 C/C++程序 2-3。

【程序 2-3】　灰度线性拉伸示例

```
void LinearStretchDemo ( BYTE * pGryImg, int width, int height,
                         double k, double b
                       )
{
    BYTE * pCur, * pEnd;

    for (pCur = pGryImg, pEnd = pGryImg + width * height; pCur < pEnd;)
    {
```

```
        //要对 k * ( * pCur) + b 执行饱和运算;
        * (pCur++) = max(0,min(255,k * ( * pCur) + b));
    }
    return;
}
```

程序 2-3 只是一个示例程序，随着本书的继续，该代码能够被多种优化方法进行改进，执行速度提高数倍以上。

2.3 均值方差规定化

线性拉伸就是求取参数空间(k,b)内的一组取值。k 和 b 的组合是非常多的，难以穷尽。经典的线性拉伸方法主要有灰度范围拉伸方法和均值方差规定化方法。

2.2 节讲述的就是灰度范围拉伸方法，它是根据原来图像的灰度最小值和灰度最大值来进行拉伸的，比如对图 2-6 的处理。这种方法的缺点是，如果图像中存在的噪声使得灰度最小值或者最大值偏离真实值，就得不到好的拉伸效果，比如即使原图像中仅有一个像素的灰度值为 0 并且仅有一个像素的灰度值为 255，该线性拉伸方法也将毫无效果。

另外，一幅图像中所有像素的灰度值可以看作是一个数据集合。一个数据集合除了有最小值、最大值，还有均值和方差，以及后面讲到的中值和众数。均值就是所有像素灰度值的算术平均值，在图像处理中称为亮度（bright），如式（2-9）所示。方差是每个样本值与全体样本值的平均数之差的平方值的平均数，能够反映数据的离散程度和数据之间的差异，方差开根号就得到标准差，在图像处理中将标准差称为对比度（contrast），如式（2-10）所示。一般来说对比度越大，图像就越清晰、越醒目；而对比度小，图像就会呈现灰蒙蒙的状态。

$$\text{bright} = \frac{\sum_{y=0}^{\text{height}-1} \sum_{x=0}^{\text{width}-1} g(x,y)}{\text{width} \times \text{height}} \tag{2-9}$$

$$\text{contrast} = \sqrt[2]{\frac{\sum_{y=0}^{\text{height}-1} \sum_{x=0}^{\text{width}-1} (g(x,y) - \text{bright})^2}{\text{width} \times \text{height} - 1}} \tag{2-10}$$

相较于灰度最小值和最大值，均值和方差不容易受到个别噪声点的影响。那么，是否有一种通过调整亮度和对比度到固定值来实现图像增强的方法呢？这就是均值标准差规定化。因为对比度就是标准差，标准差的平方值就是方差，所以习惯上又称为均值方差规定化，而不是均值标准差规定化。设已知原始图像的均值为 b_1、对比度为 c_1，结果图像的均值为 b_2、对比度为 c_2，则线性拉伸函数如下：

$$G = (g - b_1) \times \frac{c_2}{c_1} + b_2 \tag{2-11}$$

式（2-11）可以分成三个步骤来理解。第一步，$(g-b_1)$ 就是把均值变成 0，此时对比度仍为 c_1；第二步，$\times \frac{c_2}{c_1}$ 就是把标准差变成 c_2，但均值此时已是 0；第三步，$+b_2$ 就是把

均值变成 b_2，此时标准差已经是 c_2。

显然，均值方差规定化也是一种线性拉伸，相当于式(2-6)中的 $k=\dfrac{c_2}{c_1}$，$b=b_2-k\cdot b_1$。其优点是它不受个别噪声点的影响，缺点是它不能保证结果图像的灰度最小值为 0、灰度最大值为 255。

2.4　图像的特点与查找表

线性拉伸式(2-6)中的 k 和 b 都是浮点数，若图 2-6 是大小为 1024×1024 像素的灰度图像，那么程序 2-3 要执行 100 万次的浮点乘法和 100 万次的浮点加法；为了防止计算溢出，还要执行 100 万次的最大值比较和 100 万次的最小值比较。动辄 100 万次的计算是非常浪费时间的，如何才能加快程序的执行速度呢？

通过分析可知图像数据有以下特点：一是图像的数据量特别大，一幅图像动辄几百万像素；二是图像的灰度值范围非常有限，一般也就 256 种取值。如果参照中学时用的正弦、余弦表，建立一个灰度值的线性变换表，在程序执行时直接根据灰度值 g 查该表得到结果 G，那么线性变换就不用任何计算了，这样肯定节省时间；而且因为 g 的取值非常有限，所以这个变换表还特别小，不会浪费太多的内存空间。实际上，在图像处理中，任意的以灰度值为自变量的函数，都可以使用查找表(look up table，LUT)来实现程序加速。

【算法 2-1】　灰度线性拉伸算法

```
void RmwLinearStretch ( BYTE * pGryImg, int width, int height,
                        double k, double b
                       )
{
    BYTE * pCur, * pEnd;
    int LUT[256];                              //因为只有[0,255]共 256 个灰度值

    // step.1------------- 生成查找表 -----------------------//
    for (int g = 0; g < 256; g++)
    {
        LUT[g] = max(0, min(255, k * g + b)); //勿忘饱和运算
    }
    // step.2------------- 进行变换 -------------------------//
    for (pCur = pGryImg, pEnd = pGryImg + width * height; pCur < pEnd;)
    {
        * (pCur++) = LUT[ * pCur];
    }
    // step.3------------- 结束 -----------------------------//
    return;
}
```

当然，在算法 2-1 中不是一次也没有执行浮点运算和饱和运算，它只执行了 256 次，相比 100 万次，就可以忽略不计了。对于 1024×1024 像素的灰度图像，在一款 i7 处理器的计算机上执行 1000 次的时间花费是：在 C/C++ 编译器 Debug 编译模式下，程序 2-3 花费 10 950ms，算法 2-1 花费 2411ms，速度提高了 4.5 倍；在 C/C++ 编译器 Release 编译模

式下,程序 2-3 花费 7085ms,算法 2-1 花费 572ms,速度提高了 12.4 倍。

查找表是一种空间换时间的策略,它是图像编程优化的常用手段。在程序设计中,查找表就是一个数组,把函数的自变量作为数组的下标。有如下几点需要说明。

(1)查表过程是一个间接寻址的过程,每个灰度值的变换都增加了一次处理器对内存的访问。当内存的吞吐能力小时,查表反而会降低程序的执行速度,尤其是当计算不复杂时。在很多数字信号处理器(digital signal processor,DSP)中,简单函数的实现多采用直接计算而不使用查表。

(2)在有些嵌入式系统中,还可以通过指定把查找表放在一级高速缓存(L1 Cache)中来提高速度。

(3)查表量和计算量要达到最佳平衡时,更能提高程序的执行速度。

(4)查找表适合于表达自变量范围很小的函数,它一般都是一维数组。二维查找表由于存在占内存空间大、寻址不连续导致缓冲区效率下降、下标需要计算等因素而不常用。

(5)为了减小查找表的内存空间,可以采用局部查表法。局部查表法就是仅当自变量的值在一定范围内时进行查表,超出该范围时则仍按原来的方式进行计算,该范围覆盖了自变量最可能出现的范围,在极少情况下才需要计算。

2.5 直方图及其相关计算

式(2-9)和式(2-10)给出了亮度和对比度的计算公式,难道在图像处理中,求 1024×1024 像素灰度图像的对比度要进行 1024×1024(100 万以上)次的浮点减法、乘法和加法运算?求其最大灰度值要进行 1024×1024 次的比较?

在图像处理中,以上 100 多万次的运算都是不需要的。设想一下,如果已经知道了图像中每个灰度级上的像素数,比如灰度值为 255 的像素数是 0,灰度值为 254 的像素数是 1,则很容易知道灰度的最大值就是 254,这就需要用到直方图。

直方图(histogram)是反映一幅图像中像素灰度值分布的统计表;横坐标为像素的灰度值;纵坐标为每一种灰度值在图像中的像素数,或者具有该种灰度值的像素所占图像的百分比,也即图像中每种灰度值出现的概率。图 2-12 所示图像的直方图如图 2-13 所示,灰度直方图的横坐标是灰度级,纵坐标是该灰度级出现的像素个数。

图 2-12 灰度图像

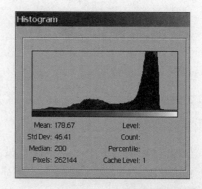

图 2-13 直方图

　　直方图就是统计图像中每个灰度级出现的次数。直方图的 C/C++ 编程实现非常简单，如算法 2-2 所示。pGryImg 只有 256 级灰度，所以在函数外部定义一个 int histogram[256] 即可，在函数内部先对 histogram(数组)赋初值 0，一般使用 memset() 函数；在图像宽度和高度不是特别大时，int 型不会溢出，所以一般把 histogram 的数据类型定义为 int，当然 unsigned int 也行。

【算法 2-2】　统计灰度直方图

```
void GetHistogram(BYTE * pGryImg, int width, int height, int * histogram)
{
    BYTE * pCur, * pEnd = pGryImg + width * height;

    // step.1 ------------- 初始化 ----------------------------- //
    //for (int g = 0; g < 256; g++) histogram[g] = 0;
    memset(histogram, 0, sizeof(int) * 256);
    // step.2 ------------- 直方图统计 ------------------------- //
    for (pCur = pGryImg; pCur < pEnd; ) histogram[ * (pCur++)]++;
    // step.3 ------------- 结束 ------------------------------- //
    return;
}
```

　　通过图像的直方图可以快速计算图像的最大亮度、最小亮度、平均亮度、对比度及中间亮度等(见程序 2-4 和程序 2-5)；基于直方图可以完成图像分割(见第 5 章)，还可以实现目标检索(因为不同的目标具有不同的颜色分布)，用它存储目标特征时占有的内存空间很小(比如 int histogram[256] 仅占用 1KB)。

【程序 2-4】　求图像的灰度最大值和最小值

```
void GetMinMaxGry(int * histogram, int * minGry, int * maxGry)
{
    int g;

    // step.1 ------------- 求最小值 --------------------------- //
    for (g = 0; g < 256; g++)
    {
        if (histogram[g]) break;
    }
    * minGry = g;
    // step.2 ------------- 求最大值 --------------------------- //
    for (g = 255; g >= 0; g-- )
    {
        if (histogram[g]) break;
    }
    * maxGry = g;
    // step.3 ------------- 结束 ------------------------------- //
    return;
}
```

【程序 2-5】 求图像的亮度和对比度

```
void GetBrightContrast(int * histogram, double * bright, double * contrast)
{
    int g;
    int sum, num;              //图像很大很亮时,sum 可能会溢出,此时要 double sum
    double fsum;

    // step.1 ------------- 求亮度 ---------------------------- //
    for (sum = num = 0, g = 0; g < 256; g++)
    {
        sum += histogram[g] * g;              //注意 sum 或许会溢出
        num += histogram[g];
    }
    * bright = sum * 1.0/num;                  //即 Mean
    // step.2 ------------- 求对比度 -------------------------- //
    for (fsum = 0.0,g = 0; g < 256; g++)
    {
        fsum += histogram[g] * (g - * bright) * (g - * bright);
    }
    * contrast = sqrt(fsum/(num - 1)); //即 Std Dev
    // step.3 ------------- 结束 ------------------------------ //
    return;
}
```

在程序 2-4 和程序 2-5 中,求最大灰度值的比较运算不超过 256 次,求亮度或者对比度的计算次数是 256。

直方图是图像的最基本特征。直方图能反映图像的概貌,比如图像中有几类目标、目标和背景的分布等。分析图 2-14 和图 2-15 所示的两个直方图,哪个直方图最有可能是文档图像的直方图,为什么?

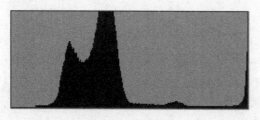

图 2-14　直方图 A

图 2-15　直方图 B

另外,因为直方图没有记录像素的坐标信息,所以不同的图像会具有相同或相近的直方图。一幅图像在旋转、翻转后的直方图是相等的,在放大、缩小后的直方图是相近的。

2.6　直方图均衡化与规定化

直方图均衡化是最常用的图像增强方法。关于它的论述非常多,不同领域从不同的视角来论述、推导它的实现过程。本节采用一个简单的、易于理解的方式,来讲解直方图均衡化的方法及其特点,并进行编程实现。

在信息论中,一个信源所含的信息量 H(entropy,熵)与信源发出消息 i 的概率 p_i 有关,即 $H = -\sum_{i=0}^{n-1} p_i \log(p_i)$。 在图像中就是一幅图像所含的信息量与其在不同时刻(即像素坐标)发出的像素灰度值的概率有关,比如,如果一幅图像中所有像素的灰度值都是 255,即 $p_{255}=1$,而 $p_0 = p_1 = \cdots = p_{254} = 0$,那么这幅图像的信息量就是 0,这时可以将其理解成白纸一张,没有任何信息,这就是信息量的最小值。相反,根据信息论中熵的最大性,当各个灰度级等概率分布时图像的信息量最大。因此,为了使得图像的信息量最大,就需要寻找一种变换,使得结果图像中各灰度级的概率相等,这种变换就是直方图均衡化(histogram equalization)。

设原始图像的直方图为 H_1,结果图像的直方图为 H_2。如果将原始灰度级 g 变成结果图像的灰度级 G,则必须满足:

$$\sum_{i=1}^{g} H_1(i) = \sum_{i=1}^{G} H_2(i) \tag{2-12}$$

式(2-12)可以理解为考试成绩的前 5 名在变换后仍然为前 5 名(假设灰度值越小,名次越高),$\sum_{i=1}^{g} H_1(i)$ 就代表了原始图像中前 g 个灰度级的像素个数,$\sum_{i=1}^{G} H_2(i)$ 就代表了结果图像中前 G 个灰度级的像素个数;还可以理解为要使得 I 班的成绩和 II 班的一样,则必须将 I 班的第 5 名的成绩 g 变成 II 班的第 5 名的成绩 G,即他俩之前(包括他俩在内)都是 5 个人。

假设结果图像最大允许有 N 个灰度级,像素总数为 S,那么等概率分布时,各灰度级上的像素个数应该为 S/N。比如,灰度图像有 256 级灰度,若图像大小为 1024×1024 像素,则每个灰度级上应该是 $S/N = 4096$ 像素。设 g 是 H_1 直方图的灰度级,G 是 H_2 直方图的灰度级,因为 H_2 是均衡的,所以 H_2 中每一个灰度级的像素个数均为 S/N,则式(2-12)可以推导为:

$$\sum_{i=1}^{g} H_1(g) = \sum_{i=1}^{G} H_2(G) = G \times \frac{S}{N} \tag{2-13}$$

进一步有:

$$G = \sum_{i=1}^{g} H_1(i) \times \frac{N}{S} \tag{2-14}$$

进一步有:

$$G = N \times \frac{\sum_{i=1}^{g} H_1(i)}{S} \tag{2-15}$$

式(2-15)就是直方图均衡化的函数。其中,$\sum_{i=1}^{g} H_1(i)$ 是从灰度级 1 到灰度级 g 的像素的个数,设为 $A(g)$,则有:

$$A(1) = H_1(1)$$

$$A(2) = H_1(1) + H_1(2)$$
$$A(3) = H_1(1) + H_1(2) + H_1(3)$$
$$A(4) = H_1(1) + H_1(2) + H_1(3) + H_1(4)$$

写成递推形式就是：
$$A(1) = H_1(1)$$
$$A(i) = A(i-1) + H_1(i)$$

常规灰度图像最多有 256 个灰度级，即 $N = 256$。在灰度级转换为灰度值时，因为灰度值是从 0 开始的，灰度值的最大值是 $N-1$，所以式(2-15)转换为：

$$G = 255 \times \frac{\sum_{i=0}^{g} H_1(i)}{S} \tag{2-16}$$

直方图均衡化的 C/C++程序如程序 2-6 所示。

【程序 2-6】 直方图均衡化示例

```
void HistogramEqualize1(BYTE * pGryImg, int width, int height)
{
    BYTE * pCur, * pEnd = pGryImg + width * height;
    int histogram[256],A[256],LUT[256],g;

    // step.1-------------- 求直方图 -------------------------- //
    memset(histogram, 0, sizeof(int) * 256);
    for (pCur = pGryImg; pCur < pEnd;) histogram[ * (pCur++)]++;
    // step.2-------------- 求A[g],N-------------------------- //
    for (g = 1, A[0] = histogram[0]; g < 256; g++)
    {
        A[g] = A[g-1] + histogram[g];
    }
    // step.3-------------- 求LUT[g]------------------------- //
    for (g = 0; g < 256; g++) LUT[g] = 255 * A[g]/(width * height);
    // step.4-------------- 查表------------------------------ //
    for (pCur = pGryImg; pCur < pEnd;) * (pCur++) = LUT[ * pCur];
    // step.5-------------- 结束------------------------------ //
    return;
}
```

程序 2-6 很好地遵守了式(2-16)的处理流程。进一步分析程序 2-6 可知，其 step.2 和 step.3 可以合并，而且 A[g]也不需要存储，所以它被可以进一步精简为算法 2-3。

【算法 2-3】 直方图均衡化

```
void RmwHistogramEqualize(BYTE * pGryImg, int width, int height)
{
    BYTE * pCur, * pEnd = pGryImg + width * height;
    int histogram[256], LUT[256], A, g;

    // step.1-------------- 求直方图 -------------------------- //
```

```
memset(histogram, 0, sizeof(int) * 256);
for (pCur = pGryImg; pCur < pEnd;) histogram[ * (pCur++)]++;
// step.2 ------------- 求 LUT[g] ------------------------ //
A = histogram[0];
LUT[0] = 255 * A/(width * height);
for (g = 1; g < 256; g++)
{
    A += histogram[g];
    LUT[g] = 255 * A/(width * height);
}
// step.3 ------------- 查表 ----------------------------- //
for (pCur = pGryImg; pCur < pEnd;) * (pCur++) = LUT[ * pCur];
// step.4 ------------- 结束 ----------------------------- //
return;
}
```

使用算法 2-3,对图 2-16 进行直方图均衡化,得到的结果图像如图 2-17 所示,逆光部分和天空部分得到了明显的增强。实现直方图均衡化,算法 2-3 只用了不到 10 行 C/C++语句,且只用了整数加法、除法等简单运算。

图 2-16　原始图像

图 2-17　直方图均衡化结果

图 2-16 和图 2-17 的直方图分别如图 2-18 和图 2-19 所示。通过分析原始图像和结果图像的直方图,得到直方图均衡化方法的特点如下:

(1) 结果图像的视觉效果比原始图像好了很多,说明增强取得了显著的效果。

(2) 结果图像直方图并不是均衡的。从图 2-19 可以看到结果图像的直方图并不平坦。

(3) 结果图像的对比度是 73.64,比原始图像的对比度 84.26 小。直方图均衡化不保证结果图像的对比度更大。

(4) 结果图像中的有效灰度级数比原始图像少,在结果图像中有很多灰度级上的像素个数为 0,根据信息论中熵的渐化性可知,结果图像的信息量更小了。直方图均衡化的结果减小了图像的信息量。

(5) 原始图像直方图中的 4 个波峰 P1~P4,在结果图像中仍然存在。

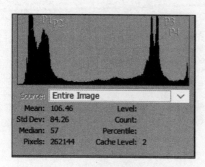

图 2-18　原始图像直方图

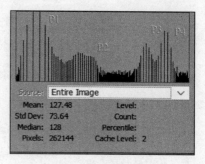

图 2-19　直方图均衡化图像直方图

(6) 结果图像直方图中波峰 P1 与 P2 的距离大于原始图像直方图中波峰 P1 与 P2 的距离,结果图像直方图中波峰 P3 与 P4 的距离也大于原始图像直方图中波峰 P3 与 P4 的距离,说明直方图均衡化使得峰值区内的像素得到了更大的灰度区间。

直方图均衡化提高视觉效果的实质是:将拥有特别多像素的灰度级 g,其均衡化的结果 G 变得与前后的灰度级拉开距离,从而使得该灰度级的像素在结果图像中特别显眼,即"越多者越显眼"。比如一个班上有很多人穿红色的衣服,若是再有人穿粉红色、浅红色的衣服时,就会导致穿红色衣服的人不够显眼;若不允许其他人穿任何偏红的衣服,那么穿红色衣服的人就会非常显眼。

直方图均衡化不保证结果直方图均衡,也不保证结果图像的对比度增加,它类似弹奏传统的手风琴,琴面上有的区域扩开,有的区域压缩。直方图均衡化是一种非线性变换。

如果严格按照直方图均衡化的定义,则有两种情况需要考虑。

(1) 灰度级的合并:若有连续 m 个灰度级的像素个数之和等于 S/N,则必须将它们合并成一个灰度级,称为灰度级的合并。

(2) 灰度级的分解:若有某个灰度级的像素个数是 S/N 的 R 倍,则必须将其分解为 R 个不同的灰度级,表示为灰度区间 $(G_{\text{left}}, G_{\text{left}+R}]$,使得该区间内的每一个灰度级上的像素个数都是 S/N。因为很难设定一个准则,让原本相同灰度值的不同像素如何赋值不同的结果值,所以算法 2-3 直接将其映射到 $G_{\text{left}+R}$,并不做灰度级分解,从而导致结果图像中 $(G_{\text{left}}, G_{\text{left}+R}]$ 内其他灰度值上的像素个数为 0。

"只做灰度级的合并,不做灰度级的分解"是直方图均衡化的典型做法。

直方图规定化是另一种对直方图进行变换的方法。直方图规定化是指将一幅图像通过灰度变换后,使结果图像具有特定形状的灰度直方图,如使图像与某一标准图像具有相同的直方图,或使图像具有某一特定函数形式的直方图。按照式(2-12),只要 H_1 和 H_2 已知,是很容易实现的,直方图均衡化是直方图规定化的特例。

其实,对于式(2-16),还有一个更容易记的理解:直方图均衡化就是归一化名次在灰度区间的映射。$\sum_{i=1}^{g} H_1(i)$ 就是名次,$\dfrac{\sum_{i=1}^{g} H_1(i)}{S}$ 就是把名次映射到 $[0,1]$ 区间,$\times 255$ 就是再把名次区间 $[0,1]$ 映射到灰度空间 $[0,255]$。当然,在映射到灰度区间时,并不一定要×255,根据实际情况而定,比如×(32-1)就是把结果图像的灰度变为32级。

2.7　对数变换

　　人眼对亮度变化的反应随着光的增加而减弱,比如人眼能够看清阴暗的室内景物,也能看清阳光下的景物,但是阳光下的亮度比阴暗的室内的亮度要高千倍。显然,人眼对亮度 I 的感受 S 不是线性的,实验表明人眼的这种特性近似于 $\log()$ 函数,即 $S = c \cdot \log(I)$。$y = \mathrm{lb}x$,如图 2-20 所示。

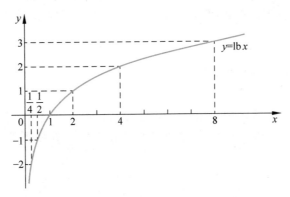

图 2-20　对数函数 $y = \mathrm{lb}x$

　　观察图 2-20 的对数函数曲线可以明显看到,随着 x 的增大,其 y 值的增大越来越慢(对数函数的导数是 x 的倒数)。比如,当 $x = 2$ 时,$y = 1$;当 $x = 8$ 时,$y = 3$;当 $x = 16$ 时,$y = 4$。

　　这就给出了一个暗示,为了增强图像的视觉效果,可以对图像进行对数变换,压缩人眼不敏感的高亮灰度区间,拉伸人眼敏感的中低灰度区间,即

$$G = c \cdot \log(1 + g) \tag{2-17}$$

为了防止对 0 取对数,所以将灰度值加 1。当 g 取最大值 $g_{\max}$ 时,G 取 255,所以有

$$c = \frac{255}{\log(1 + g_{\max})} \tag{2-18}$$

　　比如,计算机断层图像(CT)的像素灰度值一般是 12 比特,最大灰度级是 4096,最大灰度值 $g_{\max} = 4095$。该对数变换还能够把 4096 级灰度压缩到 256 级,所以对数变换还具有灰度范围压缩的能力。

　　从对数函数的曲线可以知道,对数变换的特点是扩展原始图像中低灰度值区间和压缩高灰度值区间,这与本章前面讲的线性拉伸和直方图均衡化的特点明显不同。对图 2-16 进行对数变换,得到图 2-21,其直方图如图 2-22 所示。可以发现,原始图像直方图的低灰度值波峰 P1 与 P2 在变换后拉开了距离,且灰度值增加较大,但高灰度值波峰 P3 与 P4 在变换后合并成了一个波峰。

　　式(2-17)是常见的对数变换,它假设原始图像中灰度最小值 $g_{\min} = 0$。在实际应用中,当 $g_{\min} > 0$ 时,要根据需求做具体处理。

图 2-21　对数变换结果图像

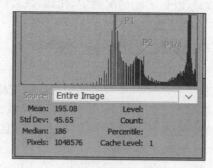

图 2-22　对数变换结果图像的直方图

2.8　分块与逐像素处理

　　试想一下，如果把一幅图像分成若干个块，那么每块是不是也可以看成一幅图像？把每块当作一幅图像来图像增强，会有什么效果？图 2-23 是原始图像。图 2-24 是对整幅图像做的直方图均衡化（又称为全局均衡化）结果。图 2-25 是把原始图像分成 4 块，对每块单独做直方图均衡化（又称为分块均衡化）的结果。

　　可以看出，图 2-24 几乎没有图像增强的效果；图 2-25 有了明显的增强效果，无论是对天空，还是对建筑群，但有明显的分块效应。至于具体原因，不再一一分析。

　　图像分块处理时，尽管每块都使用了相同的增强方法，但是由于每块的直方图不同，得到的均衡化函数也不同，因此产生了块边界。如何消除块边界？可以把块分得更小，比如一个块就是 1 个像素，那么就肯定没有块边界了。但是，1 个像素是没有统计特性的，比如最大值、最小值、均值、方差和直方图等。怎么办？可以给每个像素分派一个 N 行 M 列的邻域，计算这个邻域的统计特性，选择合适的增强方法求出函数参数，再对该像素进行灰度变换，这就是逐像素处理的方法（这是一种邻域运算）。采用逐像素均衡化得到的结果如图 2-26 所示。逐像素均衡化是非常费时间的，为了提高执行速度，计算相邻像素的直方图要采用递推的策略（见 3.3.3 节中的算法 3-5）。

图 2-23　原始图像

图 2-24　全局均衡化结果

图 2-25 分块均衡化结果

图 2-26 逐像素均衡化结果

上面给出了逐像素均衡化。同理,也可以采用逐点均值方差规定化,或者逐像素线性拉伸。

2.9 本章小结

本章讲述了线性拉伸、均值方差规定化、直方图均衡化、对数变换共计 4 种常用的图像增强方法,其中线性拉伸、均值方差规定化是线性变换方法,直方图均衡化、对数变换是非线性变换方法,这 4 种方法都是点运算。

在图像增强方法中,还有一类方法是邻域运算的方法,能够取得非常好的增强效果,例如 Retinex 方法。由于这些方法涉及光照估计等后续章节的内容,因此暂时不讲。

本章讲述的方法都是点运算,这些方法也适合一般数据的处理,在其他领域也有广泛的应用,比如高考成绩的标准化。在其他领域应用时,它们的名称也会发生变化,比如称为数据归一化、数据标准化等。

本章讲述了图像优化编程中常用的查找表和直方图技术,它们非常简单且能大幅度减小计算量、提高程序的运行速度;后续章节会讲述直方图在中值滤波中的应用。

图像的分块处理是图像处理的常用策略,将一幅图像分成若干个小块,每一小块也是一幅图像。对每个小块执行图像增强,更能体现局部区域的细节,但存在块边界的问题;逐像素处理,能够去掉块边界的问题,但是处理速度会更慢。

作业与思考

2.1 学会 Photoshop 软件的基本操作,比如会看直方图、会使用直方图均衡化等。

2.2 在图像处理中,彩色到灰度转换公式为:$gry = 0.299 \times red + 0.587 \times green + 0.114 \times blue$,请使用 C/C++ 语言编程把彩色图像 H0201Rgb.bmp(见图 2-27)转换为灰度图像 H0201Gry.bmp,分别使用查找表和不使用查找表,且分别使用 Debug 和 Release 编译,并各执行 1000 次,比较它们的时间花费(C/C++ 中的时间函数为 clock_t t = clock())。

图 2-27　H0201Rgb. bmp

　　2.3　使用 C/C++语言编程,对题 2.1 得到的灰度图像 H0201Gry. bmp 进行均值方差规定化,自己设定 3 组不同的均值和标准差,保存得到 3 幅结果图像,请比较它们的不同;在做完均值方差规定化后,再做灰度范围的线性拉伸,你觉得有意义吗?

　　2.4　使用 C/C++语言编程,对灰度图像 H0202Plane. bmp(见图 2-28)和 H0203Girl. bmp(见图 2-29)进行直方图均衡化,得到结果图像 H0202Plane_Res. bmp 和 H0203Girl_Res. bmp,请按照书中的分析方法,分析 H0202Plane_Res. bmp 图像的特点;比较你做的结果和 Photoshop 软件做的结果的差异;如果先对灰度图像 H0202Plane. bmp 或者 H0203Girl. bmp 做灰度范围的线性拉伸,再做直方图均衡化,你觉得有意义吗?

图 2-28　H0202Plane. bmp

图 2-29　H0203Girl. bmp

2.5　对彩色图像 H0201Rgb. bmp(见图 2-27)进行直方图均衡化是什么效果,使用 Photoshop 尝试一下;使用 C/C++语言编程,尝试编一个彩色图像直方图均衡化的程序,比较与 Photoshop 软件处理效果的差异,通过实验猜想 Photoshop 软件是怎么做的。

2.6　式(2-17)是很多资料中常见的对数变换,但对数变换没有考虑图像中灰度最小值 g_{min} 的问题,需要在实际应用中进行考虑,你认为如何修改该公式更好?

2.7　使用 C/C++语言编程,对红外热像仪输出的 14 比特的原始图像灰度 H0204IR14bit. raw(宽度为 640 像素,高度为 480 像素,每像素的灰度值占 2 字节,类型为 short int)选择合适的方法转换为 8 比特的灰度图像,保存为 H0204IR8bit. bmp(提示:线性拉伸、均值方差规定化、对数变换、直方图均衡化都可以,建议使用直方图均衡化)。

2.8　在算法 2-3 中是可以去掉变量 A 的,请考虑该如何修改一下语句。

2.9　假设在教学中,对于学生考试成绩的登记有两种方式:一种是原始分;另一种是标准分。有一个班级的成绩平均分是 68,而学校要求成绩的均值为 75、标准差为 25,那么教师该怎么修改成绩呢?

第
3
章

图 像 平 滑

本章主要讲述均值滤波、中值滤波、最小值滤波、最大值滤波、高斯滤波、二值图像滤波、数学形态学滤波、条件滤波等常用滤波方法,并讲述它们的思想和特点。

本章讲述滤波器的 C++ 语言编程及其优化,包括"整数除法或者浮点数乘法和除法变为整数乘法和移位""列积分""积分图""MMX 及 SSE""直方图求中值""直方图递推""基于均值滤波的二值图像滤波"等程序优化技巧。

3.1 噪声与图像平滑

3.1.1 噪声

噪声(noise)这个词的原意是正常声音信号受到的干扰。凡是干扰人们休息、学习和工作以及对正常的声音产生干扰的声音,即不需要的声音,统称为噪声。后来,人们把这个概念推广到了更广泛的领域。

在图像处理领域,图像噪声是指存在于图像数据中不必要的干扰信息,表现为图像中引起较强视觉效果的孤立像素点或像素块。图像噪声的产生原因是多方面的:一是图像采集设备产生的噪声,比如图像传感器 CCD 和 CMOS 在采集图像过程中,由于受传感器材料属性、工作环境、电子元器件和电路结构等影响,会引入各种噪声,如电阻引起的热噪声、场效应管的沟道热噪声、暗电流噪声、像素的非均匀性噪声;二是在图像处理过程中,由于处理方法的缺陷,比如计算精度不够、模型考虑不全面、参数自适应能力不够、近似计算等产生的错误信息;三是图像数据在传输过程中受到外界的电磁波干扰,或者在用胶片存储图像时的胶片老化等。

对一个图像处理系统而言,噪声的来源分为外部噪声和内部噪声。外部噪声是指由于该系统外的因素引起的噪声,比如以电磁波辐射或经电源引入系统而引起的噪声,如电器设备、天体放电现象等引起的噪声,电源纹波引起的噪声,图 3-1 所示就是电源纹波引起的噪声。内部噪声是指来自系统内的因素引起的噪声,比如图像传感器材质特性本身产生的噪声、各种接头的抖动引起电流变化等产生的噪声、系统内部的电源芯片或者晶振温度漂移等产生的噪声,如图 3-2 所示。

图 3-1　电源纹波对某红外热像仪的条纹干扰　　　图 3-2　夜晚光照不足时某图像传感器的噪声

在对噪声的处理和分析上,常进行如下分类。

(1) 按统计特性划分:统计特性不随时间变化的噪声称为平稳噪声,反之称为非平稳噪声。

(2) 按噪声幅度分布形状划分:呈高斯分布的噪声称为高斯噪声,呈雷利分布的噪声称为雷利噪声。

(3) 按噪声频谱的形状划分:频谱均匀分布的噪声称为白噪声,频谱与频率成反比的噪声称为 $1/f$ 噪声,频谱与频率平方成正比的噪声称为三角噪声。

(4) 按噪声 $n(t)$ 和信号 $S(t)$ 之间的关系划分:输出信号为 $S(t)+n(t)$ 形式的噪声称为加性噪声,输出信号为 $S(t)(1+n(t))$ 形式的噪声称为乘性噪声。

为了便于分析和处理,往往将乘性噪声近似地认为是加性噪声,并总是假设信号和噪声互相统计独立。去除噪声的过程称作滤波,不同的滤波方法称作滤波器(filter)。

在图像处理和图像分析的算法中,为了保持一定的稳健性,一般需要先对原始图像做一定的滤波处理(称为图像预处理)。

3.1.2　图像平滑概述

在图像处理中,用作去掉图像噪声的各种滤波方法统称为图像平滑(image smoothing)。图像平滑的字面意思是使一个像素到其相邻像素的灰度变化是平滑的。

在图像处理中,从空间域的观点看,滤波就是去掉突然变大或变小的灰度值,用一个合适的灰度值替代该值。很显然,一个像素的灰度值是不是噪声,是由该像素在图像中的位置决定的,通过它与相邻像素的比较才能判定它的灰度值是异常(突然变大还是变小)还是正常。比如,一个人的收入为 1000 美元/月,这个收入在有些国家可能是属于贫困的,但在另一些国家可能是属于富裕的。那么,既然一个像素是否是噪声是由其邻域决定的,显然去掉噪声也得通过邻域计算,因此空间域的图像滤波属于邻域运算。

看下面一组测量数据 D_1:3　3　3　9　3　3　3　9　9　9　3　9　9　9　9,其数据曲线如图 3-3 所示。

图 3-3　原始数据曲线

该曲线上有 2 个明显的毛刺(噪声),如画圈处所示。在波形的前半截,数值从"3"突然变成"9",在波形的后半截,数值从"9"突然变成"3"。

如前所言,空间域的图像滤波是邻域运算,而邻域有大小和形状之说,运算有何种运算之说,因此本章的主要内容就是围绕运算和邻域两个方面展开的。

3.2 均值滤波

3.2.1 均值滤波的定义

一个朴素的想法是,既然噪声表现为它的灰度值与周围相比有异常变化,比如突然变大或者突然变小,那么把它与周围的像素做灰度平均即可。比如,一个宿舍有 5 个同学,其中 1 个同学特别富有,那么把财富平均即可。也就是说,这种滤波算法的运算采用的是求均值,因此就称为均值滤波。

【定义 3-1】 均值滤波(average filtering)就是以当前像素为中心取一个邻域,用该区域的所有像素灰度值的均值作为该像素滤波后的灰度值。

那么如何设定邻域的大小和形状呢?在一维数据上,可以取相邻 3 像素,也可以取相邻 5 像素,还可以取相邻 7 像素,总之邻域的大小是奇数(要以当前像素为中心左右对称)。

对前面的数据 D_1,假定取相邻 3 像素作为邻域,其均值滤波的计算过程和结果如下:

原值	求均值	均值
3	(邻域不完整,保持原值)	3
3	(3+3+3)/3	3
3	(3+3+9)/3	5
9	(3+9+3)/3	5
3	(9+3+3)/3	5
3	(3+3+9)/3	5
9	(3+9+9)/3	7
9	(9+9+9)/3	9
9	(9+9+3)/3	7
3	(9+3+9)/3	7
9	(3+9+9)/3	7
9	(9+9+9)/3	9
9	(邻域不完整,保持原值)	9

经过以上计算,数据变得平滑了,其结果是 3 3 5 5 5 5 7 9 7 7 7 9 9,如图 3-4 所示。

上述均值滤波过程可以描述为:

$$G(x) = \frac{g(x-1) + g(x) + g(x+1)}{3} \tag{3-1}$$

图 3-4　均值滤波后的结果

进一步形式化,一维均值滤波的形式化写法为:

$$G(x) = \frac{\sum_{j=-m}^{m} g(x+j)}{2m+1}$$

(3-2)

对于常规的二维图像而言,邻域常取矩形(习惯上称为滤波窗口,一般是正方形)。设此矩形的大小为 n 行 m 列(m,n 均为奇数),则二维均值滤波的形式化写法为:

$$G(x,y) = \frac{\sum_{i=-\frac{n}{2}}^{\frac{n}{2}} \sum_{j=-\frac{m}{2}}^{\frac{m}{2}} g(x+j, y+i)}{m \times n}$$

(3-3)

其含义就是以当前像素为中心取出矩形块内所有像素的灰度值累加,再除以矩形块内像素的个数,即均值。

3.2.2　邻域与卷积运算

式(3-3)可以描述矩形的、正方形的邻域,但除此之外,邻域还可以是其他任意形状,此时它就不能很好地表述了,该怎么处理呢? 比如,采用当前像素周围 5 像素的均值时,如图 3-5 所示。

于是想到用一个小的图形来表示邻域,该图形称作模板(template)。该图形中参与运算的像素对应位置设为"1",不参与运算的像素对应位置设为"0",有时也用不填值代表 0,即图 3-6。可以看出图 3-6 是一个 3×3 的矩阵,记为 $\boldsymbol{T}$。则均值滤波的公式(3-3)用模板表示为:

$$G(x,y) = \frac{\sum_{i=-\frac{n}{2}}^{\frac{n}{2}} \sum_{j=-\frac{m}{2}}^{\frac{m}{2}} g(x+j, y+i) \boldsymbol{T}\left(\frac{m}{2}+j, \frac{n}{2}+i\right)}{\sum_{i=-\frac{n}{2}}^{\frac{n}{2}} \sum_{j=-\frac{m}{2}}^{\frac{m}{2}} \boldsymbol{T}\left(\frac{m}{2}+j, \frac{n}{2}+i\right)}$$

(3-4)

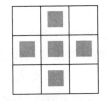

0	1	0
1	1	1
0	1	0

图 3-5　"十"字形邻域　　　　　　　图 3-6　模板表示

式(3-4)的含义是像素邻域的灰度值与模板的值做对应位置相乘，得到其总和，再用总和除以模板中不为 0 的元素的个数。显然，模板中取 0 的元素与对应像素的灰度值相乘后为 0，相当于对应像素的灰度值没有累加到总和中，即该像素没有起作用。

模板就是一个小的矩阵，像素邻域中的每个像素分别与该矩阵的每个元素对应相乘，这是一种卷积运算（convolution），所以模板又常称为卷积核，均值滤波又被看成是一种卷积运算。

因此，采用模板的形式可以表示任意的邻域。在图像处理中，常用的均值滤波模板的形状有方形和圆形两种，大小有 3×3 和 5×5 两种，如图 3-7～图 3-10 所示，式(3-4)中的分母值就是模板中数值不为 0 的像素个数。

$$T^3 = \frac{1}{9}\begin{bmatrix} 1 & 1 & 1 \\ 1 & 1 & 1 \\ 1 & 1 & 1 \end{bmatrix}$$

图 3-7　3×3 的方形滤波器

$$T^3 = \frac{1}{5}\begin{bmatrix} 0 & 1 & 0 \\ 1 & 1 & 1 \\ 0 & 1 & 0 \end{bmatrix}$$

图 3-8　3×3 的"十"字形滤波器

$$T^5 = \frac{1}{25}\begin{bmatrix} 1 & 1 & 1 & 1 & 1 \\ 1 & 1 & 1 & 1 & 1 \\ 1 & 1 & 1 & 1 & 1 \\ 1 & 1 & 1 & 1 & 1 \\ 1 & 1 & 1 & 1 & 1 \end{bmatrix}$$

图 3-9　5×5 的方形滤波器

$$T^5 = \frac{1}{21}\begin{bmatrix} 0 & 1 & 1 & 1 & 0 \\ 1 & 1 & 1 & 1 & 1 \\ 1 & 1 & 1 & 1 & 1 \\ 1 & 1 & 1 & 1 & 1 \\ 0 & 1 & 1 & 1 & 0 \end{bmatrix}$$

图 3-10　5×5 的圆形滤波器

3.2.3　均值滤波的特点

均值滤波的特点是：

(1) 滤波结果是灰度值大的像素在滤波后灰度值变小，灰度值小的像素在滤波后灰度值变大，图像总灰度值之和不变，即图像的均值（亮度）不变；

(2) 因为灰度值大的像素在滤波后灰度值变小、灰度值小的像素在滤波后灰度值变大，所以图像的标准差（对比度）变小，图像变模糊；

(3) 在目标和背景的边界上，滤波前后灰度值的变化尤其大，所以边界模糊得尤其突出；

(4) 均值滤波采用的邻域越大则模糊越突出。

图 3-11 是原始的灰度图像，其均值是 108，标准差是 42；图 3-12 是 5×5 的均值滤波的图像，其均值是 108，标准差是 39。图 3-13 是原始的灰度图像，其均值是 144，标准差是 101；图 3-14 是 5×5 的均值滤波的图像，其均值是 144，标准差是 101。

可以思考一下，图 3-12 和图 3-14 都是 5×5 的均值滤波图像，分别和原始图像相比，为什么图 3-12 标准差的变化较大而图 3-14 的标准差几乎没有变化。

图 3-11　原始图像(均值＝108,
标准差＝42)

图 3-12　5×5 的均值滤波图像
(均值＝108,标准差＝39)

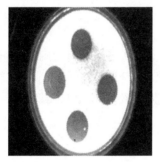

图 3-13　原始图像(均值＝144,
标准差＝101)

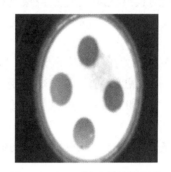

图 3-14　5×5 的均值滤波图像
(均值＝144,标准差＝101)

3.2.4　基于列积分的快速均值滤波

求均值的过程就是一个多次累加和一次除法的过程,如果邻域大小为 101×101,难道均值滤波需要对每个像素求邻域均值且都进行 1 万多(10 201)次加法吗?那么一幅 1080p(1920×1080 像素)灰度图像的均值滤波岂不是要进行 200 多亿(21 152 793 600)次加法?显然均值滤波肯定不是这么计算的。本书作者在多年前提出了一种基于列积分的快速均值滤波方法。

在图 3-15 和图 3-16 中,两个框分表代表两个相邻像素的邻域。可以发现,相邻像素的邻域是重叠的,且重叠的部分相当大,这样就意味着重叠部分的灰度累加不用重复进行。对于 n 行×m 列的邻域,在某行中从一个像素处理到下一个像素时,邻域仅仅是去掉最左列积分并增加右列积分,如图 3-15 所示,仅访问 $2n$ 个数据;在某列中,从一个像素移动到下一个像素时,邻域仅仅是去掉最上行和增加下行,仅访问 $2m$ 个数据,如图 3-16 所示。显然,访问的数据量无论是 $2n$ 还是 $2m$ 都远远小于整个邻域的大小 $n×m$。

实际远不止如此,计算还可以更加快速。在同一行上,如果先把 n 行数据进行按列求和(列积分),并将列积分放到一个数组 sumCol[x]中,$x=0…$width-1,则邻域从当前像素向右移动到其下一个像素时,只需要减去该邻域最左边的列积分,再加上其右边的列

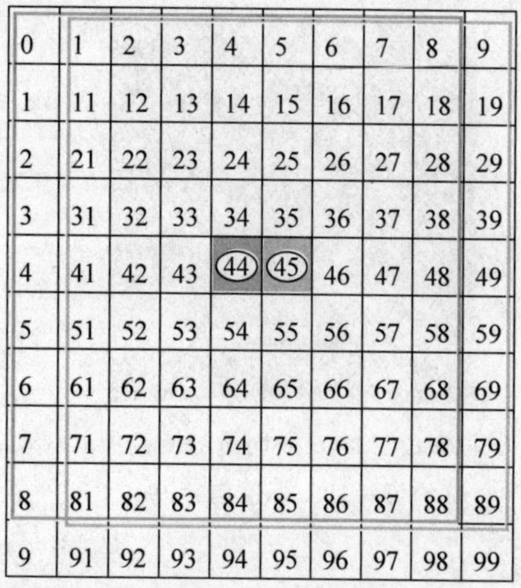
0 1 2 3 4 5 6 7 8 9
1 11 12 13 14 15 16 17 18 19
2 21 22 23 24 25 26 27 28 29
3 31 32 33 34 35 36 37 38 39
4 41 42 43 44 45 46 47 48 49
5 51 52 53 54 55 56 57 58 59
6 61 62 63 64 65 66 67 68 69
7 71 72 73 74 75 76 77 78 79
8 81 82 83 84 85 86 87 88 89
9 91 92 93 94 95 96 97 98 99

图 3-15 左右相邻的两个像素的邻域

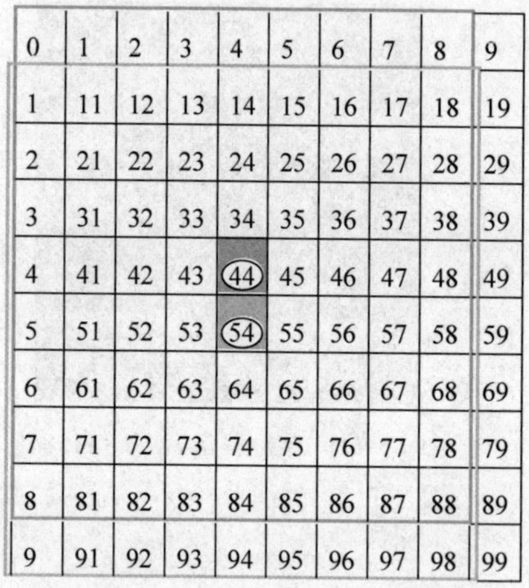
0 1 2 3 4 5 6 7 8 9
1 11 12 13 14 15 16 17 18 19
2 21 22 23 24 25 26 27 28 29
3 31 32 33 34 35 36 37 38 39
4 41 42 43 44 45 46 47 48 49
5 51 52 53 54 55 56 57 58 59
6 61 62 63 64 65 66 67 68 69
7 71 72 73 74 75 76 77 78 79
8 81 82 83 84 85 86 87 88 89
9 91 92 93 94 95 96 97 98 99

图 3-16 上下相邻的两个像素的邻域

积分，这样就只需要 1 次减法运算和 1 次加法运算。当从当前行移动到下一行时，则只需要把 sumCol[x]更新一下即可，这个更新也非常简单，只需要将 sumCol[x]减去该邻域的最上一行像素的灰度值，并加上其下一行像素的灰度值即可，也只需要 1 次减法运算和 1 次加法运算。算法描述如下。

【算法 3-1】 基于列积分的快速均值滤波

```
void RmwAvrFilterBySumCol( BYTE * pGryImg,           //原始灰度图像
                           int width, int height,    //图像的宽度和高度
                           int M, int N,             //滤波邻域：M 列 N 行
                           BYTE * pResImg            //结果图像
                         )
{   //没有对边界上邻域不完整的像素进行处理，可以采用变窗口的策略
    BYTE * pAdd, * pDel, * pRes;
    int halfx, halfy;
    int x, y;
    int sum,c;
    int sumCol[4096];                                 //约定图像宽度不大于 4096

    // step.1 ------------ 初始化 ---------------------------//
    M = M/2 * 2 + 1;                                  //奇数化
    N = N/2 * 2 + 1;                                  //奇数化
    halfx = M/2;                                      //滤波器的 x 半径
    halfy = N/2;                                      //滤波器的 y 半径
    c = (1<<23)/(M * N);                              //乘法因子
    memset(sumCol, 0, sizeof(int) * width);
    for (y = 0, pAdd = pGryImg; y<N; y++)
    {
        for (x = 0; x<width; x++) sumCol[x] += *(pAdd++);
    }
    // step.2 ------------ 滤波 -----------------------------//
    for(y = halfy,pRes = pResImg + y * width,pDel = pGryImg; y< height - halfy; y++)
```

```
    {
        //初值
        for (sum = 0,x = 0; x < M; x++) sum += sumCol[x];
        //滤波
        pRes += halfx;                              //跳过左侧邻域不完整的像素
        for (x = halfx; x < width - halfx; x++)
        {
            //求灰度均值
            // * (pRes++) = sum/(N * M);
            * (pRes++) = (sum * c)>> 23;            //用整数乘法和移位代替除法
            //换列,更新灰度和
            sum -= sumCol[x - halfx];               //减去左边的列积分
            sum += sumCol[x + halfx + 1];           //加上右边的列积分
        }
        pRes += halfx;                              //跳过右侧邻域不完整的像素
        //换行,更新 sumCol
        for (x = 0; x < width; x++)
        {
            sumCol[x] -= * (pDel++);                //减去上一行像素的灰度值
            sumCol[x] += * (pAdd++);                //加上下一行像素的灰度值
        }
    }
    // step.3 ----------- 返回 -------------------------- //
    return;

}
```

算法 3-1 求像素的灰度均值时仅需要 2 个加法、2 个减法、1 个乘法、1 个移位,共 6 个基本的整数运算,与邻域的大小 $n \times m$ 无关。此算法的巧妙之处在于采用了一个称为"列积分"的数组 sumCol。

该算法没有考虑图像边界上邻域不完整的像素的处理,可以采用变窗口的策略,对这些像素进行邻域不同的均值滤波,具体实现过程不再赘述。

另外,本算法并没有使用除法运算 sum/(N * M),而是使用了(sum * c)≫23,这涉及一个编程技巧,即"整数除法或者浮点数乘法和除法变为整数乘法和移位"。在图像处理中,图像间的除法运算、均值滤波、直方图均衡化等算法中要用到除法运算,除法作为一个基本的运算也是常常用到的。但除法指令的执行速度是非常慢的(在很多 CPU 上,浮点数除法或乘法所用的时间大约是整数乘法的 10 倍,整数除法所用的时间大约是整数乘法的 3 倍),因此,消除整数除法、浮点数乘法和除法就成了提高程序执行效率的关键要素。

设 $y = \dfrac{x}{b}$,x 和 y 都是整数,则在形式上有:

$$y = \frac{x}{b} \Rightarrow y = x \times \frac{1}{b} \Rightarrow y = x \times \frac{1 \times 2^k}{b} \div 2^k \qquad (3\text{-}5)$$

令整数 $c = \dfrac{1 \times 2^k}{b}$,则有 $y = x \times c \div 2^k$,在计算机中一个整数除以 2 的 k 次方与该整

数右移 k 位是等价的，所以又有：

$$y = (x \times c) \gg k \tag{3-6}$$

至于 k 的取值，显然越大越好，k 越大则 c 越大，c 对 $\frac{1}{b}$ 替代的精度就越高，但一定得保证整数表达式 $x \times c$ 的值不能上溢（超过整数类型的数值表示范围），因此 k 的取值保证整数 y 有足够的精度即可。

例如，当 $x = 255, b = 9$ 时，则 $y = \lfloor x/9 \rfloor = \lfloor 255/9 \rfloor = 28$。若令 $k = 10$，则有 $c = \lfloor 1024/9 \rfloor = 113, y = (255 \times 113) \gg 10 = 28$，与原来使用除法运算得到的值 28 相同。在图像处理中，如果原来是对每个像素都进行一次除法运算 $x/9$，那么现在就是只进行一次除法求出 c，然后对所有的像素进行一次整数乘法和移位运算即可。

同上，浮点的乘法表达式也可以转换为整数乘法和移位，设 $y = x \times a$，则在形式上有：

$$y = x \times a \Rightarrow y = x \times (2^k \times a) \div 2^k \tag{3-7}$$

此时令整数 $c = (2^k \times a)$，即可得到式(3-6)。

例如，当 $x = 255, a = 0.299$ 时，$y = \lfloor 255 \times 0.299 \rfloor = 76$。若令 $k = 10$，则有 $c = \lfloor 1024 \times 0.299 \rfloor = 306, y = (255 \times 306) \gg 10 = 76$，与原来使用浮点乘法运算得到的值 76 相同。

3.2.5　基于积分图的快速均值滤波

习惯上，常采用一种称作"积分图"的方法来实现均值滤波，该方法也能充分利用相邻像素的邻域交集，避免大量的重复运算。积分图的概念由 Paul Viola 等人（Detection using a boosted cascade of simple features. Computer Vision and Pattern Recognition, 2001, 1: 8-14)提出，其定义如下。

【定义 3-2】　灰度图像积分图中任意一个像素 $s(x, y)$ 的值是从灰度图像的左上角 $(0, 0)$ 与当前位置 (x, y) 所围成的矩形区域内的像素灰度值之和。

$$s(x, y) = \sum_{j=0}^{x} \sum_{i=0}^{y} g(j, i) \tag{3-8}$$

如在图 3-17 中：

$s(0, 0) = 1$

$s(3, 0) = 1 + 2 + 3 + 4$

$s(0, 3) = 1 + 9 + 17 + 25$

$s(3, 3) = 1 + 2 + 3 + 4 + 9 + 10 + 11 + 12 + 17 + 18 + 19 + 20 + 25 + 26 + 27 + 28$

在得到积分图后，均值滤波就变得非常简单。比如，图 3-18 中灰色区域的灰度值之和为 $s(3, 3) - s(0, 3) - s(3, 0) + s(0, 0)$。

显然，基于积分图求一块区域的灰度值之和只需要 2 个减法和 1 个加法，与区域的大小无关。有了灰度值之和，再除以邻域像素总个数，均值也就得到了。像素 (x, y) 的 n 行 × m 列邻域内所有像素的灰度值之和 $\mathrm{sumGry}(x, y)$ 用积分图计算如下：

$$\mathrm{sumGry}(x, y) = s(x_2, y_2) - s(x_1, y_2) - s(x_2, y_1) + s(x_1, y_1) \tag{3-9}$$

其中，$\mathrm{d}x = \lfloor \frac{m}{2} \rfloor, \mathrm{d}y = \lfloor \frac{n}{2} \rfloor, x_1 = x - \mathrm{d}x - 1, x_2 = x + \mathrm{d}x, y_1 = y - \mathrm{d}y - 1, y_2 = y + \mathrm{d}y, m$ 和 n 均为奇数。

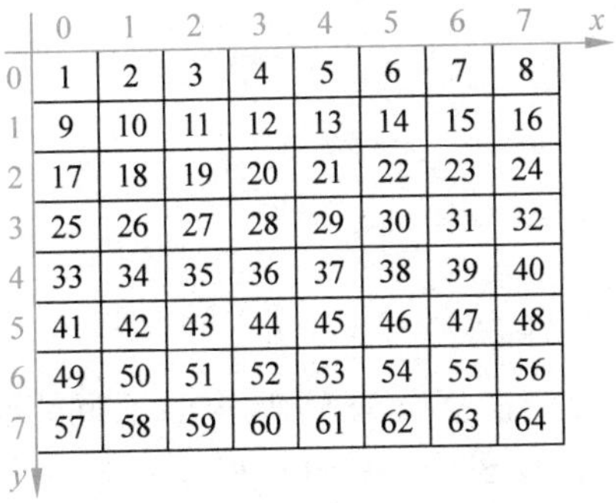

图 3-17　积分图计算所用的原图

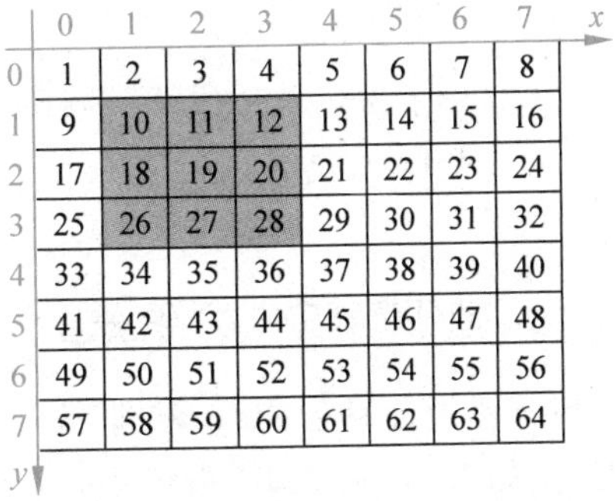

图 3-18　使用积分图计算灰色区域
像素灰度值之和

【算法 3-2】　基于积分图的快速均值滤波

```
void RmwAvrFilterBySumImg( int * pSumImg,            //计算得到的积分图
                           int width, int height,    //图像的宽度和高度
                           int M, int N,             //滤波邻域: M 列 N 行
                           BYTE * pResImg            //结果图像
                         )
{   //没有对边界上邻域不完整的像素进行处理,可以采用变窗口的策略
    int * pY1, * pY2;
    BYTE * pRes;
    int halfx, halfy;
    int x, y, x1, x2;
    int sum, c;

    // step.1------------ 初始化 ---------------------------- //
    M = M/2 * 2 + 1;                                 //奇数化
    N = N/2 * 2 + 1;                                 //奇数化
    halfx = M/2;                                     //滤波器的 x 半径
    halfy = N/2;                                     //滤波器的 y 半径
    c = (1 << 23)/(M * N);                           //乘法因子
    // step.2------------ 滤波 ---------------------------- //
    for ( y = halfy + 1, pRes = pResImg + y * width, pY1 = pSumImg,
        pY2 = pSumImg + N * width;
        y < height - halfy;
        y++, pY1 += width, pY2 += width
        )
    {
        pRes += halfx + 1;                           //跳过左侧
        for (x = halfx + 1, x1 = 0, x2 = M; x < width - halfx; x++, x1++, x2++)
        //for (x1 = 0, x2 = M; x2 < width; x1++, x2++)    //上一行的简化形式,但不太容易读
        {
            sum = * (pY2 + x2) - * (pY2 + x1) - * (pY1 + x2) + * (pY1 + x1);
            * (pRes++) = (sum * c)>> 23;             //用整数乘法和移位代替除法
        }
    }
```

```
        pRes += halfx;                          //跳过右侧
    }
    // step.3 ------------ 返回 ------------------------------ //
    return;
}
```

3.2.6　基于列积分的积分图实现

积分图的计算公式(3-8)非常简单,很容易实现。根据处理器架构的不同,比如CPU(比如 X86 的 SIMD 指令集)或者 GPU(比如 NV 的 SIMT 架构),积分图应有多种不同的快速实现形式。根据 3.2.4 节中给出的"列积分"概念,下面给出一个基于列积分的积分图计算方法。

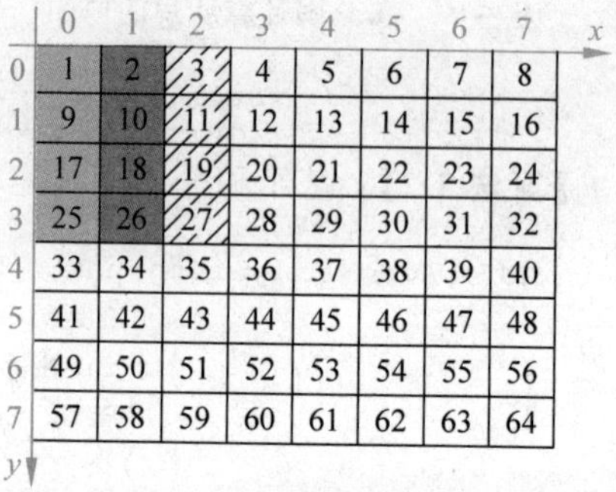

假设在 y_0 行上,已经知道了每列之和 $\mathrm{sumCol}(x,y_0)$,则积分图 $s(x,y_0)$ 的值为:

$$s(x,y_0) = \sum_{j=0}^{x} \mathrm{sumCol}(x,y_0) \quad (3\text{-}10)$$

如图 3-19 中,已经知道了 $y=3$ 时的 $x=0$, $x=1$,$x=2$ 时列积分如下,分别如图 3-19 中不同底色所示。

图 3-19　使用列积分的积分图计算

$$\mathrm{sumCol}(0,3) = 1+9+17+25$$
$$\mathrm{sumCol}(1,3) = 2+10+18+26$$
$$\mathrm{sumCol}(2,3) = 3+11+19+27$$

显然有:

$$s(0,3) = \mathrm{sumCol}(0,3)$$
$$s(1,3) = \mathrm{sumCol}(0,3) + \mathrm{sumCol}(1,3)$$
$$s(2,3) = \mathrm{sumCol}(0,3) + \mathrm{sumCol}(1,3) + \mathrm{sumCol}(2,3)$$

写成递推形式就是:

$$s(0,3) = \mathrm{sumCol}(0,3)$$
$$s(1,3) = s(0,3) + \mathrm{sumCol}(1,3)$$
$$s(2,3) = s(1,3) + \mathrm{sumCol}(2,3)$$

【算法 3-3】　基于列积分的积分图计算

```
void RmwDoSumGryImg( BYTE * pGryImg,          //原始灰度图像
                     int width,               //图像的宽度
                     int height,              //图像的高度
                     int * pSumImg            //计算得到的积分图
                   )
{
    BYTE * pGry;
    int * pRes;
    int x, y;
```

```
int sumCol[4096];                        //约定图像宽度不大于 4096

memset(sumCol, 0, sizeof(int) * width);
for (y = 0, pGry = pGryImg, pRes = pSumImg; y < height; y++)
{
    //最左侧像素的特别处理
    sumCol[0] += * (pGry++);
    * (pRes++) = sumCol[0];
    //正常处理
    for (x = 1; x < width; x++)
    {
        sumCol[x] += * (pGry++);                //更新列积分
        * (pRes++) = * (pRes - 1) + sumCol[x];
    }
}
return;
}
```

3.2.7　基于 SSE 的积分图实现

图像数据是一种非常特别的数据,灰度值一般是 8 位(b)的,颜色分量也是 8 位,但是现在计算机的数据总线宽一般都是 64 位,这就是说在访问一个像素时,数据总线上传输的 64 位中只有 8 位是有用的,另外的都白白浪费了。为此,ARM 为处理图像等多媒体数据设计了 NEON 指令集;Intel 为处理图像等多媒体数据设计了 MMX 和 SSE 指令集,最早是 2000 年以前的 MMX(Multi Media Extensions,多媒体扩展指令集),现在发展到了 SSE(Streaming SIMD Extensions,单指令多数据流扩展指令集)4.2、AVX (Advanced Vector Extensions,高级矢量扩展)2.0,它们都是采用 SIMD(Single Instruction Multiple Data,单指令多数据)机制,比如,MMX 的 64 位寄存器就可以同时存储 8 像素,意味着可以同时对这 8 像素进行处理,即用一条指令就实现了 8 个数据的运算,从而大大提高程序的运行效率。MMX、SSE、AVX 都是利用 CPU 内部的寄存器进行计算的,MMX 寄存器的宽度是 64 位,SSE 寄存器的宽度为 128 位,AVX 寄存器的宽度为 256 位。

采用 MMX 或者 SSE 实现 C/C++程序优化有两种方式:一种是嵌入式汇编的方式,需要将汇编代码嵌入 C/C++语句中,但这样的程序可读性很差;另外一种是内建函数的方式,可以像其他函数一样直接调用,这样程序可读性较好。这两种方式的执行效率是相等的,在 C/C++编程中,通常使用第二种方式。

【算法 3-4】 使用 SSE 实现积分图的快速计算

```
# include < nmmintrin. h >              //SIMD 指令集内建函数的头文件
void RmwDoSumGryImg_SSE( BYTE * pGryImg,    //原始灰度图像
                    int width, int height,  //图像的宽度和高度
                    int * pSumImg           //计算得到的积分图
                    )
{   //width 必须为 4 的倍数
    _declspec(align(16)) int sumCol[4096];   //约定图像宽度不大于 4096,16 字节对齐
```

```
__m128i * pSumSSE,A;
BYTE * pGry;
int * pRes;
int x, y;

memset(sumCol, 0, sizeof(int) * width);
for (y = 0, pGry = pGryImg, pRes = pSumImg; y < height; y++)
{
    //0:需要特别处理
    sumCol[0] += * (pGry++);
    * (pRes++) = sumCol[0];
    //1
    sumCol[1] += * (pGry++);
    * (pRes++) = * (pRes - 1) + sumCol[1];
    //2
    sumCol[2] += * (pGry++);
    * (pRes++) = * (pRes - 1) + sumCol[2];
    //3
    sumCol[3] += * (pGry++);
    * (pRes++) = * (pRes - 1) + sumCol[3];
    //[4...width - 1]
    for (x = 4, pSumSSE = (__m128i *)(sumCol + 4); x < width; x += 4, pGry += 4)
    {
        //把变量的低 32 位(由 4 个 8 位整数组成)转换成 32 位的整数,即 4 个像素的灰度值
        A = _mm_cvtepu8_epi32(_mm_loadl_epi64((__m128i *)pGry));
        //4 个 32 位的整数相加,即同时更新 4 个列积分 sumCol
        * (pSumSSE++) = _mm_add_epi32( * pSumSSE, A);
        //递推
        * (pRes++) = * (pRes - 1) + sumCol[x + 0];
        * (pRes++) = * (pRes - 1) + sumCol[x + 1];
        * (pRes++) = * (pRes - 1) + sumCol[x + 2];
        * (pRes++) = * (pRes - 1) + sumCol[x + 3];
    }
}
return;
}
```

经实际测试,在某款 CPU 上,算法 3-4 比算法 3-3 的速度提高了约 2.8 倍,这是因为算法 3-4 使用了 SSE 内建函数,能够同时更新 4 个 sumCol 的值。内建函数是按照约定语法规则的函数,如果各家编译器支持该语法规则,则必须为使用者提供其函数,这些函数包含在编译器的运行库中,程序员不必单独编写代码,只需要调用这些函数即可,它们的实现由编译器厂商完成,比如在 Visual C++程序设计中,只需包含< nmmintrin. h >即可。

3.3 中值滤波

3.3.1 中值滤波的由来

仔细观察图 3-3 和图 3-4 就会发现,一个带有噪声的方波,经过均值滤波后却变成了一个斜波,滤波结果模糊了两类数值"3"和"9"之间的边界。从图 3-11 和图 3-12、图 3-13

和图 3-14 也看到均值滤波后的图像变模糊了。也就是说,均值滤波在去除噪声的同时,带来了很大的负面作用:它使得图像变模糊了。

如何解决这个问题呢?首先来分析一下变模糊的原因是什么。模糊的原因就是没有区分像素的类别,而将不同类别像素的灰度值进行了平均,比如没有区分是牛还是老鼠,而将牛的体重和老鼠的体重进行了累加,将其均值作为牛(老鼠)的均值滤波后的体重。那么,怎么区分是牛还是老鼠呢?难道在均值滤波以前还要先做分类?

体重在不同类别之间求平均是不对的(会生成不存在的物种),因此可以先在邻域内进行判断,如果牛的数量多就取牛的体重,如果老鼠的数量多就取老鼠的体重,是从里面挑出一个体重,而不是求均值去生成一个新的体重,这样就把分类的问题转换为谁多的问题。那么在邻域内是牛多还是老鼠多呢?显然,将它们的体重进行从小到大排序,谁多谁就出现在排序的最中间位置。比如,4 只老鼠 5 头牛,则排序后的第 5 号位置肯定是牛的体重;若 5 只老鼠 4 头牛,则排序后的第 5 号位置肯定是老鼠的体重。因此,取排序后位于最中间位置的体重作为滤波后的体重即可,这可能就是中值滤波的由来。

3.3.2　中值滤波的定义

【定义 3-3】　将 n(n 为奇数)个数据按其值 d_i 进行从大到小或者从小到大排列后得到一个有序序列 $d_0 d_1 \cdots d_{n-1}$,则 $d_{\left\lfloor \frac{n}{2} \right\rfloor}$ 称为中值。例如,有序序列 10,11,12,13,14,15,16,17,18 的 $n=9$,有 $\left\lfloor \dfrac{9}{2} \right\rfloor = 4$,则中值为 d_4,即 14。

【定义 3-4】　中值滤波(median filtering)就是以当前像素为中心取一个邻域,用该区域的所有像素灰度值的中值作为该像素滤波后的灰度值。

在前面的例子数据 D_1 中,取相邻 3 个像素作为邻域,其中值滤波的计算过程和结果如下:

原值	邻域值	中值
3	(邻域不完整,保持原值)	3
3	(3,3,3)	3
3	(3,3,9)	3
9	(3,9,3)	3
3	(9,3,3)	3
3	(3,3,9)	3
9	(3,9,9)	9
9	(9,9,9)	9
9	(9,9,3)	9
3	(9,3,9)	9
9	(3,9,9)	9
9	(9,9,9)	9
9	(邻域不完整,保持原值)	9

经过中值滤波以后,可以看出滤波后的结果完全去掉了噪声,这是因为像素受到噪声

污染后的灰度值在邻域内要么是最大值,要么是最小值,而不是中值。数据 D_1 的中值滤波结果如图 3-20 所示。

9

3

图 3-20 中值滤波后的结果

对图 3-13 取与图 3-14 相同大小的邻域进行中值滤波,得到的结果如图 3-21 所示。进一步增大滤波器的尺寸,得到图 3-22 和图 3-23。可以看出,随着滤波尺寸的变大,中值滤波得到的结果图像没有变得越来越模糊,黑色圆形区域的边界仍然清晰,且更加干净,说明噪声得到了滤除。这体现了中值滤波不会使图像变模糊,具有良好的边界清晰度保持能力。

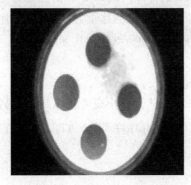

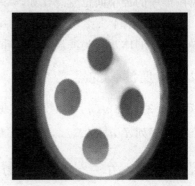

图 3-21　5×5 的中值滤波　　　　　　　　图 3-22　9×9 的中值滤波

但是当滤波器的大小增加到 21×21 时,黑色圆形区域却发生了严重的变形,如图 3-24 所示。这是因为随着邻域的增大,不能保证邻域内最多有 2 类目标,此时有了白色区域、黑色的圈、灰色的外环和黑色的背景,多达 4 类目标,不满足中值滤波的成立条件。

中值滤波在实际应用时,其邻域大小的选择要保证该邻域内最多有 2 类目标。至于受到噪声干扰的像素,其灰度值在邻域内要么最大,要么最小,一般不会是中值,所以会被滤除。当邻域不大时,可以认为邻域内最多有两类目标。

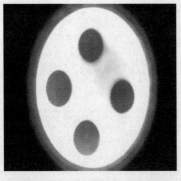

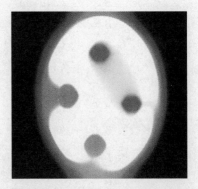

图 3-23　11×11 的中值滤波　　　　　　　图 3-24　21×21 的中值滤波

3.3.3　中值滤波的特点

中值一定是邻域内某个像素的灰度值而不是某几个像素灰度的生成值(相比于它,均值就像是一个伪造的值),所以中值滤波不会使图像变模糊,这是它的优点;但是,中值滤波需要排序,而排序的复杂度远比相加求和大得多,所以中值滤波的速度要比均值滤波慢很多,这是它的缺点。其实,在图像处理中,排除编程技巧等因素,几乎可以说算法越复杂,则执行速度越慢,处理效果越好。

3.3.4　中值滤波的快速实现

如上所述,中值滤波需要排序,学过"数据结构"的人都知道在排序操作上花费时间非常多。假设邻域大小为 101×101,即 10 201 个像素,即使采用快速排序算法对它们的灰度值进行排序,按照快速排序时间复杂度 $O(n \lg n)$ 计算,也至少需要 135 840 次比较。求一个像素的邻域中值都需要十多万次的比较,这对于一幅动辄有几百万像素的图像而言,其速度之慢是无法忍受的。

回顾一下第 2 章的直方图,通过直方图很容易求出一个邻域的最大灰度值、最小灰度值和均值。如果给邻域建立一个灰度直方图,那么是否可以通过直方图求出这个邻域的灰度中值呢? 比如一个班有 55 个同学考高等数学,有 55 个成绩,哪个成绩是中值呢? 显然是在这个成绩之前有 27 个人。因此可以用一个计数器,从 0 分开始计数,若计数到某个成绩时计数值大于 27,则这个成绩就是中值。

【算法 3-5】　使用直方图求灰度中值

```
void GetMedianGry(int * histogram, int N, int * medGry)    //N 是像素总个数
{
    int g;
    int num;

    // step.1 ------------- 求灰度中值 ------------------------- //
    num = 0;
    for (g = 0; g < 256; g++)
    {
        num += histogram[g];
        if (2 * num > N) break;  //num > N/2
    }
    * medGry = g;
    // step.2 ------------- 结束 -------------------------------- //
    return;
}
```

利用直方图中数据本身的有序特性,使得求图像的中值非常简单,大大减少了比较次数。从算法 3-5 可以看出,利用直方图求中值最多进行 256 次比较,因此可以利用直方图来快速得到中值。

此外,通过图 3-15 和图 3-16 可以发现,相邻像素的邻域有很大的交集区域,因此在求一个像素的邻域直方图时,若能利用其前一个像素的邻域直方图,就可以大大减少建立

直方图的时间。比如,中值滤波在同一行中是从左向右进行的,当从像素 A 向右移动一个像素到达像素 B 时,B 的邻域直方图就是 A 的邻域直方图丢掉其最左边列的像素灰度值,再增加一个新右边列的像素灰度值。

使用直方图进行中值滤波的算法如下。

【算法 3-6】 使用直方图的快速中值滤波

```
double RmwMedianFilter( BYTE * pGryImg, int width, int height,
                        int M, int N,          //滤波邻域:M 列 N 行
                        BYTE * pResImg
                        )
{  //每行建一个直方图,没有进行相邻行直方图递推和图像边界上像素变窗口等处理
    BYTE * pCur, * pRes;
    int halfx,halfy,x, y, i, j, y1, y2;
    int histogram[256];
    int wSize, j1, j2;
    int num, med, v;
    int dbgCmpTimes = 0;                    //搜索中值所需比较次数的调试

    M = M/2 * 2 + 1;                        //奇数化
    N = N/2 * 2 + 1;                        //奇数化
    halfx = M/2;                            //x 半径
    halfy = N/2;                            //y 半径
    wSize = (halfx * 2 + 1) * (halfy * 2 + 1); //邻域内像素总个数
    for (y = halfy, pRes = pResImg + y * width; y < height - halfy; y++)
    {
        //step.1---- 初始化直方图(每一行)
        y1 = y - halfy;
        y2 = y + halfy;
        memset(histogram, 0, sizeof(int) * 256);
        for (i = y1, pCur = pGryImg + i * width; i <= y2; i++, pCur += width)
        {
            for (j = 0; j < halfx * 2 + 1; j++)
            {
                histogram[ * (pCur + j)]++;
            }
        }
        //step.2 ----- 初始化中值(每一行)
        num = 0;                            //记录着灰度值从 0 到中值的个数
        for (i = 0; i < 256; i++)
        {
            num += histogram[i];
            if (num * 2 > wSize)
            {
                med = i;
                break;
            }
        }
        //滤波
```

```
        pRes += halfx;                    //没有处理图像左边界侧的像素
        for (x = halfx; x < width - halfx; x++)
        {
            //赋值
            *(pRes++) = med;
            //step.3--- 直方图递推:减去当前邻域最左边的一列,添加邻域右侧的一个新列
            j1 = x - halfx;               //最左边列
            j2 = x + halfx + 1;           //右边的新列
            for (i = y1, pCur = pGryImg + i * width; i <= y2; i++, pCur += width)
            {
                                          //减去最左边列
                v = *(pCur + j1);
                histogram[v]--;           //更新直方图
                if (v <= med) num--;      //更新 num
                //添加右边的新列
                v = *(pCur + j2);
                histogram[v]++;           //更新直方图
                if (v <= med) num++;      //更新 num
            }
            //step.4----- 更新中值
            if (num * 2 < wSize)          //到上次中值 med 的个数少了,则 med 要变大
            {
                for (med = med + 1; med < 256; med++)
                {
                    dbgCmpTimes += 2;     //总的比较次数,调试用
                    num += histogram[med];
                    if (num * 2 > wSize) break;
                }
                dbgCmpTimes += 1;         //总的比较次数,调试用
            }
            else                          //到上次中值 med 的个数多了,则 med 要变小
            {
                while ((num - histogram[med]) * 2 > wSize)        //若减去后,仍变小
                {
                    dbgCmpTimes++;        //总的比较次数,调试用
                    num -= histogram[med];
                    med--;
                }
                dbgCmpTimes += 2;         //总的比较次数,调试用
            } //end of x
        }
        pRes += halfx;                    //没有处理图像右边界侧的像素
    } //end of y
    //返回搜索中值需要的平均比较次数
    return dbgCmpTimes * 1.0/((width - halfx * 2) * (height - halfy * 2));
}
```

step.4 中有一个用来搜索中值的循环,其比较次数不固定。但是,从中值滤波的实践来看,平均搜索次数非常有限(一般就在 2~3,极个别图像会达到 9 左右),跟邻域大小

没有太直接的关系。比如邻域大小为 101×101,即有 10 201 个像素时,相邻两个像素的邻域有 10 201−101＝10 100 个共同的像素,不会因为 101 个像素的变化就引起中值的剧烈变化,所以 step.4 中的循环执行次数是很少的(分析一下 dbgCmpTimes 的值就能知道),相比而言,step.3 的直方图递推浪费的时间更多。

3.4 极值滤波

分析均值滤波和中值滤波,可以知道它们分别是取一个数据集合(邻域内灰度值的集合)的均值和中值。对于一个数据集合而言,该数据集合除了有均值和中值外,还有 2 个最直观的特性,分别是最小值和最大值,那么最大值和最小值是否可以用于滤波呢?

如果事先能够知道噪声像素的灰度值是比周围像素的灰度值大,那么就可以使用邻域内的最小值来替代当前像素的灰度值,称为最小值滤波(minimum filtering)。反之,称为最大值滤波(maximum filtering)。

图 3-25 是带有反光的水面图像,若把反光当作噪声,那么采用最小值滤波应该可以去掉反光。图 3-26 是对图 3-25 使用 5×5 最小值滤波的结果,可以看到反光像素基本被去掉了。

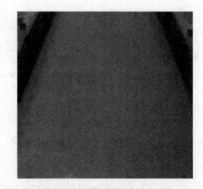

图 3-25　原始图像　　　　　　　　　　图 3-26　最小值滤波结果

3.5 高斯滤波

式(3-1)是对 3 个像素的灰度值求平均值,将其按照式(3-4)的模板形式进行表示,得到式(3-11),对应的模板如图 3-27 所示。图 3-28 虽然是 5 邻域均值滤波的模板,但是该模板中最左侧和最右侧的值为"0",相当于没有起作用,它实际上就是 3 邻域的均值滤波。

$$G(x) = \frac{\sum\limits_{j=-1}^{1} g(x+j) \times T(j)}{\sum\limits_{j=-1}^{1} T(j)} \tag{3-11}$$

图 3-27　3 邻域均值滤波

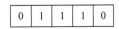

图 3-28　5 邻域均值滤波

对于图 3-28 表示的模板,可以这样认为:因为该邻域内的最左侧像素、最右侧像素到中心像素的距离远了,所以把它们对 $G(x)$ 的贡献度设为 0,令它们对均值没有贡献。因此,模板中的"1"和"0"可以看成是权重,将图 3-27 转换为权重函数的形式即得到图 3-29。

简单地将权重设置成要么"1"要么"0",没有柔和地体现"近处贡献度大、远处贡献度小"的特性。那么,用什么函数能够更好地体现贡献度的变换呢?均值为 0 的高斯函数是一个常用的权重函数,如图 3-30 所示。其表达式为:

$$T(j) = \frac{1}{\sqrt{2\pi\delta^2}} e^{\frac{-j^2}{2\delta^2}} \tag{3-12}$$

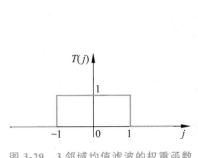

图 3-29　3 邻域均值滤波的权重函数

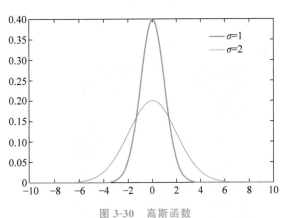

图 3-30　高斯函数

式(3-12)中,σ 为高斯函数的标准差。当 j 距离原点越远时,$T(j)$ 值越小。由于该函数有点复杂,不容易直观地看出它的取值,因此表 3-1 给出了 j 在不同取值下的 $T(j)$ 值。

表 3-1　高斯函数数值表

j	$e^{\frac{-j^2}{2\delta^2}}$ 的值	$\sigma=1$ 时 $T(j)$ 的值	$\sigma=2$ 时 $T(j)$ 的值
0	1.000 000	0.282 095	0.141 047
0.5σ	0.882 497	0.248 948	0.124 474
1.0σ	0.606 531	0.171 099	0.085 550
1.5σ	0.324 652	0.091 583	0.045 791
2.0σ	0.135 335	0.038 177	0.019 089
2.5σ	0.043 937	0.012 394	0.006 197
3.0σ	0.011 109	0.003 134	0.001 567

从表 3-1 可以看出,就 $e^{\frac{-j^2}{2\delta^2}}$ 的值而言,距离中心像素 3 倍 σ 距离的像素的权重 0.011 109 比中心像素的权重 1.0 降低了约 1/100,已经降到了可以忽略的程度。因此,使用高斯函

数加权均值滤波时,邻域的半径一般定为3σ,半径超过3σ时,对滤波结果的影响不大。比如,当$\sigma=1,j=3$时,$T(j)$的值为0.003 134,即使像素$g(x+j)$的值为最大值255,$g(x+j)\times T(j)$的值也小于1.0,可以忽略不计了。滤波邻域的半径和标准差σ具有一一对应的关系。

习惯上把使用高斯函数作为权重函数的均值滤波,该滤波称为高斯滤波(Gaussian average filtering)或者高斯平滑。同其他均值滤波一样,高斯滤波也会导致结果图像变模糊,所以有时也称为高斯模糊(Gaussian blur)。

图3-30和式(3-12)是一维的高斯函数,图像滤波的邻域一般是二维的,此时应采用二维高斯函数,如式(3-13)所示。

$$T(i,j)=\frac{1}{\sqrt{2\pi\sigma^2}}e^{\frac{-(j^2+i^2)}{2\sigma^2}} \tag{3-13}$$

高斯滤波的特点是:当σ越大时,高斯函数也越平缓,如图3-30所示;当σ越大时,邻域的大小也越大;邻域大小越大,就有更多的像素参加滤波,图像模糊得也就越突出,如图3-31和图3-32所示。

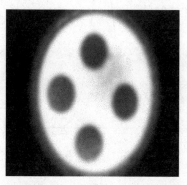

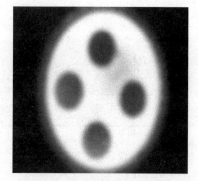

图3-31 高斯滤波(半径为4)   图3-32 高斯滤波(半径为5)

在实际应用中,为了快速计算,二维的高斯滤波可以被分解为两个一维的高斯滤波,比如先对图像按行进行一维的高斯滤波,再对得到的结果图像按列进行一维的高斯滤波。另外,为了提高高速缓存的命中率,从而提高速度,还可以把行滤波得到的结果图像进行90°转置,把按列进行的一维高斯滤波变为按行的一维高斯滤波,最后再把得到的最终结果图像转置回来。

3.6　二值图像滤波与数学形态学滤波

3.6.1　基于均值滤波的二值图像滤波

前面以灰度图像为例,讲述了均值滤波、中值滤波、极值滤波以及高斯滤波,对于彩色图像的滤波完全可以按照灰度图像滤波的方法进行,只不过彩色图像中每个像素有3个分量而已。

那么对于二值图像有没有特别的滤波方法？首先来分析一下二值图像的特点。

(1) 二值图像只有两种灰度值，比如分别是 0 或者 255。

(2) 二值图像的灰度最小值和灰度最大值不用求取，最小值为 0，最大值为 255。

(3) 二值图像可以进行均值滤波，但是不能在结果图像中给像素赋值为 0 和 255 以外的其他灰度值。

(4) 二值图像可以进行中值滤波，但是肯定不用进行排序。在一个邻域内，若 0 的个数多，中值就是 0，若将其当作灰度图像，此时邻域内灰度均值小于 127.5；反之，中值就是 255，若将其当作灰度图像，此时邻域内灰度均值大于或等于 127.5。

基于以上特点，本书作者给出了一个基于均值滤波思想的二值图像最小值、最大值和中值滤波的方法（见算法 3-7），其基本思想是二值图像当作灰度图像处理，具体如下。

(1) 当邻域内灰度均值大于或等于 255 时，赋值 255；否则，赋值 0。这就是最小值滤波。

(2) 当邻域内灰度均值大于 0 时，赋值 255；否则，赋值 0。这就是最大值滤波。

(3) 当邻域内灰度均值大于或等于 127.5 时，赋值 255；否则，赋值 0。这就是中值滤波。

【算法 3-7】　基于均值滤波的二值图像滤波

```
void RmwBinImgFilter( BYTE * pBinImg,              //原始二值图像
                      int width, int height,       //图像的宽度和高度
                      int M, int N,                //滤波邻域：M 列 N 行
                      double threshold,            //灰度阈值,大于或等于该值时结果赋 255
                      BYTE * pResImg               //结果图像
                    )
{   //没有对边界上邻域不完整的像素进行处理,可以采用变窗口的策略
    BYTE * pAdd, * pDel, * pRes;
    int halfx, halfy;
    int x, y, sum, sumThreshold;
    int sumCol[4096];                              //约定图像宽度不大于 4096

    //step.1 ------------ 初始化 -------------------------- //
    M = M/2 * 2 + 1;                               //奇数化
    N = N/2 * 2 + 1;                               //奇数化
    halfx = M/2;                                   //滤波器的 x 半径
    halfy = N/2;                                   //滤波器的 y 半径
    sumThreshold = max(1,(int)(threshold * M * N)); //转换为邻域内灰度值之和的阈值
    memset(sumCol, 0, sizeof(int) * width);
    for (y = 0, pAdd = pBinImg; y < N; y++)
    {
        for (x = 0; x < width; x++) sumCol[x] += * (pAdd++);
    }
    //step.2 ------------ 滤波 -------------------------- //
    for(y = halfy, pRes = pResImg + y * width, pDel = pBinImg; y < height - halfy; y++)
    {
        //初值
        for (sum = 0, x = 0; x < M; x++) sum += sumCol[x];
        //滤波
        pRes += halfx;                             //跳过左侧
        for (x = halfx; x < width - halfx; x++)
```

```
    {
        //求灰度均值
        * (pRes++) = (sum > = sumThreshold) * 255;   //理解这个表达式的含义
        //换列,更新灰度值的和
        sum  -= sumCol[x - halfx];               //减去左边列的灰度值
        sum  += sumCol[x + halfx + 1];           //加上右边列的灰度值
    }
    pRes += halfx;                               //跳过右侧
    //换行,更新 sumCol
    for (x = 0; x < width; x++)
    {
        sumCol[x]  -= * (pDel++);                //减去上一行的灰度值
        sumCol[x]  += * (pAdd++);                //加上下一行的灰度值
    }
}
//step.3 ------------ 返回 ---------------------------- //
return;
}
```

这是一个非常简洁、快速的二值图像的最小值滤波、最大值滤波和中值滤波方法,仅需要改动 threshold 的值就能实现,且通过简单改变 threshold 的值就能实现比例滤波,比如取 64 时就是相当于邻域内有 25% 像素为 255,滤波结果就是 255。所谓比例滤波,就是排序后的某个特定位置的值,比如最小值滤波相当于是 0%,中值滤波相当于是 50%,最大值滤波相当于是 100%。

3.6.2　二值图像的数学形态学滤波

对于二值图像的滤波,还有一种称为"数学形态学"(mathematical morphology)的滤波方法,简称形态学滤波。下面不具体讲述数学形态学的内涵,只讲一下形态学滤波的基本运算。

1. 膨胀与腐蚀

二值图像一般都是原始图像经过某种处理后得到的,它的像素具有明确的含义,比如黑色像素(以灰度值 0 表示)代表背景,白色像素(以灰度值 1 表示)代表目标,而目标往往具有某种几何形状,即具有某种形态。形态学滤波就是以目标形状为出发点来进行滤波的,并发展出了膨胀、腐蚀、开运算、闭运算等方法。比如,图 3-33 所示的白色目标内部有 1 个黑色孔洞(用带下画线的 0 代表),怎么把黑洞去掉呢?这时就可用膨胀(dilation)运算,如式(3-14)所示。

$$G(x,y) = (g \oplus T)(x,y) = \text{OR}[g(x+j, y+i) \& T(j,i)] \qquad (3\text{-}14)$$

其中,$\dfrac{-m}{2} \leqslant j \leqslant \dfrac{m}{2}, \dfrac{-n}{2} \leqslant i \leqslant \dfrac{n}{2}$,$T$ 类似图 3-6 所示,因为其具有某种结构,所以在形态学滤波中把这些模板称为结构元素(structure element)。式(3-14)与式(3-4)相比,就是把乘法换成了 $\&$ 运算,把求和换成了 OR 运算。因为 $G(x,y)$ 只能取 0 和 1,g 和 T 也都是只有 0 和 1 两种值,所以只要有一次 $g(x+j, y+i) \& T(j,i)$ 为 1,则 $G(x,y)$ 就取 1。比如,当 T 取图 3-6 中的值时,图 3-33 的结果就是图 3-34。对于图 3-33 中带下画线的 0 像素而言,其邻域与结构元素 T 做 $\&$ 运算时,能得到 4 个 1,位置如图 3-33 中带下画线的 1

所示,所以在结果图像图 3-34 中其值为 1。图 3-34 中多出了很多带下画线所示的 1,它们就是这些原本在原始图像图 3-33 中为"0"的像素,其邻域与结构元素 T 做 & 运算时有 1,所以滤波后变成了 1。

0	0	0	0	0	0	0
0	0	0	0	0	0	0
0	0	1	1	1	0	0
0	0	1	0	1	0	0
0	0	1	1	1	0	0
0	0	0	0	0	0	0
0	0	0	0	0	0	0

图 3-33　原始二值图像

0	0	0	0	0	0	0
0	0	1	1	1	0	0
0	1	1	1	1	1	0
0	1	1	1	1	1	0
0	1	1	1	1	1	0
0	0	1	1	1	0	0
0	0	0	0	0	0	0

图 3-34　膨胀后的结果图像

相反地,如果白色目标外部有几处白色粘连,怎么把这些粘连去掉呢? 这时就可用腐蚀运算(erosion),如式(3-15)所示。

$$G(x,y) = (g \otimes T)(x,y) = \text{AND}[g(x+j,y+i) \& T(j,i)] \quad (3\text{-}15)$$

腐蚀就是说,只有该像素邻域与结构元素 T 做 & 运算全部为 1 时,$G(x,y)$ 才为 1,只要一个为 0,$G(x,y)$ 就为 0。

其实,如果把 T 看成最大值滤波的邻域,所谓膨胀就是二值图像的最大值滤波。所谓膨胀运算就是因为二值图像中像素的值只有两种,所以对二值图像处理采用布尔代数逻辑运算,在布尔代数中,& 就相当于乘法,OR 就相当于加法。同理,如果把 T 看成最小值滤波的邻域,所谓腐蚀就是二值图像的最小值滤波。

2. 闭运算与开运算

图 3-35 和图 3-36 中都有正方形和圆形的目标。图 3-35 中目标内部有破损,图 3-36 中目标外部有粘连,如何进行处理呢?

图 3-35　内部有破损的目标

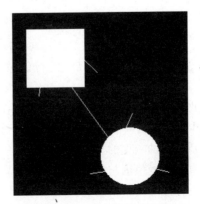

图 3-36　外部有粘连的目标

显然,对于图 3-35 可以采用 3×3 的方形结构元素进行膨胀运算,但膨胀后,目标被放大了一圈;因此,再对结果进行 3×3 的方形结构元素的腐蚀运算,再把目标缩小一圈;最终得到理想的结果。在形态学滤波中,把"先膨胀再腐蚀"的组合运算称为闭运算(close),闭运算的意思就是闭合目标内部的孔洞。

显然,对于图 3-36 可以采用 3×3 的方形结构元素进行腐蚀运算,但腐蚀后,目标被缩小了一圈;因此,再对结果进行 3×3 的方形结构元素的膨胀运算,再把目标放大一圈;最终得到理想的结果。在形态学滤波中,把"先腐蚀再膨胀"的组合运算称为开运算(open),开运算的意思就是分离开互相粘连的目标。

形态学滤波有一套较为晦涩的符号体系,不再细讲。闭运算和开运算的公式也不再细写。可以认为形态学滤波就是使用布尔代数和集合运算的二值图像滤波,形态学滤波能做到的,常规的滤波方法也能做到。在本质上,空间域滤波就是邻域的选定和邻域内计算函数的选定,形态学滤波和常规的滤波方法是一致的。

3.7 条件滤波

通过以上的滤波方法,像素 (x,y) 得到了新的灰度值 $G(x,y)$。在图像实践中,是不是一定要用新灰度值替换原来的灰度值 $g(x,y)$? 如果不是,那么满足什么条件就替换成 $G(x,y)$,否则保持原值 $g(x,y)$ 呢? 再者,假设邻域有 A 个像素,滤波运算是否一定要全部使用这 A 个像素? 还有,像素能不能使用多个不同的邻域,从而得到多个滤波的结果,然后从中挑选一个最好的结果作为 $G(x,y)$? 本书把诸如此类带有一定条件的、带有选择运算的滤波,统一称为条件滤波。

常用的条件滤波方法主要有超限平滑、K 个邻点平均法、多邻域枚举法均值滤波,下面讲述它们的基本原理。

3.7.1 超限平滑

所谓超限平滑,就是均值滤波得到的值 $u(x,y)$ 和原值 $g(x,y)$ 相比,超过了一定的程度 C 才使用新值,否则保持原值。超限平滑的表示如下:

$$G(x,y) = \begin{cases} u(x,y), & |u(x,y) - g(x,y)| \geqslant C \\ g(x,y), & \text{其他} \end{cases} \tag{3-16}$$

比如,在 3.2.1 节对 D_1 进行邻域为 3 个像素的均值滤波中,如果令 $C=4$,则噪声"9"和"3"会被完美地移除。

此种情况使用超限平滑的合理性在于,在摄像系统拍摄得到的图像中,目标和背景之间至少存在着 1 个像素的过渡区,即目标和背景的边界像素灰度值是由目标的灰度逐渐变化到背景的灰度的。边界上的像素的灰度值 $g(x,y)$ 与其滤波均值 $u(x,y)$ 是接近的,而噪声的灰度值则与均值有较大的差异。

还有另外一种情况,比如进一步观察消除水面反光的图 3-26,会发现反光被消除了,但是左右两侧的墙壁区域明显变黑。如何才能只消除水面的反光,而不改变其他像素的值呢? 采用式(3-17)即可。

$$G(x,y) = \begin{cases} \min(x,y), & g(x,y) - \min(x,y) \geqslant C \\ g(x,y), & \text{其他} \end{cases} \qquad (3\text{-}17)$$

其中，$\min(x,y)$ 是采用最小值滤波得到的值。使用超限平滑对图 3-25 进行滤波得到结果图像如图 3-37 所示，图 3-38 中的黑色像素代表这些像素满足条件 $g(x,y) - \min(x,y) \geqslant C$。

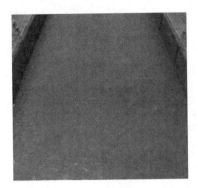

图 3-37　超限最小值滤波

图 3-38　被滤波的像素

3.7.2　K 个邻点平均法

所谓 K 个邻点平均法就是不使用邻域的全部像素，而是只使用其中的 K 个像素求均值；假设邻域中有 A 个像素，则 $K < A$。

在 A 个像素中，到底选取那 K 个呢？有一个基本原则就是选取与当前像素的灰度值最接近的那 K 个像素。比如，在 3.2.1 节对 D_1 进行邻域为 3 个像素的均值滤波中，如果令 $K = 2$，则噪声"9"和"3"会得到减弱，且非噪声像素不受影响。

此种情况使用 K 个邻点平均法的合理性在于，因为噪声的灰度值跟正常像素的灰度值不接近，所以噪声的灰度值能被其周围（即邻域）的灰度值修改掉；而目标像素或者背景像素的邻域内，肯定有多个同类像素，设为 K 个，用这 K 个同类像素求均值，肯定不会产生模糊。

在邻域内选择与当前像素的灰度值最接近的 K 个灰度值，肯定需要比较操作，因此这个滤波器可以看成既有中值滤波的排序操作，又有均值滤波的求和操作。

3.7.3　多邻域枚举法均值滤波

在邻域内选择 K 个像素是不太容易的。不妨认为，在一个邻域内，属于同一类别 K 个像素的分布形式一共有 N 种，如果把每一种都作为一个模板，就是 N 个模板。这样每个模板都得到一个均值，总共得到了 N 个均值，从而从这 N 个均值中选择一个最佳模板的均值作为滤波结果。

如何选择最佳模板呢？显然，若某个模板内包含中心像素的 K 个像素都来自相同类，则该模板肯定是最佳的。如何评价模板内的像素来自相同类呢？显然模板内像素灰度值的均方差越小，则说明该模板越具有灰度一致性，即越有可能不包含边缘和不包含异类目标，因此该模板就越佳。

上述做法是同时采用 N 种邻域,因此本书中将其称为多邻域枚举法均值滤波。一种常用的多邻域枚举法的模板如图 3-39 所示。

```
0 0 0 0 0        0 0 1 1 1        0 0 0 0 0
0 1 1 1 0        0 0 1 1 1        0 0 0 0 0
0 1 1 1 0        0 0 1 1 1        0 0 1 1 1
0 1 1 1 0        0 0 0 0 0        0 0 1 1 1
0 0 0 0 0        0 0 0 0 0        0 0 1 1 1
  (a) 模板1         (b) 模板2         (c) 模板3

0 1 1 1 0        0 0 0 0 0        0 1 1 1 0
0 1 1 1 0        0 0 1 1 1        0 1 1 1 0
0 1 1 1 0        0 0 1 1 1        0 0 1 0 0
0 0 0 0 0        0 0 1 1 1        0 0 0 0 0
0 0 0 0 0        0 0 0 0 0        0 0 0 0 0
  (d) 模板4         (e) 模板5         (f) 模板6

0 0 0 1 1        0 0 0 0 0        0 0 0 0 0
0 0 1 1 1        0 0 0 0 0        0 0 0 1 1
0 0 1 1 1        0 0 1 1 0        0 0 1 1 1
0 0 0 0 0        0 0 1 1 1        0 0 0 1 1
0 0 0 0 0        0 0 0 1 1        0 0 0 0 0
  (g) 模板7         (h) 模板8         (i) 模板9
```

图 3-39　多邻域枚举法均值滤波模板

该系列共有 9 个模板,它们从 5×5 邻域的 25 个像素分别选取 9 个像素和 7 个像素。每个模板分别代表的含义是比较清楚的,在此不再赘述。

3.8　本章小结

本章讲述了均值滤波、中值滤波、最小值滤波、最大值滤波、高斯滤波、二值图像滤波、形态学滤波等常用滤波方法,讲述了它们的思想、特点以及 C/C++ 编程优化,包括"整数除法或者浮点法乘法和除法变为整数乘法和移位""列积分""积分图""MMX 及 SSE""直方图求中值""直方图递推""基于均值滤波的二值图像滤波"等技巧。

通俗地说,这些滤波器就是把像素特定邻域内的灰度值构成一个数据集合,使用该集合的某种取值来替换该像素原来的灰度值。邻域一般又称为模板,模板有大小、形状和取值等特性,取值可按位置加权,比如使用高斯函数加权。

另外,可以把图像中每个像素邻域内的灰度值构成集合,来进行滤波,称为像素级滤波,本章给出的算法程序都是像素级滤波;也可以把图像序列中具有相同坐标位置的不同帧上像素的灰度值构成集合来进行滤波,称为帧级滤波,在运动目标检测中,常用帧级滤波求取背景图像;也可以在同一幅图像中,给每个像素取个较大的邻域当作图像块,在本图中搜索与之相似的多个图像块,用这些块的中心像素灰度值构成集合来进行滤波,滤波的结果替换该像素的灰度值,称为块级滤波(non-local filter,简称非邻域滤波)。

在实际应用中可根据具体情况,设计出各种复杂形状的滤波器;可以采用各种各样的邻域,甚至可以是从多个候选的邻域中选取一个最合理的邻域,可从邻域中选取全部或者部分的像素,计算它们的均值、中值、极值等,甚至可以是排序后的某个特定位置的值(简称比例滤波);还可多个滤波器组合使用,以及条件滤波等。

深刻理解图像空间域平滑的实质和各种滤波方法的特点,掌握编程优化方法,并灵活运用,尤其是多种滤波方法的组合使用,使得滤波器之间能够取长补短,在应用中往往能起到事半功倍的效果。

作业与思考

3.1 滤波前图 3-11 和滤波后图 3-12 的标准差变化较明显,为什么滤波前图 3-13 和滤波后图 3-14 的标准差几乎没有变化?

3.2 对一个图像 A 作 3×3 的均值滤波得到图像 B,对图像 B 再做 3×3 的均值滤波得到图像 C。那么,对图像 A 做多大的均值滤波可以近似得到图像 C?

3.3 在图像处理中,彩色到灰度转换公式为:$gry = 0.299 \times red + 0.587 \times green + 0.114 \times blue$,用 C/C++ 语言编程把图像 H0301Rgb. bmp(见图 3-40)转换为灰度图像 H0301Gry. bmp,分别使用"整数除法或者浮点数乘法和除法变为整数乘法和移位"的编程技巧和直接计算,分别使用 Debug 和 Release 编译,并各执行 1000 次,比较它们的时间花费(C/C++ 中的时间函数为 clock_t t = clock())。

3.4 参照算法 3-1,采用 C/C++ 语言编程,实现对于灰度图像 H0302Gry. bmp(见图 3-41)每行上的一维均值滤波(邻域大小为 1 行 M 列,$M = 21$)。

3.5 参照算法 3-2,采用 C/C++ 语言编程,实现对于灰度图像 H0302Gry. bmp(见图 3-41)每行上的一维均值滤波(邻域大小为 1 行 M 列,$M = 21$),要使用一维积分图。

图 3-40 H0301Rgb. bmp

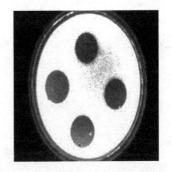

图 3-41 H0302Gry. bmp

3.6 使用 MMX 或者 SSE 指令集,用 C/C++ 语言编程实现灰度图像 H0302Gry. bmp(见图 3-41)的反相。

3.7 使用算法 3-6 对灰度图像 H0302Gry. bmp 进行中值滤波,分别使用 $5 \times 5, 13 \times 13$,

21×21 大小的邻域进行中值滤波,比较这三种邻域时平均比较次数 dbgCmpTimes 的值,并进行分析。

3.8 采用高速摄像机(2000f/s)对准一个区域进行拍照,该区域有一发炮弹高速飞过。摄像机得到了 M 幅场景图像,但 M 幅图像的每一幅中都有炮弹,如何才能得到一幅没有炮弹的场景图像(一般称为背景图像)?

3.9 $T^3 = \begin{bmatrix} 0 & 1 & 0 \\ 1 & 1 & 1 \\ 0 & 1 & 0 \end{bmatrix}$ 和 $T^5 = \begin{bmatrix} 0 & 0 & 0 & 0 & 0 \\ 0 & 0 & 1 & 0 & 0 \\ 0 & 1 & 1 & 1 & 0 \\ 0 & 0 & 1 & 0 & 0 \\ 0 & 0 & 0 & 0 & 0 \end{bmatrix}$ 等价吗?

3.10 $T^3 = \dfrac{1}{16} \begin{bmatrix} 1 & 2 & 1 \\ 2 & 4 & 2 \\ 1 & 2 & 1 \end{bmatrix}$ 有什么特点?使用它进行图像平滑需要乘法和除法运算吗?

3.11 使用标准差等于 1.0 的高斯函数计算一维卷积模板 $T(j)(-3 \leqslant j \leqslant 3)$,得到 $T = \{0.003\,134, 0.038\,177, 0.171\,099, 0.282\,095, 0.171\,099, 0.038\,177, 0.003\,134\}$,按式(3-11)实现高斯滤波时,会有大量的浮点计算,如何消除这些浮点运算?

3.12 使用 C/C++ 语言编程,对灰度图像 H0303Gry. bmp(见图 3-42)实现标准差 $\delta = 3$ 的高斯滤波,使用两个一维高斯平滑的串联实现,并且在像素处理循环中不使用浮点运算。

3.13 算法 3-7 中 threshold 取何值时能够实现二值图像的最小值滤波、最大值滤波和中值滤波?

3.14 分别使用超限平滑和 K 个邻点平均法,对 3.2.1 节中的数据 D_1 进行邻域为 3 像素的均值滤波,写出滤波结果。

3.15 使用 Photoshop 中的 Median Filter 或者 Gaussian Blur,估计拍摄灰度图像 H0304Gry. bmp(见图 3-43)时光源的位置,给出不含有药片的光照图像,并通过观察药片的阴影确认得到的光照图像是正确的。

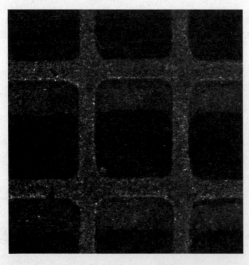

图 3-42 H0303Gry. bmp

图 3-43 H0304Gry. bmp

第 4 章

边 缘 检 测

从本章开始讲述图像分析的研究内容。本章主要讲述边缘检测的基本概念,包括边缘类型、求导与差分、亚像素边缘检测;讲述梯度算子、罗伯特算子、索贝尔算子、方向模板等一阶微分算子;讲述拉普拉斯算子、沈俊算子等二阶微分算子;讲述边缘锐化;最后讲述两个应用实例。

4.1 基本概念

4.1.1 什么是边缘检测

边缘检测(edge detection)就是提取图像中的边缘点(edge point)。边缘点是与周围像素相比灰度值有阶跃变化或屋顶状变化的像素。边缘常存在于目标与背景、目标与目标和目标与其影子之间。

在图像处理和图像分析中,经常要用到边缘(edge)、边界(boundary)、轮廓(contour)等术语。一般来说,边缘指的是边缘点或边缘点的集合(线段),它不能被称为边缘线。边界指的是图像中不同区域之间的分界线,比如不同灰度、不同颜色的区域之间的分界线,它是线而不是点,可以被称为边界线。轮廓一般是指目标的轮廓,目标就是语义明确的区域,轮廓一般是在二值图像中围绕白色区域的闭合曲线。

边缘检测算法和边界线检测算法一般作用于灰度图像,对于二值图像进行边缘检测是没有意义的。轮廓一定是闭合的;但边界线不一定闭合,比如道路区域与道边植被的边界线;边缘最多是断断续续的线段,不保证连续,更不保证闭合。掌握边缘、边界、轮廓等术语的准确意义是非常必要的。

4.1.2 边缘类型

边缘检测是一种邻域运算,即一个像素是否是边缘点是由其所处的邻域决定的。在一定大小的邻域内,边缘分为阶跃边缘(step edge)和屋顶状边缘(roof edge)两种类型。下面以一维信号为例,分析这两种不同类型的边缘的导数特征,如图 4-1 所示。

从图 4-1 可以看出:阶跃边缘的导数特征是边缘点处"一阶导数取极值,二阶导数过零点";屋顶状边缘的导数特征是边缘点处"一阶导数过零点,二阶导数取极值"。过零点又称零交叉(zero-crossing),即在此处数值"由正到负"或者

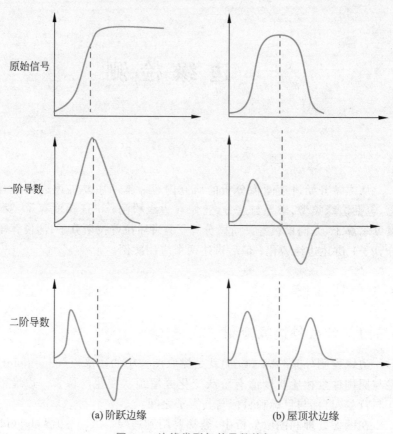

原始信号

一阶导数

二阶导数

(a) 阶跃边缘　　　　　　　　　(b) 屋顶状边缘

图 4-1　边缘类型与其导数特征

"由负到正"，因此经过了零。

在实际应用中，通常使用阶跃边缘模型。当图像分辨率足够高或者邻域足够小时，边缘可以看成是阶跃边缘，比如当使用 3×3 的小邻域时。

4.1.3　求导与差分

虽然上面讨论了边缘的导数特征，但是数字图像不是图像的解析描述，所以无法直接求导数。在边缘检测中，导数的计算通常采用两种方法。

（1）将邻域从离散空间变换到连续空间，得到解析描述，然后进行求导操作。具体做法是，先将邻域按照一定的数学模型，进行曲线拟合或曲面拟合，得到其在连续空间中的解析描述，然后对此解析描述进行求导，得到边缘点。解析描述求导得到的导数位置是有小数位的，比如在位置 4.17 处取得导数最大值，即边缘点的位置是在 4.17 而不是像素的整数坐标 4。这样得到的边缘点位置精度能够小于 1 像素，因此又将此方法称为亚像素（sub pixel）边缘检测。在已知数学模型的指导下，目前工业界做到的边缘检测最高精度为 1/50 像素。亚像素边缘检测能够在大大节省硬件成本的同时，得到高的边缘检测精度，是图像测量中的常用方法。

（2）直接用差分（difference）代替求导。导数的公式见式（4-1），如果令 $\mathrm{d}x=1$，即得到是差分描述。式(4-2)是差分描述的 x 方向的偏导数,式(4-3)是差分描述的 y 方向的偏导数。

$$f'(x) = \lim_{dx \to 0} \frac{f(x + dx) - f(x)}{dx} \tag{4-1}$$

$$\Delta_x(x,y) = f(x+1,y) - f(x,y) \tag{4-2}$$

$$\Delta_y(x,y) = f(x,y+1) - f(x,y) \tag{4-3}$$

从式(4-2)中可以看出,x 方向的差分就是右边像素的灰度值减当前像素的灰度值;从式(4-3)中可以看出,y 方向的差分就是下面像素的灰度值减当前像素的灰度值。

图 4-2(a)是原始图像,图 4-2(b)是 x 方向的差分,可以看出它检测出了"中"字的竖线;图 4-2(c)是 y 方向的差分,可以看出它检测出了"中"字的水平线。但是从图 4-2(b)可以发现,检测到的竖线是笔画右侧的竖线,笔画左侧的竖线没有被检测出来,这是因为笔画左侧竖线的 Δx 是负数,所以应该取绝对值,取绝对值后得到图 4-2(d);同理,对 Δy 取绝对值得到图 4-2(e);做 $|\Delta x| + |\Delta y|$ 得到图 4-2(f)。

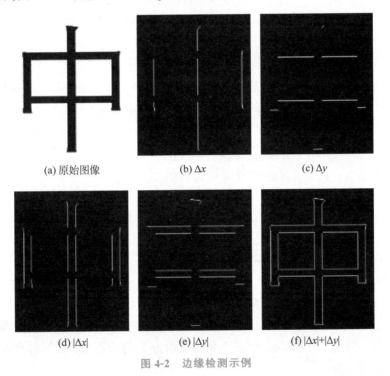

|(a) 原始图像|(b) Δx|(c) Δy|
|(d) $|\Delta x|$|(e) $|\Delta y|$|(f) $|\Delta x| + |\Delta y|$|

图 4-2　边缘检测示例

可以发现,通过简单的加法和减法运算,就把图 4-2(a)所示的"中"字变成了空心字,如图 4-2(f)所示。因此,用差分代替求导具有直观、便捷、快速的优点。

4.1.4　边缘强度与边缘方向

导数是既有大小又有方向的,因此边缘也有强弱与方向,分别叫作边缘强度(edge intensity)和边缘方向(edge direction),边缘强度即边缘的幅值(magnitude)。用 $M(x,y)$ 代表边缘的强度,$\theta(x,y)$ 代表边缘的方向,有:

$$M(x,y) = \sqrt{(\Delta x)^2 + (\Delta y)^2} \qquad (4\text{-}4)$$

$$\theta(x,y) = \arctan\left(\frac{\Delta y}{\Delta x}\right) \qquad (4\text{-}5)$$

4.2 一阶微分算子

通过 4.1 节对边缘类型及其导数的分析，可以设计不同的检测算法。下面讲述几种常用的边缘检测算法，习惯上称为边缘检测算子（operator）。当使用差分时，一般写成模板的表示形式。

对于阶跃边缘而言，边缘点处的导数特征是"一阶导数取极值"。若边缘点处的一阶导数为正值，则其为最大值；反之，则为最小值，即在边缘点处的导数绝对值最大。基于一阶导数的边缘检测算子称为一阶微分算子，常用的一阶微分算子有梯度算子、罗伯特算子、索贝尔算子、Prewitt 算子、Robinson 算子、Kirsch 算子等。下面介绍其中的几种算子。

4.2.1 梯度算子

梯度是一个向量（矢量），表示某一函数在该点处的方向导数沿着该方向取得最大值，即函数在该点处沿着该方向（此梯度的方向）变化最快，变化率最大（为该梯度的模）。梯度的含义和边缘点是一致的，因此产生了边缘检测的梯度算子（gradient operator），如式(4-6)所示。

$$\text{Gradient}(x,y) = \sqrt{(\Delta x)^2 + (\Delta y)^2} \qquad (4\text{-}6)$$

梯度算子的 Δx 和 Δy 写成模板的形式如图 4-3(a) 和图 4-3(b) 所示。

式(4-6)只是给出了像素 (x,y) 的边缘强度（称为梯度值），但是它要成为边缘点，还需要一定的约束条件，比如，设定当 $\text{Gradient}(x,y) \geqslant \text{threshold}$ 时，像素 (x,y) 才是边缘点，threshold 称为阈值。

(a) Δx 模板　　　　(b) Δy 模板

图 4-3　梯度算子

图 4-4 是原始图像的灰度图像，虚线框所示的是边缘真实位置。图 4-5 是计算得到的梯度图像，设 threshold=7，可以看到检测到的边缘位置与真实位置比较，向上向左偏移了半个像素。图 4-5 中，虚线框的左上角梯度值为 0，忽略不计；右下角梯度值取整，即对 $\sqrt{7^2 + 7^2}$ 取整，得到 9。

```
1  1  1  1  1  1  1  1
1  1  1  1  1  1  1  1
1  1  8  8  8  1  1  1
1  1  8  8  8  1  1  1
1  1  8  8  8  1  1  1
1  1  8  8  8  1  1  1
1  1  1  1  1  1  1  1
1  1  1  1  1  1  1  1
```

```
0  0  0  0  0  0  0  0
0  0  7  7  7  7  0  0
0  7  0  0  0  7  0  0
0  7  0  0  0  7  0  0
0  7  0  0  0  7  0  0
0  7  7  7  9  0  0  0
0  0  0  0  0  0  0  0
0  0  0  0  0  0  0  0
```

图 4-4　原始图像的灰度图像　　　　图 4-5　梯度图像

【算法 4-1】　梯度算子

```
void RmwGradientGryImg(BYTE *pGryImg, int width, int height, BYTE *pGrdImg)
{
    BYTE *pGry, *pGrd;
    int dx, dy;
    int x, y;

    for (y = 0, pGry = pGryImg, pGrd = pGrdImg; y < height - 1; y++)
    {
        for (x = 0; x < width - 1; x++, pGry++)
        {
            dx = *pGry - *(pGry + 1);
            dy = *pGry - *(pGry + width);
            *(pGrd++) = min(255, (int)(sqrt(dx * dx * 1.0 + dy * dy)));
        }
        *(pGrd++) = 0;                              //尾列不处理,边缘强度赋 0
        pGry++;
    }
    memset(pGrd, 0, width);                         //尾行不处理,边缘强度赋 0
    return;
}
```

4.2.2　罗伯特算子

梯度算子的计算只涉及 3 像素,只在水平和垂直方向做差分。罗伯特算子(Roberts operator)给出了一个 4 像素之间进行运算的算子,分别在两个对角线方向做差分。其 Δx 和 Δy 的模板形式如图 4-6(a)和图 4-6(b)所示。

由于对角线上 2 像素之间的距离为$\sqrt{2}$,因此罗伯特算子的 Δx 和 Δy 采用对角线差分后,不再采用$\sqrt{(\Delta x)^2+(\Delta y)^2}$,其描述见式(4-7)。

$$\text{Roberts}(x,y)=\max\{|\Delta x|,|\Delta y|\} \tag{4-7}$$

罗伯特算子取 Δx 绝对值与 Δy 绝对值中的最大值。对图 4-4 的原始灰度图像执行罗伯特算子得到的结果如图 4-7 所示。

0	0	0
0	1	0
0	0	-1

(a) Δx模板

0	0	0
0	0	1
0	-1	0

(b) Δy模板

图 4-6　罗伯特算子

0	0	0	0	0	0	0	0
0	7	7	7	7	7	0	0
0	7	0	0	0	7	0	0
0	7	0	0	0	7	0	0
0	7	0	0	0	7	0	0
0	7	7	7	7	7	0	0
0	0	0	0	0	0	0	0
0	0	0	0	0	0	0	0

图 4-7　罗伯特算子的结果

从图 4-7 中可以看出虚线框的左上角和左下角的值都是"7",与图 4-5 梯度算子结果相比有较大的改善。同时,罗伯特算子也去掉了梯度算子的开方运算,计算复杂度也降低了不少。

【算法 4-2】　罗伯特算子

```
void RmwRobertGryImg(BYTE * pGryImg, int width, int height, BYTE * pRbtImg)
{
    BYTE * pGry, * pRbt;
    int dx, dy;
    int x, y;

    for (y = 0, pGry = pGryImg, pRbt = pRbtImg; y < height − 1; y++)
    {
        for (x = 0; x < width − 1; x++, pGry++)
        {
            dx = * pGry − * (pGry + width + 1);
            dy = * (pGry + 1) − * (pGry + width);
            * (pRbt++) = max(abs(dx), abs(dy));
        }
        * (pRbt++) = 0;                          //尾列不处理,边缘强度赋 0
        pGry++;
    }
    memset(pRbt, 0, width);                      //尾行不处理,边缘强度赋 0
    return;
}
```

4.2.3　索贝尔算子

第 3 章讲述了噪声表现为灰度值的突然变大或者变小,那么噪声点处的导数也应该较大。因此在一幅噪声较大的图像中,如果不进行图像平滑就进行边缘检测,必然会在边缘图像中产生噪声干扰。

因此,索贝尔算子(Sobel operator)中,在求 Δx 和 Δy 前,先进行滤波。在求 Δx 前,先执行如图 4-8(a)所示的高斯均值滤波;在求 Δy 前,先执行如图 4-8(b)所示的高斯均值滤波。

另外,索贝尔算子进一步拉大进行差分的 2 像素之间的距离,Δx 和 Δy 采用如下模板形式,如图 4-9(a)、图 4-9(b)所示。

(a) 模板 Ⅰ　　　(b) 模板 Ⅱ　　　　　　　　(a) Δx 模板　　　(b) Δy 模板

图 4-8　索贝尔算子的滤波模板　　　　图 4-9　索贝尔算子的差分模板

下面通过例子分析来得到索贝尔算子的公式描述。在图像 4-10 中,方块代表当前像素(x,y),先执行图 4-8(a)所示的高斯滤波,用 $\overline{D}$、$\overline{E}$ 代表滤波后的值,则得到 $\overline{D} = A + 2D + F$,$\overline{E} = C + 2E + H$;执行图 4-9(a)所示的 Δx 模板,则有 $\Delta x = \overline{D} − \overline{E} = (A + 2D + F) −$

$(C+2E+H)$，其模板如图 4-11(a)所示。同理，得到带滤波的 Δy 模板表示，如图 4-11(b)所示。

图 4-10 邻域示意图

(a) 带滤波的Δx模板

(b) 带滤波的Δy模板

图 4-11 索贝尔算子

索贝尔算子在对 Δx 和 Δy 的使用上，采用了它们的绝对值相加的形式，即

$$
\begin{aligned}
\mathrm{Sobel}(x,y) &= \mid \Delta x \mid + \mid \Delta y \mid \\
&= \mid (A+2D+F)-(C+2E+H) \mid + \\
&\quad \mid (A+2B+C)-(F+2G+2H) \mid
\end{aligned}
\tag{4-8}
$$

对图 4-4 的原始灰度图像执行索贝尔算子得到的结果如图 4-12 所示，图中虚线框所示的边缘变成了双线宽。

```
0   0   0   0   0   0   0   0
0  14 -28 -28 -28 -28 -14  0
0  28 -42 -28 -28 -42  28  0
0  28  28   0   0  28  28  0
0  28 -42 -28 -28 -42  28  0
0  14 -28 -28 -28 -28 -14  0
0   0   0   0   0   0   0   0
```

图 4-12 索贝尔算子的结果

【算法 4-3】 索贝尔算子

```
void RmwSobelGryImg(BYTE * pGryImg, int width, int height,
BYTE * pSbImg)
{
    BYTE * pGry, * pSb;
    int dx, dy;
    int x, y;

    memset(pSbImg, 0, width);                    //首行不处理,边缘强度赋 0
    for (y = 1, pGry = pGryImg + width, pSb = pSbImg + width; y < height - 1; y++)
    {
        * (pSb++) = 0;                           //首列不处理,边缘强度赋 0
        pGry++;
        for (x = 1; x < width - 1; x++,pGry++)
        {
            //求 dx
            dx = * (pGry - 1 - width) + ( * (pGry - 1) * 2) + * (pGry - 1 + width);
            dx -= * (pGry + 1 - width) + ( * (pGry + 1) * 2) + * (pGry + 1 + width);
            //求 dy
            dy = * (pGry - width - 1) + ( * (pGry - width) * 2) + * (pGry - width + 1);
            dy -= * (pGry + width - 1) + ( * (pGry + width) * 2) + * (pGry + width + 1);
            //结果
            * (pSb++) = min(255, abs(dx) + abs(dy));
        }
        * (pSb++) = 0;                           //尾列不处理,边缘强度赋 0
        pGry++;
    }
    memset(pSb, 0, width);                       //尾行不处理,边缘强度赋 0
    return;
}
```

4.2.4 梯度算子、罗伯特算子、索贝尔算子的比较

以下从 4 个方面对梯度算子、罗伯特算子、索贝尔算子进行比较。

1. 偏导数 Δx 和 Δy 的求取

梯度算子在 3 像素之间进行运算，只在水平和垂直方向做差分，做差分的 2 像素之间的距离为 1。

罗伯特算子在 4 像素之间进行运算，分别在两个对角线方向做差分，做差分的 2 像素之间的距离为 $\sqrt{2}$。

索贝尔算子在 8 像素之间进行运算，只在水平和垂直方向做差分，做差分的 2 像素之间的距离为 2。

2. 是否"先平滑后求导"

索贝尔算子在差分之前，进行了加权均值滤波对图像进行平滑（加权函数采用了高斯函数），因此索贝尔算子具有滤除噪声的效果。梯度算子和罗伯特算子都没有进行平滑。"先平滑后求导"是边缘检测的通用策略，一般在执行梯度算子和罗伯特算子前是需要使用另外的步骤做图像平滑的，索贝尔算子则是把平滑写到了算子中。

索贝尔算子是高斯图像平滑和差分算子的组合，从某种意义上来说，这或许并不是一个优点，因为高斯图像平滑的效果，在很多情况下不如中值滤波。有时对一幅图像采用中值滤波后再使用罗伯特算子，效果会优于索贝尔算子。

3. 边缘强度的大小

按照式(4-4)边缘强度的定义，梯度算子是严格遵守的，罗伯特算子是取 Δx 绝对值和 Δy 绝对值中的最大值，索贝尔算子是取 Δx 与 Δy 的绝对值之和。而且，索贝尔算子在高斯滤波后没有除以 4，所以又相当于 Δx、Δy 放大了 4 倍。对于边缘强度，罗伯特算子、梯度算子、索贝尔算子之间的数值关系大致如下：

$$\max\{|\Delta x|, |\Delta y|\} \leqslant \sqrt{(\Delta x)^2 + (\Delta y)^2} \leqslant 4|\Delta x| + 4|\Delta y| \qquad (4\text{-}9)$$

4. 邻域与边缘宽度

梯度算子、罗伯特算子的计算只涉及 2 行 2 列，所以它们得到的边缘宽度是 1 像素；索贝尔算子涉及 3 行 3 列，所以它得到的边缘宽度是 2 像素，边缘变成了双线宽。

图 4-13 是图像分析领域常用的一个基准图像 Lena.bmp；图 4-14～图 4-16 分别是梯度算子、罗伯特算子和索贝尔算子得到的边缘强度图像。由于图像中的边缘点仅占极少的比例，也就是说绝大多数像素的边缘强度为 0，图像显示出来时呈黑色，因此，为了便于观察，在显示前对它们进行了反相。

如果仅仅因为索贝尔算子得到的边缘强度图像看上去更亮，就断言索贝尔算子的性能更好是不严谨的。得到的边缘强度大小不代表算子性能的好坏，相反若数值上溢还会

图 4-13　原始图像 Lena. bmp

图 4-14　梯度算子的结果

图 4-15　罗伯特算子的结果

图 4-16　索贝尔算子的结果

带来损失。比如,将每像素的边缘强度都放大 8 倍,尽管放大后的图像显然亮了许多,但并不能提高算子的性能。另外,索贝尔算子得到的边缘宽度还比梯度算子和罗伯特算子的边缘宽度宽,这样人眼也更加容易观察。但这些都不是它的优点,索贝尔算子的优点是先进行了图像平滑,且使用了高斯加权。

实际上,上述算子得到的仅是边缘检测的中间结果,即边缘强度图像或者近似说是梯度图像,而不是边缘点;各种算子得到的边缘强度图像相差不大,即可能都不能满足或者不能直接满足实际的需要。一般都需要在边缘算子完成后,使用相关约束条件得到边缘点,比如,对边缘强度设定一个阈值来判定像素是否是边缘点。如何取阈值是值得研究的,这才是问题的难点所在。

4.2.5　方向模板

边缘点的属性除了边缘强度外,还有边缘方向。无论是梯度算子、罗伯特算子还是索贝尔算子,在求偏导数 Δx 与 Δy 时都没有考虑边缘方向。若能根据边缘的具体方向求偏导数,则边缘强度值应该会更准确,但是按照式(4-5)求边缘方向又需要偏导数,这样就形成了互相制约。因此在实际应用中,先假定有限的几个边缘方向,再对这些假定的每个边缘方向设置一个特定的模板,计算每个模板的边缘强度,从中选择最大的边缘强度作为边缘强度的结果,而且与该最大边缘强度对应的模板的方向就认为是边缘方向。

类似 3.7.3 节讲过的多邻域枚举法均值滤波,"枚举+评价"是图像处理与图像分析的常用策略,也被用在边缘检测中。

常用的基于方向模板的边缘检测算子有 Prewitt 算子、Robinson 算子、Kirsch 算子。Prewitt 算子使用 4 个方向模板,Robinson 算子和 Kirsch 算子都使用 8 个方向模板。这些算子都是先均值滤波,然后再进行差分计算。

1. Prewitt 算子

Prewitt 算子设定了 0°、45°、90°和 135°共 4 种边缘方向,根据这 4 种边缘方向,分别设计了 4 个模板,如图 4-17 所示。

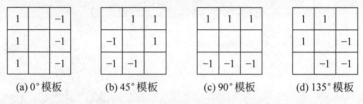

(a) 0°模板   (b) 45°模板   (c) 90°模板   (d) 135°模板

图 4-17　Prewitt 算子

对每个像素分别计算这 4 个模板的值,取绝对值最大者作为该像素的边缘强度。同时该最大值对应的模板的方向作为该像素的边缘方向(与边缘的走向相差 90°,因为显然边缘走向的法线方向上的导数最大)。若把这些模板中为"0"(空白处)的点连成一条直线,可以发现这些模板分别强调了竖直线、45°斜线、水平线和 135°斜线的检测。Prewitt 算子强调对直线的检测,对于上述走向的直线,总有一个模板的输出值最大。

2. Robinson 算子

Robinson 算子设定 8 种边缘方向,根据这 8 种边缘方向,分别设计了 8 个模板,如图 4-18 所示。

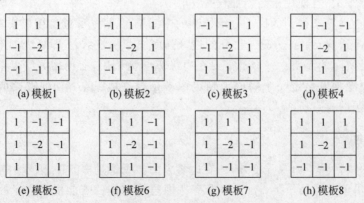

(a) 模板1   (b) 模板2   (c) 模板3   (d) 模板4

(e) 模板5   (f) 模板6   (g) 模板7   (h) 模板8

图 4-18　Robinson 算子

Robinson 算子中除图 4-18(a)外的 7 个模板,都是由其上个模板顺时针旋转 1 像素得到的。若把模板中的负数值合并成一个区域,可以看出该算子强调了对角点的检测。对于各种形状的角点,总有一个模板的输出值最大。

3. Kirsch 算子

Kirsch 算子设定 8 种边缘方向,根据这 8 种边缘方向,分别设计了 8 个模板,如图 4-19所示。

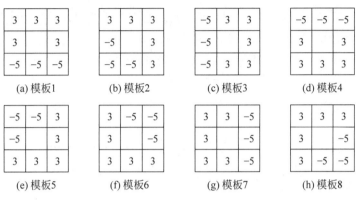

图 4-19　Kirsch 算子

Kirsch 算子中除图 4-19(a)外的 7 个模板,都是由其上个模板顺时针旋转 1 像素得到的。就得到的边缘强度而言,Kirsch 算子得到的值比 Prewitt 算子和 Robinson 算子的值大得多。

4.3　二阶微分算子

4.2 节中给出的算子都是一阶微分算子,这些算子都能够得到边缘强度,但是需要再加上一定的条件约束,比如设置阈值才能判定一个像素是不是边缘点。通过 4.1 节对边缘类型及其导数的分析可知,阶跃边缘的导数特征除了"一阶导数取极值"外,还有"二阶导数过零点"。因此可以采用二阶导数,利用过零点得到边缘点,这样就不需要其他条件了。

本节讲述 3 种典型的二阶微分算子:拉普拉斯算子(Laplacian operator)、沈俊算子(唯一用中国人的名字命名的边缘检测算子)、马尔-希尔德雷思算子(Marr-Hildreth operator)。

4.3.1　拉普拉斯算子

拉普拉斯算子是近似给出二阶导数的流行方法,其使用 3×3 的邻域,给出了 4 邻接和 8 邻接的邻域的 2 种模板,如图 4-20 所示。

对图 4-4 所示的原始灰度图像执行如图 4-20(a)所示的拉普拉斯算子,得到的结果如图 4-21 所示,图中虚线框所示的位置上发生了过零点(导数由负数变到了正数),此处即边缘。

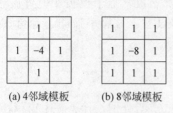

(a) 4邻域模板   (b) 8邻域模板

图 4-20 拉普拉斯算子

$$
\begin{array}{cccccccc}
0 & 0 & 0 & 0 & 0 & 0 & 0 & 0 \\
0 & 0 & 7 & 7 & 7 & 7 & 0 & 0 \\
0 & 7 & -14 & -7 & -7 & -14 & 7 & 0 \\
0 & 7 & -14 & 0 & 0 & -14 & 7 & 0 \\
0 & 7 & -14 & 0 & 0 & -14 & 7 & 0 \\
0 & 7 & -14 & -7 & -7 & -14 & 7 & 0 \\
0 & 0 & 7 & 7 & 7 & 7 & 0 & 0 \\
0 & 0 & 0 & 0 & 0 & 0 & 0 & 0 \\
\end{array}
$$

图 4-21 拉普拉斯算子的结果

在拉普拉斯算子的结果图 4-21 中,可以发现过零点位置刚好就是边缘的位置。由于过零点是在像素之间,不在整数坐标上,因此在提取边缘点时,往往采取下面的策略:若一个像素的二阶导数大于 0,其邻域内有像素的二阶导数小于 0 或等于 0,则该像素被标记为边缘点。

4.3.2 沈俊算子

沈俊教授同样提出了先滤波后求导的边缘检测方法(An optimal linear operator for step edge detection,CVGIP[J]. Graphical Models and Image Processing,1992,54(2):112-133),即沈俊算子(Shen Jun edge operator)。沈俊教授在阶跃边缘和可加白噪声模型下,就信噪比最大准则,证明了图像平滑的最佳滤波器是对称的指数函数,形式如下:

$$T(j,i)=c_1^2 \times c_2^{|j|+|i|} \tag{4-10}$$

其中,$c_1=\dfrac{a_0}{2-a_0}$,$c_2=1-a_0$,$0<a_0<1$。

显然,当 a_0 越大时,c_2 就越小,$T(j,i)$ 就越陡越窄,相当于滤波邻域就越小,压制噪声的能力就越弱,图像被模糊程度就越小,因此边缘定位的精度就越高。

式(4-10)在形式上很像高斯函数式(3-13),a_0 就相当于高斯函数中的 σ,$|j|$、$|i|$ 相当于高斯函数中的 j^2、i^2。在高斯函数中,σ 越小,高斯函数就越陡越窄,高斯平滑的邻域就越小,压制噪声的能力就越弱,与 a_0 正好相反。

在算子实现上,沈俊教授对图像分别按行、按列各进行两次先正方向再反方向的递推滤波实现($|j|$、$|i|$ 的优点),等价于用上述指数函数进行图像滤波;还证明了滤波结果减去原始灰度值得到的差值乘以 $2c_1\ln c_2$,约等于其二阶导数的值。沈俊算子的一个实现过程如下。

【方法 4-1】 沈俊算子的实现过程

step. 1 对每行从左向右进行:

$g_1(0,y)=g(0,y)$,

$g_1(x,y)=g_1(x-1,y)+a_0 \times (g(x,y)-g_1(x-1,y))$, $x=1,2,\cdots,\text{width}-1$。

step. 2 对每行从右向左进行:

$g_2(\text{width}-1,y)=g_1(\text{width}-1,y)$,

$g_2(x,y)=g_2(x+1,y)+a_0 \times (g_1(x,y)-g_2(x+1,y))$, $x=\text{width}-2,\cdots,1,0$。

step. 3 对每列从上向下进行:

$g_3(x,0)=g_2(x,0)$,

$g_3(x,y)=g_3(x,y-1)+a_0\times(g_2(x,y)-g_3(x,y-1))$,　$y=1,2,\cdots,height-1$。

step. 4　对每列从下向上进行：

$g_4(x,hight-1)=g_3(x,hight-1)$,

$g_4(x,y)=g_4(x,y+1)+a_0\times(g_3(x,y)-g_4(x,y+1))$,　$y=height-2,\cdots,1,0$。

step. 5　对每个像素(x,y)执行$SJ(x,y)=g_4(x,y)-g(x,y)$,得到二阶导数$SJ(x,y)$。

step. 6　对每个像素$SJ(x,y)$进行过零点检测得到边缘点。

【算法 4-4】　沈俊算子

```
void RmwShenJunGryImg( BYTE * pGryImg,              //原始灰度图像
                       BYTE * pTmpImg,              //辅助图像
                       int width, int height,
                       double a0,
                       BYTE * pSJImg
                     )
{
    BYTE * pGry, * pCur, * pSJ, * pEnd;
    int LUT[512], * ALUT;                           //a0 查找表
    int x, y, pre, dif;

    // step. 1 ------------ 初始化查找表 ---------------------- //
    a0 = min(max(0.01, a0), 0.99);                  //安全性检查
    //a0 查找表,进行了四舍五入
    ALUT = LUT + 256;
    for(ALUT[0] = 0, dif = 1; dif < 256; dif++)
    {
        ALUT[dif] = (int)(dif * a0 + 0.5);
        ALUT[-dif] = (int)(-dif * a0 - 0.5);
    }
    // step. 2 ------------ 递推实现指数滤波 ------------------ //
    //按行滤波
    for (y = 0, pGry = pGryImg, pCur = pTmpImg; y < height; y++)
    {
        //1.从左向右: p1(y,x) = p1(y,x-1) + a * [p(y,x) - p1(y,x-1)]
        * (pCur++) = pre = * (pGry++);
        for(x = 1; x < width; x++, pGry++) * (pCur++) = pre = pre + ALUT[ * pGry - pre];
        pCur -- ;                                   //回到行尾
        //2.从右向左: p2(y,x) = p2(y,x+1) - a * [p1(y,x) - p2(y,x+1)]
        for(x = width - 2, pCur = pCur - 1; x >= 0; x -- ) * (pCur -- ) = pre = pre + ALUT[ * pCur - pre];
        pCur += (width + 1);                        //回到下一行的开始
    }
    //按列滤波
    for (x = 0, pCur = pTmpImg; x < width; x++, pCur = pTmpImg + x)
    {
        //3.从上向下: p3(y,x) = p3(y-1,x) + a * [p2(y,x) - p3(y-1,x)]
        pre = * pCur;
```

```
        for(y = 1, pCur += width; y < height; y++, pCur += width)  * pCur = pre = pre + ALUT[ *
pCur - pre];
        pCur -= width;                              //回到列尾
        //4. 从下向上：p4(i,j) = p4(i + 1,j) + a * [p3(i,j) - p4(i + 1,j)]
        for(y = height - 2, pCur -= width; y >= 0; y--, pCur -= width)  * pCur = pre = pre +
ALUT[ * pCur - pre];
    }
    // step.3 ------------- 正导数者置1,负导数和0者置0 ------ //
    pEnd = pTmpImg + width * height;
    for (pCur = pTmpImg, pGry = pGryImg; pCur < pEnd;pGry++)
    {
        * (pCur++) = ( * pCur > * pGry);
    }
    // step.4 ------------- 过零点检测 ----------------------- //
    memset(pSJImg, 0, width * height);                    //边缘强度赋0
    pSJ = pSJImg + width; pCur = pTmpImg + width;      //首行不处理
    for (y = 1; y < height - 1; y++)
    {
        pSJ++; pCur++; //首列不处理
        for (x = 1; x < width - 1; x++, pGry++, pCur++, pSJ++)
        {
            if ( * pCur)                              //正导数
            {
            //下面使用4邻域,边缘为8连通,不保证4连通;使用8邻域才能保证边缘4连通
                if ( ( (! * (pCur - 1))||                 //左
                        (! * (pCur + 1))||                //右
                        (! * (pCur - width))||           //上
                        (! * (pCur + width))             //下
                    )
                {
                    * pSJ = 255;                          //正导数周围有导数小于或等于0
                }
            }
        }
        pSJ++; pCur++;                                //尾列不处理
    }
    // step.5 ------------ 结束 ---------------------------- //
    return;
}
```

　　对原始图像图 4-13 执行沈俊算子,分别使用 $a_0 = 0.05$ 和 $a_0 = 0.25$,得到的结果如图 4-22 所示。为了便于观察,显示时对像素灰度值进行了反相。

　　沈俊算子能够得到闭合的边缘。一种边缘检测方法能够得到一般要用图像分割才能得到的目标轮廓,会具有很高的实用价值。

　　沈俊算子只需要一个参数 a_0,且 a_0 语义明确,而且沈俊算子实现起来非常简单,所以沈俊算子使用起来非常方便。

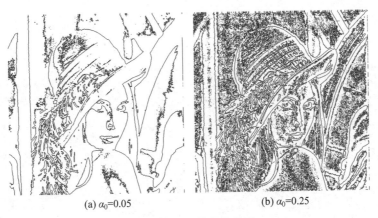

(a) $\alpha_0=0.05$　　　　　　　　(b) $\alpha_0=0.25$

图 4-22　沈俊算子的结果

4.3.3　马尔-希尔德雷思算子

过零点的理论是马尔(Marr)和希尔德雷思(Hildreth)提出来的,是计算视觉理论中的有关早期视觉的重要内容。

根据图像边缘处的一阶微分(梯度)应该是极值点的事实,图像边缘处的二阶微分应为零,确定过零点的位置要比确定极值点容易得多也比较精确,马尔和希尔德雷思提出了马尔-希尔德雷思算子(Marr-Hildreth operator)。但是,显然二阶微分对噪声更为敏感。为抑制噪声,可先做平滑滤波然后再做二次微分,通常采用高斯函数做平滑滤波,故有LoG(Laplacian of Gaussian)算子。

具体实现过程是将高斯函数 $T(j,i)$ 与图像 $g(x,y)$ 进行卷积,得到一个平滑的图像 $G(x,y)$,再对 $G(x,y)$ 进行拉普拉斯运算。而 $G(x,y)$ 进行拉普拉斯运算等价于 $T(j,i)$ 的拉普拉斯 $\nabla^2 T(j,i)$ 与图像 $g(x,y)$ 进行卷积。常采用如下简便计算。

(1) 根据 LoG 函数的特点,使用高斯差分函数 DoG(Difterence of Gaussian)来近似实现 LoG 函数。

(2) 考虑 LoG 算子的对称性,采取分解的方法来提高运算速度,即把一个二维的滤波器分解为独立的行列滤波器。

(3) 对于固定方差的高斯函数的拉普拉斯运算,可以先计算得到其卷积模板。图 4-23 给出了一个 5×5 的 DoG 模板。

0	0	−1	0	0
0	−1	−2	−1	0
−1	−2	16	−2	−1
0	−1	−2	−1	0
0	0	−1	0	0

图 4-23　5×5 的 DoG 模板

高斯函数的标准差是一个尺度参数(在图像平滑中,高斯函数的标准差习惯上被称作尺度或者平滑的尺度),它越小,相当于邻域越小,即在一个很小的局部范围内平滑,此时边缘定位越准确;反之,则表示在较大的范围内平滑,边缘定位越不准。

4.4　边缘锐化

边缘锐化(edge sharpen)指的是在图像中令处于区域边界上的像素黑的更黑、白的更白,即灰度值小的像素要变得其灰度值更小,灰度值大的像素要变得其灰度值更大,这样能够达到区域边界黑白分明的效果。图 4-24(a)是原始的灰度图像,图 4-24(b)是其边缘锐化的效果。

(a) 原始灰度图像　　　　　　　　　(b) 边缘锐化结果

图 4-24　边缘锐化

从图 4-24(b)中可以发现,树干、树叶、云朵都有了更加清晰的效果。如何才能实现边缘锐化呢?下面通过一个一维数据的例子来得出。

一组测量数据 D_2：3　3　3　<u>3</u>　5　7　<u>9</u>　9　9　9,其数据如图 4-25 所示。

带有下画线的"3"和"9"分别是两类数据的边界,如何才能使得它们分别变小和变大,而且无下画线的"3"和"9"不变呢?可以写成如下形式:

$$G(x,y) = g(x,y) + \delta(x,y) \tag{4-11}$$

其中,$\delta(x,y)$ 称为边缘锐化的修正量,其有 $<0,>0,=0$ 三种情况。在带有下画线的"3"处,它要小于 0;在带有下画线的"9"处,它要大于 0;在无下画线的"3"和"9"处,它要等于 0。

设均值为 $u(x,y)$,进一步分析可知,在带有下画线的"3"处,当前值 $g(x,y)$ 肯定小于此处的均值 $u(x,y)$;在带有下画线的"9"处,当前值 $g(x,y)$ 肯定大于此处的均值 $u(x,y)$;在无下画线的"3"和"9"处,当前值 $g(x,y)$ 等于此处的均值 $u(x,y)$。因此有:

$$\delta(x,y) = (g(x,y) - u(x,y)) \times k \tag{4-12}$$

其中,$k>0$,k 称为锐化倍数。对数据 D_2,令 $k=1$,使用相邻 3 像素做均值滤波,则有如下计算过程,得到锐化后的结果如图 4-26 所示。

$g(x)$：3　3　3　3　5　7　9　9　9　9

$u(x)$：3　3　3　3.7　5　7　8.3　9　9　9

$\delta(x) = g(x) - u(x)$：0　0　0　-0.7　0　0　0.7　0　0　0

$G(x) = g(x) + \delta(x)$：3　3　3　2.3　5　7　9.7　9　9　9

图 4-25　原始数据曲线　　　　　　　图 4-26　锐化后的数据曲线

下面通过对图 4-27 采用图 4-28(a)和图 4-28(b)所示的 $\delta(x,y)$ 模板,来分析二维图像的锐化效果。

A	B	C
D	X	E
F	G	H

图 4-27 邻域示意图

	-1	
-1	4	-1
	-1	

(a) 模板 I

-1	-1	-1
-1	8	-1
-1	-1	-1

(b) 模板 II

图 4-28 边缘锐化修正量 $\delta(x,y)$

在图 4-28(a) 中，$\delta(x,y) = 4X - (B+D+E+G) = 4 \times \left(X - \dfrac{B+D+E+G}{4}\right)$，由于 $\dfrac{B+D+E+G}{4}$ 相当于均值 $u(x,y)$，因此有 $\delta(x,y) = 4(g(x,y) - u(x,y))$，所以该模板就是边缘锐化的修正量，此时锐化倍数 $k=4$。

在图 4-28(b) 中，$\delta(x,y) = 8X - (A+B+C+D+E+F+G+H) = 8 \times \left(X - \dfrac{A+B+C+D+E+F+G+H}{8}\right)$，由于 $\dfrac{A+B+C+D+E+F+G+H}{8}$ 相当于均值 $u(x,y)$，因此有 $\delta(x,y) = 8(g(x,y) - u(x,y))$，所以该模板就是边缘锐化的修正量，此时锐化倍数 $k=8$。

将图 4-28(a) 和图 4-28(b) 模板得到的边缘锐化修正量 $\delta(x,y)$ 代入式(4-11)中，得到两个边缘锐化模板，分别如图 4-29(a) 和图 4-29(b) 所示。

图 4-24(b) 就是对原始灰度图像图 4-24(a) 使用模板 I 的边缘锐化结果，图 4-30 是使用模板 II 的边缘锐化结果。可以看出，图 4-30 中锐化效果更加突出，这是因为图 4-24(b) 相当于 $k=4$，而图 4-30 相当于 $k=8$。在实际应用中，k 可以取任意大于 0 的数值，比如 $1/2$、$1/4$、$1/8$ 等。

	-1	
-1	5	-1
	-1	

(a) 模板 I

-1	-1	-1
-1	9	-1
-1	-1	-1

(b) 模板 II

图 4-29 边缘锐化模板

图 4-30 边缘锐化模板 II 的结果

任意锐化倍数的边缘锐化算法如下。

【算法 4-5】 边缘锐化

```
void RmwEdgeShapen( BYTE * pGryImg, int width, int height,
                    double sharpenFactor,              //锐化倍数
```

```
                              BYTE  * pResImg
                              )
     {
          BYTE * pCur, * pRes;
          int x, y, delta, res,c;

          c = (int)(sharpenFactor * 4096/8);                //放大 4096 倍,变为乘法 + 移位
          memcpy(pResImg, pGryImg, width);
          for (y = 1, pCur = pGryImg + width,pRes = pResImg + width; y < height - 1; y++)
          {
               * (pRes++) =  * (pCur++);
               for (x = 1; x < width - 1; x++, pCur++, pRes++)
               {
                    delta = ( * pCur) * 8 -  * (pCur + 1) -  * (pCur - 1) -   //应该除以 8 的,在 c 中除过了
                         * (pCur + width + 1) -  * (pCur + width) -  * (pCur + width - 1) -
                         * (pCur - width + 1) -  * (pCur - width) -  * (pCur - width - 1);
                    res = ( * pCur) + ((delta * c)>> 12);
                    * pRes = min(255, max(0, res));
               }
               * (pRes++) =  * (pCur++);
          }
          memcpy(pRes, pCur, width);
          return;
     }
```

虽然边缘锐化有明显的视觉改善效果,但通常并不被称为图像增强,因为它只是在边缘区域增大了对比度,达不到对整幅图像调节亮度或者对比度的效果。

4.5 应用实例

下面通过两个具体的应用实例,讲解如何灵活使用边缘检测算子,以达到对边缘检测算子和图像平滑中积分图(3.2.5 节)等知识的融会贯通。

4.5.1 一阶和二阶微分算子相结合的米粒边缘检测

图 4-31(a)是一幅大米分级图像,需要得到米粒边缘,从而进一步测量米粒的周长、面积、粒度等指标。首先,尝试用索贝尔算子,得到的结果如图 4-31(b)所示,但只是得到了边缘强度,它需要一个阈值才能确定边缘点。而且图 4-31(b)中边缘宽度较大,可以想象,随着阈值的变小,米粒会越来越大,这样并不能得到边缘的精确位置,这样的测量是不准确的。于是,尝试无须阈值的二阶微分算子——沈俊算子,使用 $a_0 = 0.5$,得到的边缘点如图 4-31(c)所示,但是其中有很多杂乱的边缘点。仔细观察,发现这些杂乱的边缘点不在米粒的边界上,它们的边缘强度应该很小,图 4-31(b)也揭示了这点。因此,将图 4-31(c)和图 4-31(b)进行结合,若图 4-31(c)中的边缘点在图 4-31(b)中的边缘强度值小于 t,则将该边缘点去掉。令 $t = 32$,得到了图 4-31(d),可以看出已经准确地检测到了

米粒的边缘。为了显示检测效果,将图 4-31(d)所示的边缘点以白色叠加到图 4-31(a)上,得到图 4-31(e),可以看出,边缘检测准确而且闭合。

　　图 4-31(d)边界上米粒的轮廓是破裂的,在米粒内部也有少量杂乱的边缘点,通过轮廓长度、面积等约束就可以去掉它们(将在第 6 章中讲述)。

　　该方法的优点是灵活运用了二阶微分算子的边缘精度和一阶微分算子的边缘强度,利用了沈俊算子的边缘闭合特性。

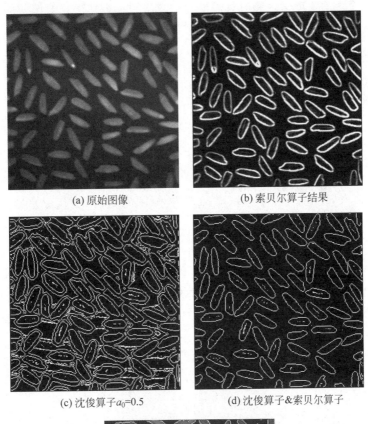

(a) 原始图像　　　　　　　　　　　(b) 索贝尔算子结果

(c) 沈俊算子 $a_0=0.5$　　　　　　(d) 沈俊算子&索贝尔算子

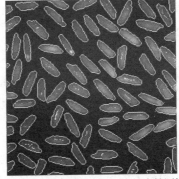

(e) 将图4-31(d)叠加到图4-31(a)上示意检测结果

图 4-31　米粒边缘的检测过程

4.5.2 基于边缘强度和积分图的文本区域定位

图 4-32(a)是一个含有文字编号的钢材图像,需要识别这些文字的内容,因此必须对文字区域进行定位。从图 4-32 可以看出,文字区域比背景暗,那么只需要找出一个暗的区域即可。设文字区域的宽度为 w,高度为 h,只需要在图像中搜索一个 $w \times h$ 的块,其灰度值之和最小即可。搜索时,为了提高速度,需要先计算好第 3 章学过的积分图,在利用积分图求一个块的灰度值之和时只需要两个减法和一个加法。对图 4-32(a)进行搜索得到的文本区域位置如图 4-32(b)所示。

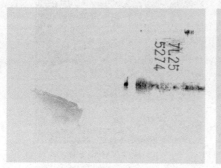

(a) 原始图像   (b) 灰度值之和最小的区域

图 4-32   基于灰度之和最小的文本区域检测 1

搜索灰度值之和最小区域的方法用于图 4-33(a)时却得到了错误的结果,如图 4-33(b)所示。因为在图 4-33(a)中,文字区域并不是灰度值之和最小的。在极端情况下,若图像中有一个大的黑块,那么黑块区域的灰度值之和肯定比文字区域的灰度值之和小。

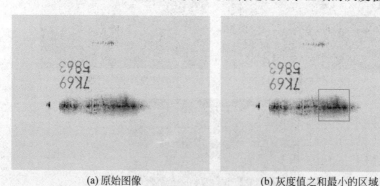

(a) 原始图像   (b) 灰度值之和最小的区域

图 4-33   基于灰度值之和最小的文本区域检测 2

根据分析文字的特点可以知道,文字不仅灰度值较小,而且笔画也多。因此,为了利用笔画信息,对图 4-33(a)执行索贝尔算子,得到边缘强度图像如图 4-34(a)所示。在图 4-34(a)中,搜索边缘强度之和最大的区域,得到文本区域的结果如图 4-34(b)所示。

搜索边缘强度之和最大区域的方法,对图 4-35(a)却得到了错误的结果,如图 4-35(c)所示,图 4-35(b)是图 4-35(a)的边缘强度图像。

(a) 边缘强度图像　　　　　　　　(b) 边缘强度之和最大的区域

图 4-34　边缘强度之和最大的文本区域检测 1

(a) 原始图像　　　　　　　　　　(b) 边缘强度图像

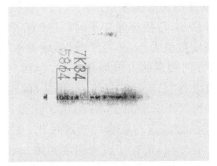

(c) 边缘强度之和最大的区域

图 4-35　边缘强度之和最大的文本区域检测 2

　　进一步分析文本区域的位置特征,可以发现文本区域上面 sU 和左侧 sL 及右侧 sR 的边缘强度很小。为了利用位置信息,采用(sC-sL-sR-sU)的最大值作为最佳位置的判据。sC、sL、sR、sU 的位置如图 4-36 所示。对边缘强度图像,利用文本区域的位置特征后,由图 4-35(a)得到的文本区域结果如图 4-37 所示。

　　至此,得到一种文本区域检测的方法。首先,利用文字的笔画信息,对原始图像求边缘强度图像;接着,利用文本区域的位置信息,文本区域的上面和左右两侧的边缘强度很小,构造一个判定准则;最后,为了能够快速求取 sC、sL、sR、sU 各个区域的边缘强度之和,使用第 3 章讲过的积分图,先求取边缘强度图像的积分图。

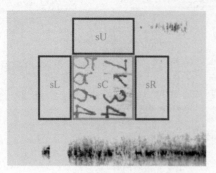

图 4-36　文本区域的位置准则

图 4-37　结合文本笔画特征和文本区域位置
特征的文本区域检测

　　实际应用中，不要在原始分辨率上做上述运算，可以先把原始图像在宽度和高度上都缩小为原来的 1/4，这样能大大提高文本区域定位的速度，速度能够提高 16 倍左右，这种操作常被称为目标粗定位。在粗定位完成后，再取出原始分辨率的目标图像进行目标识别等需要高分辨率的后续计算，这种操作常被称为目标精定位。目标粗定位和精定位分步实施是实际应用中兼顾速度和精度的常用策略。

4.6　本章小结

　　本章从分析阶跃边缘和屋顶状边缘的导数讲起，讲述了它们的导数特征；给出了使用差分代替求导和进行拟合得到亚像素边缘的方法；根据阶跃边缘的"一阶导数取极大值"特性，讲述了一阶微分算子，包括梯度算子、罗伯特算子和索贝尔算子，并对它们在模板结构、计算方法、边缘强度数值大小、是否平滑、邻域大小等方面进行了比较；使用边缘的方向特性，给出了基于方向枚举的方向模板方法，包括 Prewitt 算子、Robinson 算子和Kirsch 算子；根据阶跃边缘的"二阶导数过零点"特性，讲述了二阶微分算子，包括拉普拉斯算子、沈俊算子和马尔-希尔德雷思算子，并给出了沈俊算子的分析和实现；讲述了将边缘检测和第 3 章所讲均值滤波进行联合的边缘锐化；最后通过两个具体应用，讲述了一阶导数和二阶导数的组合使用，讲述了边缘强度和第 3 章中所讲积分图的组合使用。

作业与思考

　　4.1　通过分析说明边缘宽度与模板尺寸间的关系。

　　4.2　图像平滑模板的各系数之和为 1 且无负数，边缘检测算子的模板有什么特点？边缘锐化算子的模板有什么特点？

　　4.3　梯度算子中 $\sqrt{(\Delta x)^2 + (\Delta y)^2}$ 的最大值是多少？如何使用查找表来替代开方运算？图像中绝大多数像素的梯度值是非常小的，如何根据这个特点来设计局部查表法？

　　4.4　用 Prewitt、Robinson、Kirsch 算子计算得到的边缘强度值，哪个更大？哪个更小？

　　4.5　看到模板的结构就能知道模板的效果和性能，是图像处理研究人员的基本素质。若使用下列模板分别对一幅灰度图像进行卷积，会达到什么样的效果？请在模板的系数之和、系数的正负号等方面进行区分。注意,图 4-38(q)~图 4-38(x)带有绝对值。可以自己编个小程序测试,也可以使用 Photoshop 验证。

$$\frac{1}{16}\begin{bmatrix} 1 & 2 & 1 \\ 2 & 4 & 2 \\ 1 & 2 & 1 \end{bmatrix}$$

(a) 模板1

$$\begin{bmatrix} 1 & 2 & 1 \\ 2 & 4 & 2 \\ 1 & 2 & 1 \end{bmatrix}$$

(b) 模板2

$$\frac{1}{6}\begin{bmatrix} 1 & 0 & 1 \\ 1 & 1 & 1 \\ 1 & 1 & 0 \end{bmatrix}$$

(c) 模板3

$$\frac{1}{6}\begin{bmatrix} 1 & 1 & 0 \\ 1 & 1 & 0 \\ 1 & 1 & 0 \end{bmatrix}$$

(d) 模板4

$$\begin{bmatrix} 1 & 1 & 1 \\ 1 & -8 & 1 \\ 1 & 1 & 1 \end{bmatrix}$$

(e) 模板5

$$\begin{bmatrix} -1 & -1 & -1 \\ -1 & 8 & -1 \\ -1 & -1 & -1 \end{bmatrix}$$

(f) 模板6

$$\begin{bmatrix} 0 & 1 & 0 \\ 1 & -4 & 1 \\ 0 & 0 & 0 \end{bmatrix}$$

(g) 模板7

$$\begin{bmatrix} 0 & -1 & 0 \\ -1 & 4 & -1 \\ 0 & 0 & 0 \end{bmatrix}$$

(h) 模板8

$$\begin{bmatrix} -1 & -1 & -1 \\ -1 & 9 & -1 \\ -1 & -1 & -1 \end{bmatrix}$$

(i) 模板9

$$\begin{bmatrix} -1 & -1 & -1 \\ -1 & 8 & -1 \\ -1 & -1 & 3 \end{bmatrix}$$

(j) 模板10

$$\begin{bmatrix} 0 & -1 & 0 \\ -1 & 5 & -1 \\ 0 & -1 & 0 \end{bmatrix}$$

(k) 模板11

$$\begin{bmatrix} 0 & 1 & 0 \\ 1 & -5 & 1 \\ 0 & 1 & 0 \end{bmatrix}$$

(l) 模板12

$$\begin{bmatrix} -1 & -1 & -1 \\ -1 & 5 & 0 \\ 0 & -1 & 0 \end{bmatrix}$$

(m) 模板13

$$\begin{bmatrix} -1 & -1 & 0 \\ -1 & 6 & -1 \\ -1 & -1 & 0 \end{bmatrix}$$

(n) 模板14

$$\begin{bmatrix} 0 & 0 & 0 \\ -1 & 3 & -1 \\ 0 & 0 & 0 \end{bmatrix}$$

(o) 模板15

$$\begin{bmatrix} 0 & 0 & 0 \\ -1 & 2 & 0 \\ 0 & 0 & 0 \end{bmatrix}$$

(p) 模板16

$$\begin{bmatrix} -1 & -1 & -1 \\ 0 & 0 & 0 \\ 1 & 1 & 1 \end{bmatrix}$$

(q) 模板17

$$\begin{bmatrix} 1 & 1 & 1 \\ 0 & 0 & 0 \\ -1 & -1 & -1 \end{bmatrix}$$

(r) 模板18

$$\begin{bmatrix} 1 & 2 & 1 \\ 0 & 0 & 0 \\ -1 & -1 & -2 \end{bmatrix}$$

(s) 模板19

$$\begin{bmatrix} 1 & 2 & 0 \\ 0 & 0 & 0 \\ -1 & -1 & -1 \end{bmatrix}$$

(t) 模板20

$$\begin{bmatrix} 0 & 0 & -1 \\ 0 & 0 & 0 \\ 1 & 0 & 0 \end{bmatrix}$$

(u) 模板21

$$\begin{bmatrix} 1 & 1 & -1 \\ 0 & 0 & 0 \\ 0 & -1 & 0 \end{bmatrix}$$

(v) 模板22

$$\begin{bmatrix} 1 & 2 & 1 \\ 0 & 0 & 0 \\ -1 & -2 & -1 \end{bmatrix}$$

(w) 模板23

$$\begin{bmatrix} 1 & 0 & -1 \\ 2 & 0 & -2 \\ 1 & 0 & -1 \end{bmatrix}$$

(x) 模板24

图 4-38　题 4.5 图

4.6　用 C/C++语言编程实现 H0401Gry. bmp(见图 4-39)中的米粒边缘检测,要求采用一阶微分算子和二阶微分算子(沈俊算子)结合的方法。

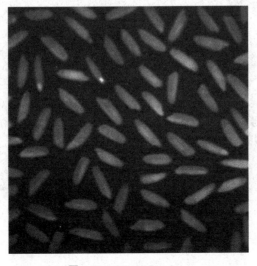

图 4-39　H0401Gry. bmp

4.7 用 C/C++语言编程实现 H0402Gry. bmp、H0403Gry. bmp、H0404Gry. bmp(见图 4-40～图 4-42)中的文本定位,要求使用变分辨率、边缘强度、积分图的方法。

图 4-40　H0402Gry. bmp

图 4-41　H0403Gry. bmp

图 4-42　H0404Gry. bmp

4.8 学习并编程实现 Canny 算子,并用该算子检测 H0401Gry. bmp(见图 4-39)中的米粒边缘。

图 像 分 割

本章讲述图像分割的基本概念,包括图像分割的定义、图像分割和边缘检测的区别、阈值化、二值化、半调阈值化、多阈值化等;讲述基于直方图的阈值选取方法,包括最小误差法和最大差距法;讲述多次分割法及全局阈值、局部阈值和自适应阈值等应用策略;讲述二维直方图、边缘强度加权直方图和等量像素法直方图的构造方法;讲述聚类分割、区域增长与分裂合并算法和基于某种稳定性的图像分割方法;最后以光照不均的消除与图像分割为例,讲述图像分割和前面所学内容的灵活运用。

5.1　基本概念

5.1.1　什么是图像分割

图像分割(image segmentation)就是按照一定的规则将图像划分成若干有意义的区域。即各区域的并集是整个图像,各区域的交集为空。

例如,图 5-1(a)所示的米粒图像被分割成如图 5-1(b)所示的黑色区域和若干白色区域,它们的并集是整幅图像,黑色区域和白色区域无交集。

(a) 原始图像　　　　　　　　　　　(b) 分割结果

图 5-1　米粒图像分割

从图像分割的定义来看,它并没有说明按什么样的规则和实现什么目的才有意义,这也从侧面说明了图像分割的复杂性。一般来说,若分割结果符合特定场合的应用,这样的分割才称为有意义。一种图像分割方法有可能非常符合甲的需求,但与乙的需求矛盾。规则和需求的多样性决定了图像分割方法的多样性,目前为止图像分割有近 2000 种方法,可见其方法之多,同时也说明不存在通用的图像分割方法。

图像分割经常根据区域颜色值、灰度值或纹理等特征的差异来划分不同的区域。由于光照不足、光照不均、逆光、目标占空比等因素对图像分割的影响较大,因此它们是考查一种图像分割方法是否有效、是否稳健时不可或缺的条件。

5.1.2 图像分割与边缘检测的区别

首先,边缘检测不是图像分割。虽然边缘检测的最终结果也是二值图像,比如白色的像素是边缘点,黑色的像素是内部点,但是根据图像分割的定义,图像分割的结果是区域,而不是稀疏的边缘点,所以边缘检测不能被称为图像分割。

其次,图像分割的结果是若干个区域,每个区域内部的像素是互相连通的,因此区域是有轮廓的。区域的轮廓肯定是闭合曲线,这非常有利于目标面积和目标形状参数的测量。相比之下边缘检测想要得到闭合曲线是非常难的,对于具体的应用而言,在无法确保任何情况下阈值都合理的前提下,就无法保证边缘点一一相连。虽然 4.5.1 节对图 4-31(a) 采用二阶微分算子和一阶微分算子相结合的方法,得到了米粒边缘的闭合曲线,但参数 a_0 和 t 是对图 4-31(a) 进行精心设计的,如果把图 4-31(a) 更换成相同场景米粒的其他图像或者光照稍暗一些,就有可能无法保证边缘闭合了。

5.1.3 阈值化

阈值化(thresholding)是经典的图像分割方法。把阈值(threshold)作为区分目标像素与背景像素的灰度门限,灰度值大于或等于阈值的像素属于物体,而其他的像素属于背景,如式(5-1)所示。使用这种方法,可以有效地分割目标与背景之间存在明显灰度差别的图像,且实现过程非常简单,计算量极低。

$$G(x,y) = \begin{cases} 1, & g(x,y) \geqslant \text{threshold} \\ 0, & \text{其他} \end{cases} \tag{5-1}$$

在计算机中灰度值 0 和 1 都会显示成黑色,为了方便观察,一般采用式(5-2)的做法:

$$G(x,y) = \begin{cases} 255, & g(x,y) \geqslant \text{threshold} \\ 0, & \text{其他} \end{cases} \tag{5-2}$$

把图像分割成两种灰度值的过程,常被称为图像二值化(image binarization)。

【算法 5-1】 图像二值化

```
void RmwThreshold(BYTE * pGryImg, int width, int height, int thre)
{
    BYTE * pCur = pGryImg;

    for (; pCur < pGryImg + width * height;) * (pCur++) = ( * pCur > = thre) * 255;
    return;
}
```

阈值有时也被用来屏蔽掉图像中背景部分而保留目标部分的灰度信息,如式(5-3)所示,这种分割方法称为半调阈值化(semi-thresholding)。

$$G(x,y) = \begin{cases} g(x,y), & g(x,y) \geqslant \text{threshold} \\ 0, & \text{其他} \end{cases} \tag{5-3}$$

有时也采用多阈值化(multi-thresholding)将图像的灰度范围划分成有限的灰度种类,其处理后的结果不再是二值的,而是结果图像中只有几种灰度值。

实际上,图像分析都会直接或间接地使用阈值化技术,例如第 4 章中通过设定阈值实现从边缘强度得到边缘点。那么如何选取阈值呢?

5.2　基于直方图的阈值选取

第 2 章中介绍了直方图的特点,比如从直方图中很容易看出图像中有几类目标和各类目标的灰度特征,这意味着可以通过直方图数据来选择合适的阈值。下面重点讲述两个典型的基于直方图的阈值选取方法:一个是基于解析描述的最小误差法求解阈值;另一个是基于阈值枚举的最大差距法选取阈值。

另外,还有很多基于直方图选取阈值的方法,比如直方图峰谷分析法以及从直方图峰谷分析法引申来的最大熵阈值选取法等,由于它们缺乏一定的理论基础,实用性也较差,因此不再讲述。

需要注意的是,基于直方图选取阈值是阈值选取的主要方法,直方图并不一定限于灰度值的直方图,也可以是其他物理量的直方图。

5.2.1　最小误差法

最小误差法(minimum error thresholding)源于 Bayes 最小误差分类方法。假设目标灰度和背景灰度是独立分布的随机变量,并且各自的概率密度(直方图)服从一定的正态分布(高斯分布),由目标和背景组成的图像的灰度密度分布服从混合正态分布,分别如图 5-2(a)、图 5-2(b)和图 5-2(c)所示。

在图 5-2(c)中,可以直观地发现:当阈值取灰度值 $90(u_1)$ 时,会把很多背景像素划到目标中,背景像素划到目标中的概率很大;当阈值取灰度值 $155(u_2)$ 时,会把很多目标像素划到背景中,目标像素划到背景中的概率很大;当阈值取灰度值 125 左右时,只有少量的背景像素划到目标中和少量的目标像素划到背景中。因此,最优阈值就是使总的错误概率最小的值,定义一个评价函数如式(5-4)所示。

$$E_{\text{all}} = E_{12}(t) \times w_1 + E_{21}(t) \times w_2 \tag{5-4}$$

$$E_{12}(t) = \int_t^{255} p_1(g) \mathrm{d}g \tag{5-5}$$

$$E_{21}(t) = \int_0^t p_2(g) \mathrm{d}g \tag{5-6}$$

其中,$E_{12}(t)$ 是阈值为 t 时背景被错误分类成目标的概率,$E_{21}(t)$ 是阈值为 t 时目标被错误分类成背景的概率;w_1 是图像中背景像素的所占比例,w_2 是图像中目标像素的所占

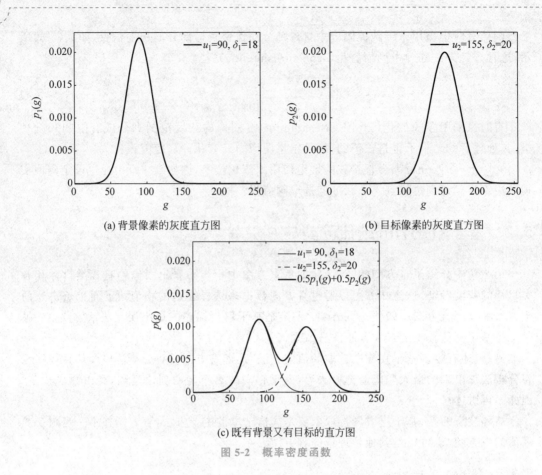

(a) 背景像素的灰度直方图　　　　　　　　(b) 目标像素的灰度直方图

(c) 既有背景又有目标的直方图

图 5-2　概率密度函数

比例，$w_1 + w_2 = 1$；$p_1(g)$ 是背景像素的概率密度，$p_2(g)$ 是目标像素的概率密度；E_{all} 是阈值为 g 时的总错误率。

使 E_{all} 取最小值时的 t 即为最佳阈值，即式(5-4)的一阶导数等于 0 时的 t。当 $p_1(g)$ 和 $p_2(g)$ 的方差相等，即 $\sigma_1 = \sigma_2 = \sigma_c$ 时，得到如下结论(中间求导和求解的过程忽略)：

$$t = \frac{u_1 + u_2}{2} - \frac{\sigma_c^2}{u_1 - u_2} \ln\left(\frac{w_1}{w_2}\right) \tag{5-7}$$

若再有 $w_1 = w_2$，则 $t = \dfrac{u_1 + u_2}{2}$，即阈值是直方图中 2 个波峰对应的灰度值的均值。

在一般情况下，同时满足 $\sigma_1 = \sigma_2$ 和 $w_1 = w_2$ 是很难的，如果不加条件地把阈值取为直方图中 2 个波峰对应的灰度值的均值是不严谨的。仔细分析式(5-7)可知，当 $w_1 > w_2$ 时，阈值变大，向 u_2 移动；当 $w_2 > w_1$ 时，阈值变小，向 u_1 移动。这可以理解为，若选取的阈值远离占空比大的类别，就能够减小分类错误概率。

由上可知，最小误差法求解阈值需要知道 6 个参数，即 u_1、σ_1、u_2、σ_2、w_1、w_2。在一般情况下，上述参数是未知的，因此需要根据图像的直方图来估计它们。在 2 个正态分布下的混合密度函数为：

$$p(g) = w_1 \frac{1}{\sqrt{2\pi\sigma_1^2}} e^{-\frac{(g-u_1)^2}{2\sigma_1^2}} + w_2 \frac{1}{\sqrt{2\pi\sigma_2^2}} e^{-\frac{(g-u_2)^2}{2\sigma_2^2}} \tag{5-8}$$

假设实际的直方图为 $h(g)$，因此 $h(g)$ 和 $p(g)$ 的均方误差（实际值与估计值之间的误差）为：

$$\text{Err} = \frac{1}{256} \sum_{g=0}^{255} [h(g) - p(g)]^2 \tag{5-9}$$

采用最小二乘法求解出 Err 取最小值时的 u_1、σ_1、u_2、σ_2、w_1、w_2，代入式(5-4)即可求解最优阈值。

最小误差法的缺点是，若目标和背景的分布不满足正态分布，或者图像中除了背景和目标外还存在其他类别的区域时，其有效性就会大大降低。

5.2.2　最大差距法

最大差距法是日本学者 Otsu 在 1979 年提出的阈值求取方法（A threshold selection method from gray-level histogram[J]. IEEE on SMC-9，1979(3)：62-66），常被称为 Otsu 或者大津阈值化。其动机是使用阈值把图像分割为背景和目标时，最佳阈值应该使得背景和目标之间的距离最大，即背景和目标的类间距最大。

假设阈值为 t，把图像分割为背景和目标 2 类区域。此时，背景部分的灰度均值为 $u_1(t)$，目标部分的灰度均值为 $u_2(t)$，背景部分在图像中的所占比例为 $w_1(t)$，目标部分在图像中的所占比例为 $w_2(t)$。有：

背景像素到目标像素的距离为：$d_{12}(t) = |u_1(t) - u_2(t)| \times w_1(t)$。

目标像素到背景像素的距离为：$d_{21}(t) = |u_1(t) - u_2(t)| \times w_2(t)$。

目标像素和背景像素的类间距定义为：$d(t) = d_{12}(t) \times d_{21}(t)$。

那么，最佳阈值应该为：

$$t = \arg \max_{g_{\min} \leqslant t < g_{\max}} d(t) \tag{5-10}$$

式(5-10)的含义是在灰度最小值 $g_{\min}$ 到灰度最大值 $g_{\max}$ 之间枚举 t，$d(t)$ 取最大值时的 t 即为所求。

【算法 5-2】　Otsu 阈值求取

```
int RmwGetOtsuThreshold(int * histogram, int nSize)
{
    int thre;
    int i, gmin, gmax;
    double dist, f, max;
    int s1, s2, n1, n2, n;

    //step.1----- 确定搜索范围:最小值------------------------------//
    gmin = 0;
    while (histogram[gmin] == 0) ++gmin;
    //step.2----- 确定搜索范围:最大值------------------------------//
    gmax = nSize - 1;
    while (histogram[gmax] == 0) -- gmax;
    //step.3----- 搜索最佳阈值------------------------------------//
    if (gmin == gmax) return gmin;              //不满足 2 类分布
    max = 0;
```

```
thre = 0;
//初始化 u1
s1 = n1 = 0;
//初始化 u2
for (s2 = n2 = 0, i = gmin; i <= gmax; i++)
{
    s2 += histogram[i] * i;
    n2 += histogram[i];
}
//搜索
for (i = gmin, n = n2; i < gmax; i++)
{
    if (!histogram[i]) continue;                    //加速
    //更新 s1s2
    s1 += histogram[i] * i;
    s2 -= histogram[i] * i;
    //更新 n1n2
    n1 += histogram[i];
    n2 -= histogram[i];
    //评价函数
    dist = (s1 * 1.0/n1 - s2 * 1.0/n2);
    f = dist * dist * (n1 * 1.0/n) * (n2 * 1.0/n);
    if (f > max)
    {
        max = f;
        thre = i;
    }
}
// step.4 ----- 返回 ------------------------------------------------ //
return thre + 1;                           //二值化时是用 >= thre,所以要 + 1
}
```

Otsu 方法有两个优点:一是不要求背景和目标的灰度值统计满足正态分布;二是使用了背景和目标的灰度均值,具有很好的抗噪能力。这两个优点决定了 Otsu 是应用最广的阈值求取方法。另外,在计算方法上,最小误差法是解析法,而 Otsu 是枚举法。

5.2.3 多次分割法

在很多实际应用中,面对复杂多变的动态场景,要保证场景中只有 2 类目标是无法做到的,比如红外图像中非结构化道路的道边检测,要在有阴影、水迹、车辆、行人、植被等的图像中找到道边。但是,若处理的图像中区域类别数大于 2,最小误差法和最大差距法就都失去了理论基础,它们的分割效果就无法保证。

随着计算机内存访问速度越来越快,现在已经有 DDR6 内存了,执行一次图像二值化的时间花费非常少,因此多次分割法在实际应用中也经常被使用到。

所谓多次分割法就是对阈值的选择不给出任何准则,它把灰度最小值 $g_{\min}$ 到灰度最大值 $g_{\max}$ 之间的每个或者多个灰度值当作阈值,把图像最多进行 $(g_{\max}-g_{\min}-2)$ 次二值化,最多得到 $(g_{\max}-g_{\min}-2)$ 个二值图像,然后在每个二值图像中,根据目标形状、轮廓像素对应的边缘强度、区域对应的灰度方差等特征,选择出更佳的目标区域。实质上,它是把评价函数放到了图像二值化后对图像分割结果进行评价,而不是在图像二值化前对阈值进行评价。

多次分割法对阈值的选择不进行评判,这是它的优点;缺点是它需要执行多次图像二值化和对每个二值图像进行分割结果的评价,速度较慢。

5.2.4 全局阈值、局部阈值与自适应阈值

阈值的使用可分为全局阈值、局部阈值和自适应阈值。对整幅图像的所有像素都使用同一个阈值,则该方法被称为全局阈值(global thresholding);若把图像分成若干块,每块使用不同的阈值,则该方法被称为局部阈值(local thresholding);若对每像素都使用不同的阈值,则该方法被称为自适应阈值(adaptive thresholding)。和第 2 章讲过的图像增强以及第 3 章讲过的图像平滑一样,阈值也可以分别在帧级、块级和像素级上使用。

全局阈值的具体实现可以是对整幅图像构造一个直方图,根据该直方图得到一个阈值,使用该阈值对所有像素进行分类。局部阈值的具体实现可以是把整幅图像分成若干个块,每块构造一个直方图,根据该直方图得到一个阈值,使用该阈值对该块内的所有像素进行分类。自适应阈值的具体实现可以是对整幅图像进行重叠分块,每块构造一个直方图,根据该直方图得到一个阈值,这样就得到了多个阈值,这些阈值分别来自每一个块;把这些阈值顺序排列起来,就构成了一个小图像 A,A 中每个像素的值都是各个块的阈值,把 A 图像通过双线性插值放大到和原图像等大,得到 B 图像,则 B 图像中每个像素的值就是原图像中每个像素的阈值。

图 5-3(a)是光照不均的原始图像,对该图像构造直方图采用 Otsu 求取阈值,使用该阈值对所有像素进行分割,得到结果图像如图 5-3(b)所示。从图 5-3(b)可以看到左下角的米粒分割错误,这是由于原始图像的左下角较暗所致。为了尽可能地消除光照的不均,把原始图像在水平方向和垂直方向都分成 4 条,共得到 16 个图像块,对每块都采用 Otsu 单独分割,得到的分割结果如图 5-3(c)所示。可以看出分割结果良好,这是因为图像块相对较小,可以认为光照在这个小的局部区域内是均匀的。

(a) 光照不均的原始图像　　　　(b) Otsu全局阈值　　　　(c) 4×4分块的Otsu阈值

图 5-3 全局阈值与局部阈值

图 5-4(a)是光照不均的文档图像,并且由于纸面有皱褶,形成了几条高亮的反光区域,其全局阈值的结果如图 5-4(b)所示,其分块阈值得到的结果如图 5-4(c)所示,其自适应阈值得到的结果如图 5-4(d)所示。由于第三类区域"反光"的存在,虽然图 5-4(c)和图 5-4(d)所

示的分割结果比图 5-4(b)有所改善，但仍存在少量像素分割错误(在 5.7 节中会得到解决)。

(a) 光照不均和有反光干扰的原图

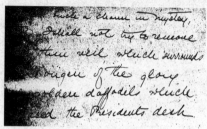
(b) Otsu全局阈值

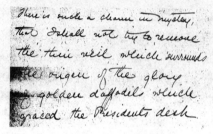
(c) 4×4分块的Otsu阈值

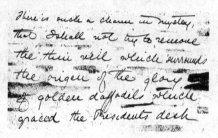
(d) 自适应阈值

图 5-4　文档图像的二值化

5.3　面向阈值选取的直方图构造

　　阈值化是一种广泛使用的图像分割手段，基于直方图阈值选取的图像分割主要研究直方图构造和阈值选取两个问题。基于直方图的阈值选取是非常依赖于直方图数据本身的，直方图数据的优劣影响阈值的精度，影响阈值选取算法的稳健性。除了在第 2 章中讲过的常规方法外，直方图的构造还有很多方法。在实际应用中，需要根据图像的不同特点使用合适的直方图构造方法。本节讲述二维直方图、边缘强度加权直方图和等量像素法直方图的构造方法。

5.3.1　二维直方图

　　在常规的直方图构造中，直方图数据只是考虑了像素自身的灰度值，没有考虑像素所处的空间位置。如果把一幅图像 A 的像素打乱空间位置后重新排列得到图像 B，尽管 A 图像和 B 图像已经发生了巨大的变化，但它们的直方图还是一模一样的。因此，提出了二维直方图的概念。

　　所谓二维直方图就是像素的灰度值 g 和其邻域均值 u 的联合分布直方图 $h(g,u)$，其含义是当像素的灰度值为 g 时，其邻域均值为 u 的概率。在灰度图像中，因为 g 和 u 都是 256 级灰度，所以二维直方图是一个 $256×256$ 的矩阵。其构造方法如下：

【方法 5-1】　二维直方图的构造

step. 1　定义直方图，int histogram[256][256];

step. 2 对原始图像 pGryImg 进行均值滤波,得到均值滤波后的图像 pAvrImg;

step. 3 初始化直方图,memset(histogram,0,sizeof(int) * 256 * 256);

step. 4 统计直方图,for(i=0;i<width * height;i++) histogram[pGryImg[i]]
[pAvrImg[i]]++;

基于"图像中目标区域和背景区域内部的像素灰度值比较均匀"这个通常可以满足的
假定,像素的灰度值 g 与其邻域的灰度均值 u 相差不大,所以像素集中在二维直方图的
对角线附近。在偏离对角线的地方,直方图波峰的高度急剧下降。图 5-5(a)是图 5-3(a)
消除了光照不均的影响后的结果,图 5-5(b)是它的常规一维直方图,图 5-5(c)是它的二
维直方图,可以看出像素基本分布在对角线附近。

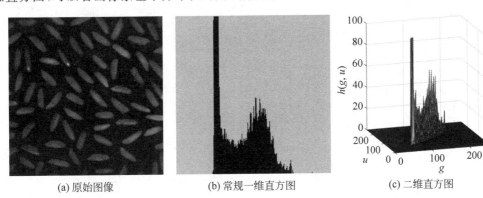

(a) 原始图像　　　　　(b) 常规一维直方图　　　　　(c) 二维直方图

图 5-5　正常图像的常规一维直方图和二维直方图

在常规一维直方图构造中,噪声的灰度值也被统计到了直方图中。分析可知,噪声的
灰度值和其邻域的均值相差较大,它们的联合分布不会出现在二维直方图的对角线附近。
因此,若仅使用二维直方图对角线附近的数据构造一个一维直方图,则该直方图能较好地
消除噪声,使用该一维直方图进行图像分割会具有更好的抗噪能力。图 5-6(a)是加入了噪
声的原始图像,图 5-6(b)是常规的一维直方图,由于噪声干扰,从中已经看不到如图 5-5(b)
所示的波峰和波谷了,但在图 5-6(c)所示二维直方图的对角线附近仍能看到明显的峰谷,
说明了其对噪声的抑制能力,对角线上数据分布的峰谷鲜明。

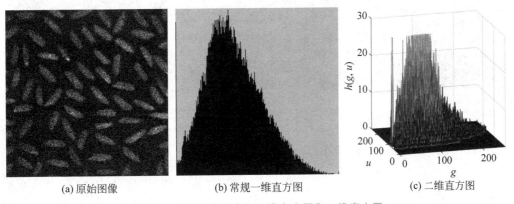

(a) 原始图像　　　　　(b) 常规一维直方图　　　　　(c) 二维直方图

图 5-6　含噪图像的常规一维直方图和二维直方图

算法 5-3 给出了使用二维直方图对角线附近数据构造一维直方图的方法。使用该方法，令 dist＝4，得到的一维直方图如图 5-7(a)所示，可以看到明显的峰谷；对该直方图求取 Otsu 阈值进行二值化，得到的图像分割结果如图 5-7(b)所示；采用中值滤波消除图 5-7(b)中噪声得到的结果如图 5-7(c)所示。

【算法 5-3】 使用二维直方图对角线附近数据构造一维直方图

```
void RmwHistogramBy2D( BYTE * pGryImg, BYTE * pAvrImg,
                       int width, int height,
                       int dist,                        //与均值的容差
                       int * histogram
                       )
{
    int * pos;
    int g, u;

    memset(histogram, 0, sizeof(int) * 256);
    for (int i = 0; i < width * height; i++)
    {
        u = pAvrImg[i];
        g = pGryImg[i];
        if (abs(g - u) <= dist)                          //仅统计在均值附近者
        {
            histogram[g]++;
        }
    }
    return;
}
```

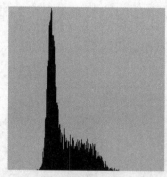 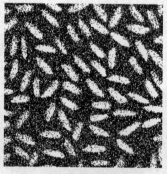 

(a) 对角线附近的一维直方图　　　　(b) 图像分割结果　　　　(c) 中值滤波后的结果

图 5-7　图像分割验证

图 5-7 说明了采用二维直方图对角线附近数据构造一维直方图的方法是有效的（但在实际应用中，噪声图像并不一定要如此处理，就图 5-6(a)而言，它也可以在图像平滑后直接进行图像分割）。

5.3.2　边缘强度加权直方图

算法 5-3 实质上是仅使用图像的部分像素建立直方图。图 5-6(a)中满足算法 5-3 直方图统计的像素如图 5-8 中黑点位置所示,这些像素约占整幅图像的 11%。它们的灰度值 g 与其邻域的灰度均值 u 基本相等,可以认为它们是背景区域或者目标区域的内部像素,而不是噪声像素或边缘点。

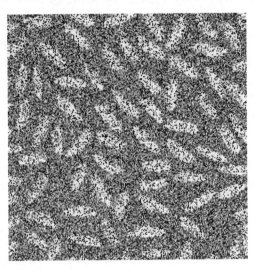

图 5-8　满足 $g \approx u$ 的像素

这就提出了使用哪些像素建立直方图或者像素对直方图的贡献度问题。算法 5-3 可以理解成仅使用 $g \approx u$ 的像素建立直方图;还可以理解成像素对直方图的贡献度问题,只不过这个贡献度非常武断,即要么为 0,要么为 1,因此可以设计一个贡献度函数,如:

$$\Delta = \frac{1}{\max\{|g-u|,1\}} \tag{5-11}$$

其中,$|g-u|$ 近似于边缘强度。

基于以上思想,下面讲述边缘强度反比加权和边缘强度正比加权的灰度直方图。

1. 边缘强度反比加权的灰度直方图

边缘强度反比加权直方图是指当像素的边缘强度大时,该像素灰度值对直方图的贡献就小,就是在构造直方图时把 histogram$[g(x,y)]+=1$ 改为 histogram$[g(x,y)]+=$ $f(\mathrm{grd}(x,y))$,$\mathrm{grd}(x,y)$ 代表 (x,y) 处的边缘强度,用 v 代表。$\mathrm{grd}(x,y)$ 越大,$f(\mathrm{grd}(x,y))$ 就越小,如:

$$f(v) = \begin{cases} 1.0, & v=0 \\ \dfrac{1.0}{k \times v}, & \text{其他} \end{cases} \tag{5-12}$$

其中,k 为大于或等于 1 的正数。在极端情况下,甚至可以:

$$f(v) = \begin{cases} 1, & v \approx 0 \\ 0, & \text{其他} \end{cases} \tag{5-13}$$

采用式(5-13)时,实际上就是内部像素灰度直方图,即该直方图仅使用了目标和背景内部的像素,而忽略了目标和背景之间的过渡像素(因为过渡像素的边缘强度不等于 0)。

边缘强度反比加权直方图在保持直方图的峰值不变的情况下,可以使得直方图的谷点更低,更有利于阈值的选取,从而提高阈值选取算法的稳健性。当图像模糊或者光照不均时,目标和背景之间存在大量的过渡像素,可以采用边缘强度反比加权直方图。图 5-9(a)是一幅模糊图像的常规直方图,图 5-9(b)是其边缘强度反比直方图,可以看出图 5-9(b)中的谷点更低。

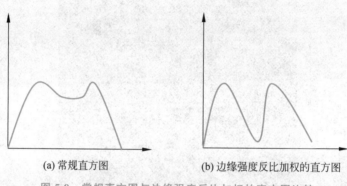

(a) 常规直方图　　　　　　　(b) 边缘强度反比加权的直方图

图 5-9　常规直方图与边缘强度反比加权的直方图比较

2. 边缘强度正比加权的灰度直方图

边缘强度正比加权直方图是当像素的边缘强度大时则该像素灰度值对直方图的贡献就大,即把 histogram$[g(x,y)]+=1$ 改为 histogram$[g(x,y)]+=f(\text{grd}(x,y))$, $\text{grd}(x,y)$代表(x,y)处的边缘强度,用 v 代表。$\text{grd}(x,y)$越大,$f(\text{grd}(x,y))$就越大,如:

$$f(v) = k * v \tag{5-14}$$

其中,k 为大于或等于 1 的正数。在极端情况下,甚至可以:

$$f(v) = \begin{cases} 1, & v \geqslant \text{threshold} \\ 0, & \text{其他} \end{cases} \tag{5-15}$$

其中,threshold 是边缘强度的阈值。式(5-15)实际上就是边缘像素灰度直方图,即该直方图仅使用了边缘像素,而忽略了目标和背景的内部像素(因为区域内部的像素边缘强度等于 0)。

如果一幅图像中,在目标和背景之间的像素具有较大的边缘强度,而在其他位置的像素的边缘强度较小,则在边缘强度正比加权直方图中,目标和背景的灰度之间会出现一个波峰,此波峰所对应的灰度值即是阈值。当目标的占空比小时,若光照均匀,则可以采用边缘像素灰度直方图。图 5-10(a)示意了一幅目标占空比很小的图像,其常规直方图如图 5-10(b)所示,图 5-10(c)是其边缘强度图像,图 5-10(d)是其边缘强度正比加权的灰度直方图,其波峰对应的灰度值就是阈值。

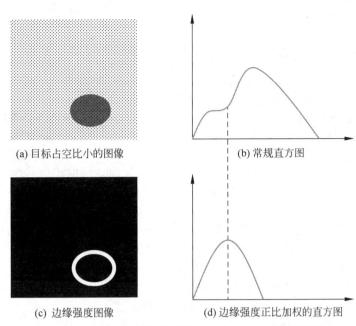

(a) 目标占空比小的图像　　　　　(b) 常规直方图

(c) 边缘强度图像　　　　　　(d) 边缘强度正比加权的直方图

图 5-10　常规直方图与边缘强度正比加权的直方图比较

5.3.3　等量像素法直方图

　　目标和背景像素数目的不均会严重影响直方图的峰谷鲜明程度,降低直方图阈值选取算法的稳健性,尤其是当目标和背景的占空比相差很大时。当目标占空比很小时,即使在二维直方图对角线附近的数据中,也看不到明显的峰谷分布,目标像素被淹没在大量的背景像素中。边缘强度反比加权直方图上也因为位于目标内部的像素很少,而位于背景内部的像素很多,当背景的灰度分布范围较宽时,直方图上常常不存在对应于目标灰度的波峰,所以不适合目标占空比很小时的情况。受到边缘类型和边缘检测算子的影响,在目标占空比很小时,边缘点就更少,而且光照不均时边缘强度的离散性较大,边缘强度正比加权直方图也很难形成显著的波峰。本书作者在 2001 年提出了等量像素构造直方图的方法(一种基于图像边缘模式的直方图构造新方法[J].计算机研究与发展,2001,38(8)：972-976),较好地解决了这个问题。

　　根据图像过渡区理论,目标(设为 P_2)和背景(设为 P_1)之间肯定是存在边界过渡区的,则边界过渡区(设为 P_3)的灰度值变化如图 5-11(a)或图 5-11(b)所示,像素的灰度值不可能从背景灰度值直接变化到目标灰度值。设图像中目标和背景的灰度差为 Δg,目标和背景区域的边界宽度为 Δw,则边界上的像素肯定满足其宽度为 Δw 的邻域内的最大灰度和最小灰度之差大于 Δg,由此可以得到边界像素的集合为 φ。将 φ 中分别在水平方向和垂直方向连续的像素表示为水平线段和垂直线段形式,从而在距离线段中点 $\Delta w/2$ 的两侧选取连续的满足灰度之差大于 Δg 的像素对(P_2 和 P_1)来构造直方图,如图 5-11 所示。

　　极少数情况下,由于区域边界的多样性,图像中某些位置的边界宽度可能小于 Δw 或者目标尺寸小于 Δw,按上述方法则找不到目标像素和对应的背景像素。此时,取线段中点(P_2)和位于线段一侧(左侧或右侧)且与线段中点的灰度之差大于 Δg 的像素点(P_1)作为构造直方图的像素对,如图 5-11(b)所示。

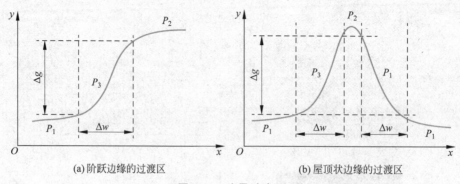

(a)阶跃边缘的过渡区　　　　　　　　　(b)屋顶状边缘的过渡区

图 5-11　边界过渡区

　　该种直方图实质上是从背景和目标上选择了等量的像素来构造直方图（有些像素会被重复选用多次），在一定程度上能够解决占空比不均的问题。其建立需要 Δw 和 Δg 2 个参数。Δg 是目标和背景的灰度差，直观易用。Δw 是边界区域的宽度，即使大于或小于真实的边界宽度，也不影响直方图的效果。该种直方图虽然由 Δw 和 Δg 得到，但并不依赖于它们的精度，因此具有很好的通用性和实用性。

　　图 5-12(a)是一幅细胞显微镜图像。图 5-12(b)是其常规灰度直方图，由于细胞的占空比很小，因此峰谷不够明显，与细胞对应的波峰非常矮。图 5-12(c)是边缘强度反比加权的直方图，相当于内部像素直方图，同样因为细胞占空比小的原因，其峰谷不够明显，但比图 5-12(b)略有改善。图 5-12(d)是边缘强度正比加权的直方图，相当于边缘像素灰度直方图，由于背景的灰度不均匀，其最大波峰对应的灰度值是背景的灰度均值，不是细胞和背景的分割阈值。图 5-12(e)是等量像素灰度直方图，可以看到峰谷鲜明，且基本上使用了相同数量的细胞像素和背景像素。

(a) 细胞显微镜图像　　　　　(b) 常规直方图　　　　　(c) 边缘强度反比加权的直方图

(d) 边缘强度正比加权的直方图　　　　　(e) 等量像素直方图

图 5-12　等量像素法直方图的比较

5.4　聚类分割

如果把目标和背景的分割看作是像素的分类问题,即把一部分像素分类成目标类别,一部分像素分类成背景类别,那么就可以采用模式识别中的聚类方法来实现图像分割。模式识别有众多的聚类方法,其中 k-均值聚类(k-means clustering)是一个简单实用的方法。

k-均值聚类分割的基本思想是设定类别数 k 的值,比如 $k=2$ 或者 $k=3$ 等;给每个类别初始化一个类别中心 $u_i, i=0,1,\cdots,k-1$,即对每个中心赋一个不同的灰度值;然后根据像素灰度值到类别中心的距离最小原则,把像素分到各个类别;全部像素分类完成后,计算每类像素的灰度值均值,作为各类别新的中心值。如此迭代执行,直到各类别的中心值不变为止。

例 5-1 示例了 8 个数据的聚类过程,设 $k=2, u_0=2, u_1=3$,执行了 3 次迭代后,各类别的中心值不再变化,聚类结束。

例 5-1:k-均值聚类

数据:　　　　　2　2　3　3　7　6　7　9

第 1 次迭代:　2　2　<u>3　3　7　6　7　9</u>　　　得到 $u_0=4/2, u_1=35/6$

第 2 次迭代:　2　2　3　3　<u>7　6　7　9</u>　　　得到 $u_0=10/4, u_1=29/4$

第 3 次迭代:　2　2　3　3　<u>7　6　7　9</u>　　　得到 $u_0=10/4, u_1=29/4$

由于在聚类过程中只是使用了像素的灰度值,没有使用像素的空间位置信息,因此在具体实现时应该先统计灰度直方图,借助直方图能够提高聚类的速度。另外,因为类别的中心值是浮点数,如果前后 2 次迭代的中心值最大差异足够小,即可判定为类别的中心值不变。图 5-13(a)是对存在光照不均的图 5-3(a)的聚类分割结果,图 5-13(b)是消除了光照不均的图 5-5(a)的聚类分割结果,它们的图像分割效果与 Otsu 阈值化非常接近。

(a) 图5-3(a)的聚类分割结果　　　　　　(b) 图5-5(a)的聚类分割结果

图 5-13　k-均值聚类分割($k=2$)

聚类分割所需要的迭代次数依赖于类别中心的初始值。初始值选择得当，有可能很快就收敛；选择不当，有可能需要特别长的时间才收敛。在实际应用中，由于聚类分割的时间花费难以预知，有可能多帧图像的平均聚类时间花费很小，但偶尔一帧图像的聚类时间特别长。由于时间花费不是常数，因此聚类分割在实时图像处理中一般不被采用，多被用在人机交互式处理中，当用户观察到分割结果基本满意时，就进行人工干预，强制迭代终止。

5.5 区域增长与分裂合并算法

聚类分割方法需要事先设定类别数的值，但在很多情况下，类别数是难以预先确定的。因此可以从目标和背景的性质出发，属于同一类型区域的像素应该具有相近的灰度值或其他性质（彩色、纹理、梯度等），这类方法主要有区域增长算法、分水岭算法、区域分裂合并算法等。

区域增长算法（region growing）是随机或者以人工交互的方式给出一个或一组种子（seeds），比如计算机自动选择在一定范围内最亮或最暗的点，或者是人工指定位于目标中心的点；按照某种增长规则，将邻居中与种子像素有相近灰度值或相似性质的像素合并到种子像素所在的区域中；然后将这些像素当作新的种子点重复以上过程，直到没有满足增长规则的新像素被合并进来为止，结束区域增长。

图 5-14(a)是一幅红外图像，图 5-14(b)是采用分水岭区域增长算法（A fast watershed algorithm based on chain code and its application in image segmentation[J]. Patter Recognition Letters，2005，26：1266-1274)得到的结果。分水岭区域增长算法把局域内灰度值最小的像素作为种子。

(a)原始图像   (b)区域增长结果

图 5-14 区域增长算法（分水岭）

区域分裂合并算法（split-and-merge）也是利用了这一原理（同一类型区域的像素具有相近的灰度值或其他性质）进行图像分割。它与区域增长算法有相似之处，但它无须预先指定种子点，而是按某种一致性准则对图像进行区域分裂或者合并。比如可以先把图像分成 4 块，若这其中的一块符合分裂条件，那么这一块又分裂成 4 块，就这样一直分裂,这个过程被称为区域分裂;当分裂出一定数量的区域时,以每块为中心,检查与之相邻的各块,若满足一定的合并条件就将它们进行合并,这个过程称为区域合并;如此往复,直到再也没有一定大小的新块产生,最后把小块按照合并条件合并到其相邻的大块里。

5.6　基于某种稳定性的图像分割

具有不同灰度的多类目标分割一直是传统图像分割的难题。近些年来随着机器学习的发展,对于已知场景,语义分割能够较好地解决这个问题。但是在很多应用和未知场景中,传统的图像分割方法仍然具有其独特优势。对于多类不同灰度的目标分割,显然无法通过使用单个阈值来实现。本节讲述对图像执行序贯二值化(consecutive thresholding)并在二值化过程中基于提取的某种稳定性来实现图像分割的方法。

基于某种稳定性的图像分割的出发点是假定目标会在一定的灰度范围内稳定存在;其手段是采用序贯二值化得到若干个二值图像,并从一系列二值图像中寻找某种稳定的特征。

5.6.1　基于目标个数稳定性的图像分割

在分割灰度值不同的多类目标时,如果目标和背景有明显的灰度差异,并且目标的尺寸不是特别小,就可以使用基于目标个数稳定性的图像分割。

基于目标个数稳定性的图像分割是把一个灰度区间内的每个灰度值作为阈值对图像执行二值化,得到一系列的二值图像,统计每个二值图像中得到的目标个数,从而构造出阈值和目标个数的直方图。在该直方图中会存在若干个目标个数不变的阈值区间,一般认为有几个目标个数不变的阈值区间,有几个阈值区间,就有几类目标,且每个阈值区间的中心值就是此类目标的分割阈值。

图 5-15(a)是一种包含字符和数字号码的图像,由 10 个字符组成,前 4 个字符是红色的,后 6 个字符是黑色的,变成灰度图像后就是前 4 个字符的灰度值比后 6 个字符的灰度值大。图 5-15(b)是它的直方图,从中能够较明显看到有 3 个波峰,从小到大分别代表后 6 个黑色字符、前 4 个红色字符和白色背景。图 5-15(c)是它的 Otsu 阈值比分割结果(阈值=149),从中可以看出对第 1 个和第 2 个字符的分割是不准确的,对第 3 个和第 4 个字符的分割结果是错误的。由于该图像的灰度最小值为 68,灰度最大值为 217,因此使用阈值从 68 到 217 对它进行序贯二值化,得到的字符个数直方图如图 5-15(d)所示。在图 5-15(d)中看到有 2 个字符个数稳定的阈值区间,当阈值在[84,146]变化时字符个数一直为 6,当阈值在[153,194]变化时字符个数一直为 10,因此分别使用阈值 $t_1 = \frac{84+146}{2} = 115$ 和 $t_2 = \frac{153+194}{2} = 173$ 进行二值化,得到的图像分割结果分别如图 5-15(e)和图 5-15(f)所示。

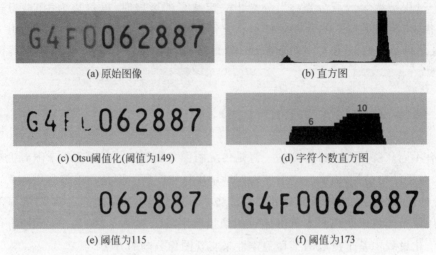

(a) 原始图像　　　　　　　　(b) 直方图

(c) Otsu阈值化(阈值为149)　　　(d) 字符个数直方图

(e) 阈值为115　　　　　　　(f) 阈值为173

图 5-15　基于目标个数稳定性的图像分割

5.6.2　基于次数关系稳定性的图像分割

基于目标能在一个较宽的阈值范围内存在的事实,本书作者在 2003 年提出了一种基于次数关系稳定性的图像分割方法(Split-and-Merge segmentation using relation stable-state, Optical Engineering[J]. 2003, 42(8): 2362-2367),在 2008 年提出了目标多表象的概念(国家自然科学基金课题"基于目标区域演化分割的图像描述研究",2008—2010,编号为 60875010)。

次数关系稳定性是指采用不同的阈值对图像进行二值化时,目标区域会得到若干条轮廓线,这些轮廓或大或小,或重叠或相邻,但是处在区域边界上的像素被有效轮廓经过的次数一定大于区域内部像素被经过的次数,这种次数大于关系在光照均匀和非均匀的图像中能够保持不变。

目标的多表象是指同一个目标区域在不同的分割方法或者阈值下有着不同的边界,目标的尺寸及形状是变化的;在某种分割方法或者阈值下的分割结果可能会是多个目标粘连在一起,而在另一种方法或者阈值下则可能会是一个目标分成了几个小的部分,故将同一个目标在不同的分割阈值或分割方式下的不同表现形式称为目标的多表象。

基于次数关系稳定性的图像分割方法首先用一系列不同的阈值对图像进行二值化,把区域面积大于 t_s 的各条轮廓线累加到一个像素初值为零的图像中,称该图像为轮廓累积图像;其次,对轮廓累积图像进行序贯阈值分割,即用一个区间内的值逐一作为阈值 t_e,将轮廓累积图像分割为像素值为 0 的区域(小于阈值的像素)和像素值为 255 的区域(大于或等于阈值的像素),像素值为 0 的区域就是目标的一个表象。当 t_e 按由大到小顺序采用时,会得到一个个的二值图像,这些二值图像中位置基本相同的像素值为 0 的区域就构成了目标的多个表象。随着 t_e 越来越小,区域的面积也越来越小,区域对应的边缘强度也越来越小,区域的个数也越来越多。t_e 与边缘强度等效。图 5-16(a)是原始图像,图 5-16(b)、图 5-16(c)、图 5-16(d)是用轮廓线表示的分割结果,分别对应 $t_e=18,t_e=8$

和 $t_e = 4$。

(a) 原始图像　　　　　(b) t_e=18　　　　　(c) t_e=8　　　　　(d) t_e=4

图 5-16　Man 图像的基于次数关系稳定性的图像分割

图 5-17 和图 5-18 的图像尺寸都是 512×512，都使用 $t_s = 50$。图 5-17(b) 和图 5-18(b) 是使用 Otsu 阈值化的结果，图 5-17(c) 和图 5-18(c) 分别是使用 $t_e = 3$ 和 $t_e = 4$ 的轮廓累积图像阈值化结果，图 5-17(d) 和图 5-18(d) 是目标分割结果。

  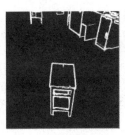 

(a) 原始图像　　　　(b) Otsu阈值化　　　(c) 二值化轮廓累积图像　　　(d) 分割结果

图 5-17　Desk 图像的基于次数关系稳定性的图像分割

(a) 原始图像　　　　(b) Otsu阈值化　　　(c) 二值化轮廓累积图像　　　(d) 分割结果

图 5-18　Ship 图像的基于次数关系稳定性的图像分割

该方法的优点是通过对原始图像的序贯二值化，在分割结果中使用面积约束 t_s 筛选轮廓，消除了噪声，轮廓累积形成的图像又为不同灰度值的目标筑起了隔离带，光照不均时隔离带的宽度会变大但数目不变；通过对轮廓累积图像的序贯二值化，可以得到目标的多表象；在单次分割时，只需要设定参数 t_e 的值，就可以得到边缘强度大于 t_e 的各个目标，与目标的灰度值无关。

该方法较巧妙地结合了灰度特征和边缘特征，且仅需要目标的面积参数 t_s 和等效边缘强度参数 t_e 共计两个语义明确的直观参数，对灰度值不同的多类目标分割结果良好，具有较好的通用性和实用性。

5.7　光照不均的消除与图像分割

图像中存在光照不均是一个普遍的问题。目标像素和背景像素的光照不均来源非常多,有的是像素到光源距离的远近不同导致的,比如在灯下就亮,远离灯光就暗;有的是光源本身发光不均匀导致的;有的是不同位置的像素代表的物理尺寸大小不同导致的,比如近处暗远处亮,这是因为远处场景中很大的一个区域才能变成一个像素,这个大区域的光线反射量累积成了一个像素的灰度值;有的是因为目标本身是立体的,有着不同的表面,会产生不同方向的反射光,当目标是球体时还会产生镜面反射;有的是强逆光或者其他的强光干扰;有的是建筑物的遮挡、树木的阴影、云朵的影子、地面的水渍。即使图像是来自白纸黑字的纸面,也可能存在光照不均的情况,比如图5-4(a)。

但是,光照不均严重影响图像的阈值化。当光照不均时,A 区域目标像素的灰度值可能比 B 区域背景像素的灰度值小,却比 C 区域背景像素的灰度值大。分块阈值或者自适应阈值也只是能够解决某些光照不均图像的分割,比如能够较好地分割图5-3(a),但无法正确分割图5-4(a)。

根据目标像素和背景像素的灰度值特点,估计原始图像的光照,然后在原始图像中减去光照图像,是解决图像中光照不均问题的有效方法。下面通过举例,来讲述使用高斯平滑的光照估计方法和极值滤波结合高斯平滑的光照估计方法。

5.7.1　文本图像分割

在原始图像图5-4(a)中,既有图5-19(a)中横圈位置所示的亮光区,也有图5-19(a)中竖圈位置所示的暗光区,也有正常的光照区域。考虑到字符笔画稀疏,此时若采用大尺度的高斯平滑,则平滑后的像素灰度值会基本上不受字符的影响,可以认为平滑后的像素灰度值就代表此处的光照。对图5-4(a)进行高斯平滑后,得到了光照图像 L,如图5-19(c)所示。考虑到文字是黑色的,背景是白色的,采用式(5-16)得到消除光照的图像,如图5-19(d)所示。

$$G(x,y) = \begin{cases} -(g(x,y) - L(x,y)), & g(x,y) < L(x,y) \\ 0, & \text{其他} \end{cases} \tag{5-16}$$

图5-19(d)的直方图如图5-19(e)所示,对图5-19(d)采用 Otsu 阈值化的分割结果如图5-19(f)所示。在图5-19(b)所示的直方图中,由于光照不均,存在大量的过渡像素,因此直方图中没有明显的波谷,竖线所示位置是其得到的 Otsu 阈值。但是,在图5-19(e)所示的消除光照后的字符图像直方图中峰谷鲜明,竖线所示位置是其得到的 Otsu 阈值。

可以看出,图5-19(f)所示的分割结果明显优于图5-4(b)所示的全局阈值分割结果、图5-4(c)所示的局部阈值分割结果和图5-4(d)所示的自适应阈值分割结果。

(a) 光照不均的原始图像　　　　　　　　(b) 原始图像的直方图

(c) 高斯平滑得到的光照图像　　　　　　(d) 消除光照后的文本图像

(e) 消除光照后图像的直方图　　　　　　(f) 文本分割结果

图 5-19　光照不均的文本图像分割

5.7.2　颗粒图像分割

第 4 章和本章都用到了米粒图像。图 4-31(a)和图 5-3(a)是原始的米粒图像,图 5-1(a)和图 5-5(a)是消除了光照不均的米粒图像,图 5-6(a)是图 5-5(a)加了噪声后的米粒图像。原始的米粒图像是存在光照不均的,图 5-20(a)的横圈位置示意了光照最强的区域,为了显示其光照不均,对它做 threshold=91 的二值化,得到了如图 5-20(b)所示的二值图像。从图 5-20(b)中明显看到了光照不均现象和光源的位置与形状。

考虑到在米粒图像中,背景是黑色的,作为目标的米粒是白色的,而且米粒不像字符那样笔画稀疏,因此采用了最小值滤波来去掉米粒,得到了如图 5-20(c)所示的光照图像。为了消除图 5-20(c)中的层次感,采用高斯平滑得到了图 5-20(d)所示的光照图像 L。为了验证光照图像的正确性,对它做 threshold=91 的二值化,得到了如图 5-20(e)所示的二值图像,对比图 5-20(b),可以看到其对光照估计是正确的。采用式(5-17)得到了消除光照的米粒图像,如图 5-20(f)所示。

$$G(x,y)=\begin{cases}g(x,y)-L(x,y), & g(x,y)>L(x,y)\\ 0, & \text{其他}\end{cases} \tag{5-17}$$

　　图 5-20(f)的直方图如图 5-20(g)所示,竖线所示是其得到的 Otsu 阈值。对图 5-20(f)采用 Otsu 阈值化的分割结果如图 5-20(h)所示,可以看出分割结果明显优于图 5-3(b)所示的全局阈值分割结果。

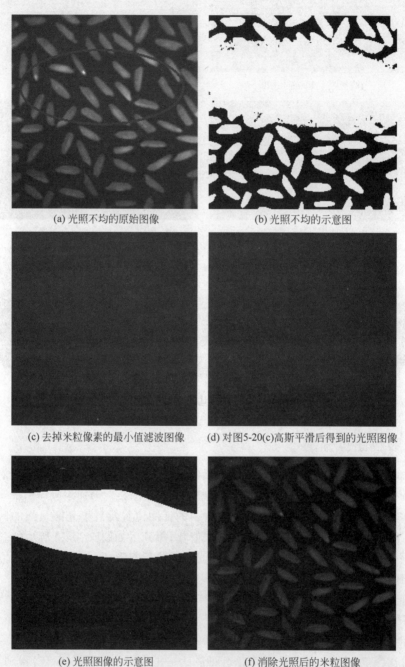

(a) 光照不均的原始图像　　　　　　(b) 光照不均的示意图

(c) 去掉米粒像素的最小值滤波图像　　(d) 对图5-20(c)高斯平滑后得到的光照图像

(e) 光照图像的示意图　　　　　　(f) 消除光照后的米粒图像

图 5-20　光照不均的米粒图像分割

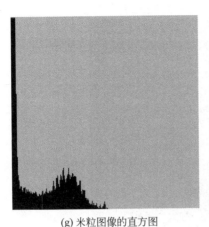

(g) 米粒图像的直方图　　　　　　　(h) 米粒分割结果

图 5-20（续）

5.8　本章小结

　　场景未知和参数适配是影响图像分割算法通用性的两个主要原因。场景未知常表现为：背景不是单一的，被检测目标分布在复杂的背景中；因目标距离摄像机的远近不同，同一目标像素的灰度值随其位置不同而不同；需要分割灰度值不同的多类目标，但不知道目标的种类数；目标仅在图像中占很小的比例而且和背景的灰度差异不大。参数适配的难度常表现为：需要预先设定的参数太多，参数的语义性差、不直观，参数对图像亮度和对比度有较强的依赖等。

　　图像分割是图像分析和计算机视觉中非常困难的问题，本章给出了一些方法和思路，希望它们能对解决实际问题提供一定的启发。近些年来随着机器学习的发展，对于已知场景，语义分割能够较好地解决一些问题。

作业与思考

　　5.1　在什么情况下，阈值可以取为直方图中两个最大波峰对应灰度值的均值？

　　5.2　用 C/C++ 语言编程实现 H0501Gry. bmp（见图 5-21）的直方图求取、Otsu 阈值的求取和二值化。

　　5.3　设题 5.2 中得到的直方图为 H_1，得到的阈值为 t_1。用 C/C++ 语言编程实现对 H_1 进行相邻 5 个数据的平滑，得到 H_2，使用 H_2 求取 Otsu 阈值，得到 t_2。t_2 约等于 t_1 吗？

　　5.4　设题 5.2 中得到的直方图为 H_1，得到的阈值为 t_1。用 C/C++ 语言编程实现将 H0501Gry. bmp 中的灰度值除以 4 后统计直方图，得到 H_2，使用 H_2 求取 Otsu 阈值，得到 t_2。t_2 约等于 $t_1/4$ 吗？

　　5.5　平板扫描器扫描了一张 A4 纸（210mm×297mm）的图像，该纸上有若干炭笔

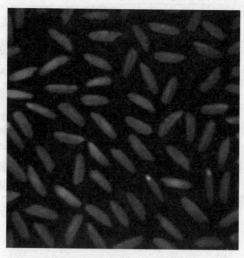

图 5-21　H0501Gry. bmp

涂鸦的线条,该图像的 32 个灰度级的直方图数据如下,涂鸦的总面积是多少平方毫米?

[0 0 278 1791 369 356 415 463 562 421 373 372 374 286 298 357 344 313 0 0 365 414 435 453 541 729 1394 15662 27054 7462 489 0]

5.6　在射击训练的视频靶中,摄像机通过拍摄靶子的图像来判定弹着点情况。由于靶纸在背板上张贴不平,在室外光线的照射下,靶子图像的背景并不均匀,很难通过全局图像分割来可靠地找出弹孔;还会存在两发子弹形成的弹孔基本重叠的情况。下面是靶子图像的同一个局部区域在连续 4 次拍摄中的 32 个灰度级直方图数据,试判定每次拍摄中是否有新子弹射中该区域。假设灰度值越低越是弹孔。

第 1 帧

[0 0 0 0 0 0 0 0 0 0 0 0 0 0 0 0 0 0 0 0 0 0 0 8 157 439 346 52 20 2]

第 2 帧

[0 0 0 0 0 0 0 0 0 0 0 0 0 0 0 0 0 0 0 0 8 173 579 233 31 0 0 0 0 0]

第 3 帧

[0 0 0 19 4 1 8 3 4 2 0 2 1 4 3 2 1 1 0 0 0 30 119 360 293 98 36 12 6 4 2 0 0]

第 4 帧

[0 0 0 5 15 24 19 9 16 19 14 22 52 113 309 207 123 29 10 16 9 6 1 0 0 0 3 2 0 1 0 0]

5.7　二维直方图、边缘强度反比加权直方图、边缘强度正比加权直方图、等量像素法直方图各有什么特点? 各自适合在什么情况下使用? 在什么情况下不宜使用?

5.8　用 C/C++语言编程实现 H0502Gry. bmp(见图 5-22)的环线和弹孔的分割,要求采用光照估计+图像减法+Otsu 阈值法、多次分割法、聚类分割法 3 类方法,并对这 3 类方法的效果进行比较和分析。

5.9　用 C/C++语言编程实现 H0501Gry. bmp(见图 5-21)的 k-均值聚类,$k=2$;实现 H0502Gry. bmp(见图 5-22)的 k-均值聚类,$k=3$ 和 $k=8$;给出聚类分割后的图像,并进行分析。

图 5-22　H0502Gry. bmp

5.10　分别采用 C/C++常规编程和 SSE、AVX 优化编程,实现一个灰度图像在固定阈值下的二值化,均连续执行 1000 次,比较它们在时间花费上的差异。

目标形状描述

第 4 章讲述了边缘点的检测,得到了一系列边缘点;第 5 章讲述了图像分割,得到了一系列区域。显然,只得到这些边缘点和区域是无法满足图像分析要求的,比如在具体应用中需要知道目标的解析方程、需要测量目标的面积和周长等。

本章讲述直线的霍夫变换和圆的霍夫变换的基本概念、方法及灵活运用;讲述轮廓点、链码的基本概念;讲述目标周长与面积的计算方法、目标轮廓跟踪算法和轮廓填充算法,以及它们的应用。

6.1 直线的霍夫变换

图 6-1(a)是使用红外热像仪拍摄的一幅路面图像,图 6-1(b)是它的边缘点检测结果,边缘点用黑色显示。那么如何求出道路的边界线方程呢?

(a) 原始图像　　　　　　　　　　　　(b) 边缘点图像

图 6-1　路面图像与其边缘点图像

下面通过这个例子阐述最小二乘直线拟合和直线的霍夫变换各自的特点。

6.1.1 最小二乘直线拟合

最小二乘拟合是一种常用的通过多个已知点求直线方程的方法。设点的个数为 n,各个点的坐标分别为 $(x_0,y_0),(x_1,y_1),\cdots,(x_{n-1},y_{n-1})$,直线的方程为 $y=kx+b$,则有

$$k=\frac{\sum_{i=0}^{n-1}(x_i-\bar{x})(y_i-\bar{y})}{\sum_{i=0}^{n-1}(x_i-\bar{x})^2} \tag{6-1}$$

$$b = \overline{y} - k \times \overline{x} \tag{6-2}$$

其中

$$\overline{x} = \frac{\sum\limits_{i=0}^{n-1} x_i}{n} \tag{6-3}$$

$$\overline{y} = \frac{\sum\limits_{i=0}^{n-1} y_i}{n} \tag{6-4}$$

k 是直线的斜率，b 是直线的截距。使用直线拟合时需要注意一个问题，就是当所有的点 (x_i, y_i) 来自与 y 轴平行(此时斜率为无穷大)的直线时，它们的横坐标都相等，就导致式(6-1)中的分母为 0，从而产生计算错误，但是此时可以采用 $x = ky + b$ 来表示，即将直线分为两种描述形式：一种是 $y = kx + b$；另一种是 $x = ky + b$。算法如下：

【算法 6-1】　斜截式最小二乘直线拟合

```
bool RmwFittingLine(int * x, int * y, int N, double * k, double * b)
{
    bool isYKX;
    double sumx, sumy, sumxy, avrx, avry;
    int i;

    // step.1 ------------- 计算坐标均值 ------------------- //
    sumx = sumy = 0.0;
    for (i = 0; i < N; i++)
    {
        sumx += x[i];
        sumy += y[i];
    }
    avrx = sumx/N;
    avry = sumy/N;
    // step.2 ------------- 计算坐标方差 ------------------- //
    sumx = sumy = sumxy = 0;
    for (i = 0; i < N; i++)
    {
        sumx += (x[i] - avrx) * (x[i] - avrx);
        sumy += (y[i] - avry) * (y[i] - avry);
        sumxy += (x[i] - avrx) * (y[i] - avry);
    }
    // step.3 ------------- 判断直线类型和求 k 与 b ----------- //
    if (sumx > sumy) //y = kx + b
    {
        isYKX = true;
        * k = sumxy/sumx;
        * b = avry - ( * k) * avrx;
    }
    else //x = ky + b
    {
```

```
            isYKX = false;
            * k = sumxy/sumy;
            * b = avrx - ( * k) * avry;
        }
    // step.4------------ 返回直线类型 ---------------------- //
    return isYKX;
}
```

　　算法 6-1 得到的是斜截式的直线方程。有时为了方便,需要采用适合所有直线描述的一般式 $Ax+By+C=0$ 来描述直线,则有:

【算法 6-2】　一般式最小二乘直线拟合

```
void RmwFittingLine(int * x, int * y, int N, double * A, double * B, double * C)
{
    bool isYKX;
    double k, b;

    //step.1------------- 执行斜截式直线拟合 ------------------ //
    isYKX = RmwFittingLine(x, y, N, &k, &b);
    //step.2------------ 将斜截式转换为一般式 --------------- //
    if (isYKX)                              //y = kx + b => kx - y + b = 0
    {
        * A = k;
        * B = -1;
        * C = b;
    }
    else //x = ky + b => x - ky - b = 0
    {
        * A = 1;
        * B = -k;
        * C = -b;
    }
    //step.3------------- 返回 ---------------------------- //
    return;
}
```

　　对图 6-1(b)中黑色所示的边缘点使用最小二乘直线拟合,得到的直线如图 6-2 中直线所示。观察图 6-2 可以发现直线偏离了边界的真实位置,如图 6-3 所示。这是因为图 6-1(b)中的边缘点并不都是道路的边界点,它们中有些是图 6-1(a)中阴影区域、植被等的边界点,这些点也参与了 (k,b) 的求取,这些不在边界线上的点显然带来了误差。

图 6-2　直线拟合结果

图 6-3　直线在原图中的位置

如何解决这个问题呢？在有些情况下，可以采用逐步求精法。所谓逐步求精法就是在进行第一次直线拟合后，根据得到的结果直线，筛选出偏离该直线距离较小的一部分点再进行二次直线拟合。对图 6-1(b) 中黑色所示的边缘点使用逐步求精法，选择半数的最小偏差点进行第二次直线拟合的结果如图 6-4 和图 6-5 所示，可以看出结果有较明显的改进。

图 6-4　二次直线拟合结果

图 6-5　二次拟合直线在原图中的位置

需要指出的是，逐步求精法也仅能在某些特定情况下使用，比如当已知来自同一条直线的点占了绝大多数，并且噪声点也基本分布在这条直线附近时。图 6-6 所示的边缘点图像通过第一次直线拟合得到图 6-7 中白色直线所示的结果，显然这种情况无法通过逐步求精来得到正确的边界线。

图 6-6　边缘点图像

图 6-7　直线拟合结果

6.1.2　直线描述的参数空间

如图 6-6 所示，最小二乘直线拟合无法正确得到该图中的道路边界线，原因就是该图中有大量的边缘点不是道路边界点，这些点一同参与了最小二乘直线拟合的计算，因此对该图采用直线拟合(解析法)直接求得直线方程是不可行的。

回顾第 3 章讲述的多邻域枚举法均值滤波(见 3.7.3 节)，它采用了多种邻域进行滤波，对得到的多个滤波结果进行评价，选择最优者作为结果值；回顾第 4 章讲述的方向模板边缘检测(见 4.2.5 节)，它先假定了有限的几个边缘方向，再对这些假定的每个边缘方向设置一个特定的模板，计算每个模板的边缘强度，从中选择最大边缘强度作为结果；回顾第 5 章讲述的 Otsu 阈值(见 5.2.2 节)和多次分割法(见 5.2.3 节)，它们是尝试使用一系列的阈值对图像进行分割，通过对分割结果进行评价来得到最佳阈值。实际上，"枚举＋评价"是图像处理与图像分析的常用策略。

1. (k,b) 空间

斜截式直线方程中只有两个参数 k 和 b，k 和 b 的所有可能的取值组合 (k,b) 就构成了直线方程的参数空间,采用"枚举+评价"策略求最佳(k,b)的方法如下。

【方法 6-1】 (k,b)枚举法

```
void LineExhaustionKB(int * x, int * y, int N, double * bestK, double * bestB)
{
    //step.1------------ 计数器累加 ------------------------//
    for (k = k1; k < k2; k += stepk)
    {
        for (b = b1; b < b2; b += stepb)
        {
            for (i = 0; i < N; i++)
            {
                if (y[i] == k * x[i] + b)
                {
                    count[k][b]++;
                }
            }
        }
    }
    //step.2------------ 寻找计数器中的最大值 ---------------//
    mostV = 0;
    for (k = k1; k < k2; k += stepk)
    {
        for (b = b1; b < b2; b += stepb)
        {
            if (count[k][b] > mostV)
            {
                mostV = count[k][b];
                * bestK = k;
                * bestB = b;
            }
        }
    }
}
```

该方法的评价准则是最佳(k,b)对应直线经过的边缘点数最多。直观地表示就是,在图像中画若干条直线(直线枚举),统计每条直线经过的边缘点数,则经过边缘点数最多的直线即为所求,如图 6-8 和图 6-9 中,白线经过了最多的边缘点数。比较可知,图 6-8 中白线所示的边界线结果明显优于图 6-3 和图 6-5 所示的直线拟合结果,图 6-9 中白线所示的边界线结果明显优于图 6-7 所示的直线拟合结果。

图 6-8 直线枚举道路右边界

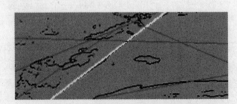

图 6-9 直线枚举道路左边界

方法 6-1 在形式上看起来是规范的,但是它在计算机中的数值计算却难以实现,比如,斜率 k 的取值范围是从 $-\infty$ 到 $+\infty$,如何确定 k 的范围 k_1、k_2 和步长 $stepk$ 呢?同理,b 的取值范围和步长也难以确定。因此,下面给出了将直线描述的空间从 (k,b) 转换到 (ρ,θ) 的方法。

2. (ρ,θ) 空间

在直角坐标系中,设 ρ 是坐标系原点到直线 L 的距离,θ 是 x 轴与直线 L 的法线间的夹角,如图 6-10 所示。则任意直线 L 都可以表示为:

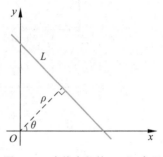

$$\rho = x\cos(\theta) + y\sin(\theta) \qquad (6\text{-}5)$$

对于已知 θ 直线上的任意点 (x,y),式(6-5)总有 $\rho \geqslant 0$;对于不在已知 θ 直线上的点,会有 $\rho < 0$ 的情况;当直线经过坐标系原点时,$\rho = 0$。采用"枚举+评价"的策略,求最佳 (ρ,θ) 的方法如下。

图 6-10 直线方程的 (ρ,θ) 表示

【方法 6-2】 (ρ,θ) 枚举法

```
void LineExhaustionThroTheta( int * x, int * y, int N,
                              double * bestThro, double * bestTheta
                            )
{
    //step.1 ------------- 计数器累加 ------------------------ //
    for (theta = theta1; theta < theta2; theta += stepTheta)
    {
        for (i = 0; i < N; i++)
        {
            thro = x[ i ] * cos(theta) + y[ i ] * sin(theta);
            if (thro > = 0)                    //在有效直线上点的 thro 肯定大于或等于 0
            {
                count[ thro ][ theta ]++;
            }
        }
    }
    //step.2 ------------- 寻找计数器中的最大值 --------------- //
    mostV = 0;
    for (thro = thro1; thro < thro2; thro += stepThro)
    {
        for (theta = theta1; theta < theta2; theta += stepTheta)
        {
            if (count[ thro ][ theta ] > mostV)
            {
                mostV = count[ thro ][ theta ];
                * bestThro = thro;
                * bestTeta = theta;
            }
        }
    }
}
```

枚举 (ρ,θ) 与枚举 (k,b) 在本质上是相同的，但是 ρ 和 θ 的语义更加直观，同时它们的取值范围也非常容易确定。

设图像的宽度为 w，高度为 h，则该图像中直线 ρ 的取值范围为 $[0,\sqrt{w^2+h^2})$，θ 的取值范围为 $[0°,360°)$，举例如图 6-11(a)～图 6-11(f)所示，L 代表直线，D 代表法线。

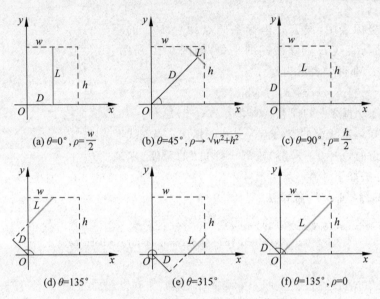

图 6-11 直线参数 (ρ,θ) 的取值范围

6.1.3 霍夫变换算法

方法 6-2 只是给出了 (ρ,θ) 枚举的实现形式，并不是可以直接运行的程序。因为 $\cos(180°+\theta)=-\cos(\theta)$，$\sin(180°+\theta)=-\sin(\theta)$，所以在方法 6-2 中，当 $x\cos(180°+\theta)+y\sin(180°+\theta)$ 的值为正数时，必然有 $x\cos(\theta)+y\sin(\theta)$ 的值为负数；$x\cos(180°+\theta)+y\sin(180°+\theta)$ 的值为负数时，必然有 $x\cos(\theta)+y\sin(\theta)$ 的值为正数；它们是一一对应的，因此 θ 只需要在 $[0°,180°)$ 内枚举即可，此时 ρ 值域设定为 $(-\sqrt{w^2+h^2},\sqrt{w^2+h^2})$。这样能够减少一半的 θ 搜索范围，从而提高执行速度。用 theta 代表 θ，用 thro 代表 ρ，直线霍夫变换的算法如下。

【算法 6-3】 直线霍夫变换

```
int RmwHoughLine( int width, int height,
                  int * x, int * y, int N,
                  double * A, double * B, double * C
                )
{
    int maxCount, bstTheta, bstThro;
    int * pCount, * pCenter, * pCur;
    int maxThro, cosV, sinV;
```

```
        int theta, thro, i;

        //step.1------------- 申请计数器空间 --------------------- //
        maxThro = (int)sqrt(1.0 * width * width + height * height + 0.5) + 1;
        pCount = new int[(maxThro * 2) * 180];              //( - maxThro,maxThro)
        if (!pCount) return 0;                             //建议 pCount 在该函数外申请
        //step.2------------- 霍夫变换 ---------------------------- //
        memset(pCount, 0, sizeof(int) * maxThro * 2 * 180);
        for (theta = 0; theta < 180; theta++)               //步长为 1 度
        {
            cosV = (int)(cos(theta * 3.1415926/180) * 8192);  //放大 8192 倍
            sinV = (int)(sin(theta * 3.1415926/180) * 8192);
            pCenter = pCount + (maxThro * 2) * theta + maxThro; //加上偏移 maxThro
            for (i = 0; i < N; i++)
            {
                thro = ((x[i] * cosV + y[i] * sinV)>> 13);   //缩小 8192 倍,thro 的步长为 1
                * (pCenter + thro) += 1;
            }
        }
        //step.3------------- 最大值搜索 -------------------------- //
        maxCount = 0;
        bstTheta = bstThro = 0;
        for (theta = 0, pCur = pCount; theta < 180; theta++)
        {
            for (thro = 0; thro < maxThro * 2; thro++, pCur++)
            {
                if ( * pCur > maxCount)
                {
                    maxCount = * pCur;
                    bstTheta = theta;
                    bstThro = thro;
                }
            }
        }
        bstThro -= maxThro;                                //去掉偏移 maxThro
        // step.4------------- 求直线 Ax + By + C 的值 ------------------- //
        //x * cos(bstTheta) + y * sin(bstTheta) = bstThro => Ax + By + C = 0
        * A = cos(bstTheta * 3.1415926/180);
        * B = sin(bstTheta * 3.1415926/180);
        * C = - bstThro;
        // step.5------------- 返回经过的点数 --------------------- //
        delete pCount;                                    //释放申请的内存,该函数内动
                                                          //态申请和释放会产生内存碎片

        return maxCount;
    }
```

使用算法 6-3,对图 6-12(a)～图 6-12(c)中黑色线段上的像素执行霍夫变换,得到的
最佳直线结果如图名所记,图像坐标系原点在左上角,图像宽度和高度都是 256。

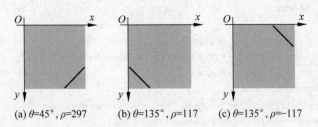

(a) $\theta=45°$, $\rho=297$ (b) $\theta=135°$, $\rho=117$ (c) $\theta=135°$, $\rho=-117$

图 6-12 直线的霍夫变换的结果

图 6-12(c)实际对应的坐标系原点到直线的距离为 117,x 轴与直线的法线间的夹角为 135°+180°=315°。

把图 6-12(a)～图 6-12(c)在霍夫变换时的计数器 pCount[θ][ρ]当作一个灰度图像,把计数值当作图像的灰度值进行显示,显示结果如图 6-13(a)～图 6-13(c)所示。

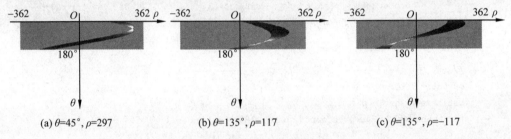

(a) $\theta=45°$, $\rho=297$ (b) $\theta=135°$, $\rho=117$ (c) $\theta=135°$, $\rho=-117$

图 6-13 霍夫变换计数器的值

由于数字图像中边缘点位置带有一定的精度误差,因此 theta(即 θ)的步长不需要过分精细,一般取 1°即可;同理,thro(即 ρ)的精度也不必太高,一般步长取 1 即可。当 pCount 中有多个相邻元素的值与最大值相等时,可以取它们对应 theta 和 thro 的均值作为结果。θ 和 ρ 的步长越大就越能抵抗直线上点的位置扰动,就越能在 pCount 中形成峰值,但结果直线的精度就越差,而且区分相近直线的能力也减弱。

算法 6-3 的优点之一是 theta 只在[0°,180°)内枚举,从而减少了一半的搜索范围和计算时间;此时,thro 的取值范围变为了 $(-\sqrt{w^2+h^2},\sqrt{w^2+h^2})$,并因之去掉了方法 6-2 中 thro≥0 的比较运算。

算法 6-3 的另一个优点是在霍夫变换过程中,$x\cos(\theta)+y\sin(\theta)=\rho$ 的计算没有使用任何浮点运算和三角函数运算。它提前对三角函数的值放大 8192 倍后取整(带来 1.0/8192 的误差,当 x 和 y 的值小于 8192 时,误差小于 1,所以误差可以被忽略),再把计算得到的整数结果除以 8192;又因为整数除以 8192 等价于右移 13 位,所以它又通过移位去掉了除法运算。在算法 6-3 中,因为右移了 13 位,所以等效于 thro 的步长为 1(如果右移 14 位,则等效于 thro 的步长为 2;如果右移 12 位,则等效于 thro 的步长为 0.5)。

霍夫变换在实际应用中,常采用如下策略。

(1)用较粗的 θ 和 ρ 的步长进行霍夫变换,把被霍夫变换结果直线经过的边缘点再进行直线拟合,从而得到更加精确的直线方程。

(2)对边缘图像进行膨胀后(相当于把边缘点的精度降低),再进行霍夫变换。

（3）进行某种加权的霍夫变换。pCount 不局限于是对边缘点数的计数，还可以是对边缘强度、连通的像素个数、灰度值大小等的计数。

6.1.4　平行直线检测

算法 6-3 给出了寻找一条最佳直线的方法，但是在实际应用中，目标一般具有一定的结构信息，比如道路有左右 2 条平行的边界线。更好地利用目标的这些结构特征，使用霍夫变换同时检测多条直线，则能大大提高检测的稳健性。

图 6-14(a)中有被损毁的机场跑道，图 6-14(b)中黑色所示的是其边缘点，图 6-14(c)中白色所示的是使用算法 6-3 检测到的最佳直线，可以看到该直线没有经过跑道的边界。分析可知，由于跑道被部分损毁，出现在同一条直线上的跑道边缘点反而不如规则排列的建筑物的边缘点多。

但是飞机跑道和建筑物有明显的结构区别，比如跑道有 2 条平行边。利用跑道的这个特点，在霍夫变换中寻找最大值时，同时寻找 2 条平行直线，就能很好地解决这个问题。使用平行直线约束得到的最佳跑道边界如图 6-14(d)中白线所示。

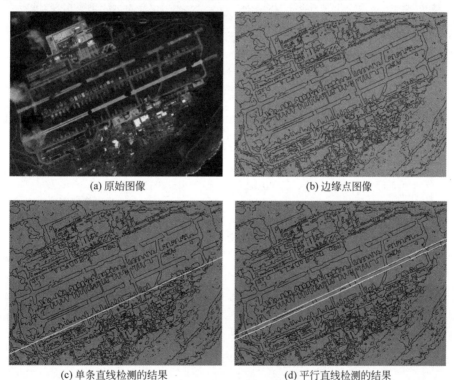

(a) 原始图像　　　　　　　　　　　　(b) 边缘点图像

(c) 单条直线检测的结果　　　　　　　(d) 平行直线检测的结果

图 6-14　霍夫变换平行直线检测

寻找 2 条平行线只要简单修改一下算法 6-3 的 step.3 就能实现。设 2 条平行直线间的距离为 dist，同时寻找 2 条平行直线的算法如下。

【算法 6-4】　基于霍夫变换的平行直线检测

```
int RmwHoughLineParallel( int width, int height,
                          int * x, int * y, int N,
```

```
                              int dist,                    //平行线之间的距离
                              double * A, double * B,
                              double * C1,                 //Ax + By + C1 = 0
                              double * C2                  //Ax + By + C2 = 0
                          )
{
    int maxCount, bstTheta, bstThro;
    int * pCount, * pCenter, * pCur;
    int maxThro, cosV, sinV;
    int theta, thro, i;

    //step.1------------ 申请计数器空间 -------------------- //
    maxThro = (int)sqrt(1.0 * width * width + height * height + 0.5) + 1;
    pCount = new int[(maxThro * 2) * 180];                //( - maxThro, maxThro)
    if (!pCount) return 0;                               //建议 pCount 在该函数外申请
    //step.2------------- 霍夫变换 ------------------------- //
    memset(pCount, 0, sizeof(int) * maxThro * 2 * 180);
    for (theta = 0; theta < 180; theta++)                //theta 的步长为 1 度
    {
        cosV = (int)(cos(theta * 3.1415926/180) * 8192); //放大 8192 倍
        sinV = (int)(sin(theta * 3.1415926/180) * 8192);
        pCenter = pCount + (maxThro * 2) * theta + maxThro; //加上偏移 maxThro
        for (i = 0; i < N; i++)
        {
            thro = ((x[i] * cosV + y[i] * sinV)>> 13);  //缩小 8192 倍,thro 的步长为 1
            * (pCenter + thro) += 1;
        }
    }
    //step.3------------- 平行边搜索 ------------------------- //
    dist -- ;                                           //把距离变成间隔
    maxCount = bstTheta = bstThro = 0;
    for (theta = 0, pCur = pCount; theta < 180; theta++)
    {
        for (thro = 0; thro < maxThro * 2 - dist; thro++, pCur++)
        {
            if ( * (pCur) + * (pCur + dist)> maxCount)
            {
                maxCount = * (pCur) + * (pCur + dist);
                bstTheta = theta;
                bstThro = thro;
            }
        }
        pCur += dist;
    }
    bstThro -= maxThro;                                 //去掉偏移 maxThro
    //step.4------------- 求直线 Ax + By + C 的值 ------------------ //
    //x * cos(bstTheta) + y * sin(bstTheta) = bstThro => Ax + By + C = 0
    * A = cos(bstTheta * 3.1415926/180);
    * B = sin(bstTheta * 3.1415926/180);
```

```
    * C1 =  - bstThro;
    * C2 =  - (bstThro + dist);
    //step.5 ------------ 返回经过的点数 --------------------- //
    delete pCount;          //释放自己申请的内存,该函数内动态申请和释放会产生内存碎片
    return maxCount;
}
```

当两条平行线之间的距离 dist 不能确定时,需要修改 step.3,对 dist 也在一定的范围内进行枚举即可。

在实际应用时,还可以利用 2 条飞机跑道有 4 条平行直线的结构信息,通过设定平行线之间的距离来同时定位 4 条直线,这样更加能抵抗跑道的边缘残缺,更加不受跑道的损毁的影响。

6.1.5 矩形位置检测

矩形目标是日常生活中的常见目标。矩形目标有 4 条边,分成两两平行的 2 组,每组之间又是互相垂直的。在霍夫变换中,平行直线具有相同的 θ 角,平行直线的 θ 角与垂直直线的 θ 角相差 $90°$。利用矩形目标的这些特征,设矩形的边长分别为 a 和 b,通过修改算法 6-3 的 step.3 同时寻找一个矩形 4 条边的算法如下。

【算法 6-5】 基于霍夫变换的矩形位置检测

```
//step.3 ------------ 矩形位置搜索 --------------------- //
int thro1, thro2, thro3, thro4;                    //4 条直线 L1~L4 的 thro
int theta12;                                        //第一对平行边 L1L2 的 theta
int theta34;                                        //第二对平行边 L3L4 的 theta
int max1A, theta1A, thro1A;
int max1B, theta1B, thro1B;
int max2A, theta2A, thro2A;
int max2B, theta2B, thro2B;
int throNum = maxThro * 2;
int * pCur1, * pCur2;
a -- ; b -- ;                                       //把距离变成间隔
if (a < b) { i = a; a = b; b = i; }                 //令 a 为长边
maxCount = max1A = max1B = max2A = max2B = 0;
for ( theta = 0, pCur1 = pCount,pCur2 = pCur1 + throNum * 90; theta < 90;theta++ )
{
    //长边和短边分别尝试
    for (thro = 0; thro < throNum - a; thro++, pCur1++,pCur2++)
    {
        //第一对平行边
        if ( * pCur1 + * (pCur1 + a)> max1A)
        {
            max1A =  * pCur1 + * (pCur1 + a);
            theta1A = theta;
            thro1A = thro;
        }
        if ( * pCur1 + * (pCur1 + b)> max1B)
```

```
        {
            max1B  =  * pCur1 + * (pCur1 + b);
            theta1B = theta;
            thro1B = thro;
        }
        //第二对平行边
        if ( * pCur2 + * (pCur2 + a)> max2A)
        {
            max2A  =  * pCur2 + * (pCur2 + a);
            theta2A = theta;
            thro2A = thro;
        }
        if ( * pCur2 + * (pCur2 + b)> max2B)
        {
            max2B  =  * pCur2 + * (pCur2 + b);
            theta2B = theta;
            thro2B = thro;
        }
    }
    for (; thro < throNum - b; thro++, pCur1++,pCur2++)
    {
        //第一对平行边
        if ( * pCur1 + * (pCur1 + b)> max1B)
        {
            max1B  =  * pCur1 + * (pCur1 + b);
            theta1B = theta;
            thro1B = thro;
        }
        //第二对平行边
        if ( * pCur2 + * (pCur2 + b)> max2B)
        {
            max2B  =  * pCur2 + * (pCur2 + b);
            theta2B = theta;
            thro2B = thro;
        }
    }
    pCur1  += b;
    pCur2  += b;
    //评价:长短边交叉配对
    if (max1A + max2B > maxCount)
    {
        maxCount  = max1A + max2B;
        theta12  = theta1A;
        thro1  = thro1A;
        thro2  = thro1A + a;
        theta34  = theta2B + 90;
        thro3  = thro2B;
        thro4  = thro2B + b;
    }
```

```
    if (max1B + max2A > maxCount)
    {
        maxCount = max1B + max2A;
        theta12 = theta1B;
        thro1 = thro1B;
        thro2 = thro1B + b;
        theta34 = theta2A + 90;
        thro3 = thro2A;
        thro4 = thro2A + a;
    }
}
```

算法 6-5 得到了 4 条边的 thro1、thro2、thro3 和 thro4，以及 2 组平行线的 θ 角 theta12 和 theta34，可以仿照算法 6-3 的 step.4 得到这 4 条边的一般式直线方程。

下面通过一个方形印鉴的定位来举例说明。图 6-15(a)模仿了一幅严重污染的印鉴图像，要求得到印鉴的 4 条边。因为印鉴的 4 条边位于最外侧，所以在每一行中，从左向右扫描得到最左侧的边缘点，从右向左扫描得到最右侧的边缘点；在每一列中，从上向下扫描得到最上面的边缘点，从下向上扫描得到最下面的边缘点，将这些边缘点集中在一起，如图 6-15(b)中黑色像素所示。

采用算法 6-5 得到的矩形位置如图 6-16(c)中 4 条白色直线所示。图 6-15(d)是以图像形式显示的霍夫变换计数器值。在图 6-15(d)中可以看到有明显的 4 个峰值，即有 4 条直线；而且这 4 个峰两两成对出现在图 6-15(d)的同一行上。因为在同一行上的两条直线具有相同的 θ，所以说明它们是两两平行的；4 个峰出现在了两行上，这两行的 θ 相差 90°说明不同行上的直线是互相垂直的。

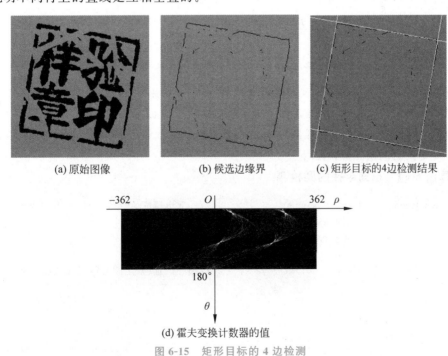

(a) 原始图像　　　　　　(b) 候选边缘界　　　　　(c) 矩形目标的4边检测结果

(d) 霍夫变换计数器的值

图 6-15　矩形目标的 4 边检测

在实际应用中，当印鉴有略微倾斜时，此时不满足矩形假设，可以仅使用最左侧的边缘点进行算法 6-3 的霍夫变换求得印鉴的左边线，此时仅需要在 pCount 找一个最大值即可。同理，可以求右边线、上边线和下边线。

很多开源软件，比如 OpenCV，给出了直线的霍夫变换函数，但是怎么同时寻找满足一定距离约束的多条平行或者垂直直线呢？它们一般并不给出。所以，只有弄懂霍夫变换的原理和实现细节，才可以通过灵活变化算法 6-3 来解决实际中各种各样的问题。

6.2 圆的霍夫变换

霍夫变换是 Paul V. C. Hough 首次提出的，并在 1962 年申请到了美国专利（Hough，Method and means for recognizing complex patterns[P]. 1962：3069654），它用于检测图像中的直线。后来 P. E. Hart 提出了直线方程的 (ρ,θ) 空间表示形式，并将其扩展到了任意已知形状的检测（Use of the Hough transformation to detect lines and curves in pictures, Commun[J]. ACM, 1972,15(1)：11-15），比如圆和椭圆的检测。

如 6.1.2 节所述，由于霍夫变换是一种数值枚举的方法，因此目标形状方程包括的参数个数越多，则其花费的时间就越多。为了提高霍夫变换的执行速度，霍夫变换有各种各样的优化和加速策略，也产生了多种变化形式，下面以圆的检测来进行讲述。

6.2.1 已知半径的圆检测

圆的标准方程为 $(x-x_0)^2+(x-y_0)^2=r^2$，所以圆形目标的定位需要确定 3 个参数 (x_0,y_0,r) 的值。设 θ 为 x 轴与圆心到圆周上点 (x,y) 连线的夹角，$0° \leqslant \theta < 360°$，有：

$$\begin{cases} x_0 = x - r\cos(\theta) \\ y_0 = y - r\sin(\theta) \end{cases} \tag{6-6}$$

同时进行 3 个参数 (x_0,y_0,r) 的枚举非常费时。如果能够减少一个参数，就能提高检测速度。在很多应用中，比如机器视觉，被检测的图像目标是已知的，其半径大小是确定的，此时就是在已知半径下求圆心坐标参数 (x_0,y_0)。设已知半径为 r，根据式(6-6)，基于霍夫变换的圆检测算法如下。

【算法 6-6】 已知半径的圆检测

```
int RmwHoughCircle( int * pCount,          //外部申请好的计数空间,大小 width * height
                    int width, int height, //图像的大小
                    int r,                 //圆的半径
                    int * x, int * y, int N, //边缘点
                    int * x0,int * y0      //圆心位置(限定圆心位置在图像内部)
                  )
{   int * pCur;
    int theta, cosV, sinV;
    int i, tstY0, tstX0, maxCount;
```

```
//step.1 ------------ 霍夫变换 ---------------------------- //
memset(pCount, 0, sizeof(int) * width * height);
for (theta = 0; theta < 360; theta++) //步长为 1 度
{
        cosV = (int)(cos(theta * 3.1415926/180) * 8192); //放大 8192 倍
        sinV = (int)(sin(theta * 3.1415926/180) * 8192);
        for (i = 0; i < N; i++)
        {
                tstX0 = x[i] - ((r * cosV) >> 13); //缩小 8192 倍,步长为 1
                if ((tstX0 < 0) || (tstX0 > width - 1)) continue; //tstX0 无效
                tstY0 = y[i] - ((r * sinV) >> 13); //缩小 8192 倍,步长为 1
                if ((tstY0 < 0) || (tstY0 > height - 1)) continue; //tstY0 无效
                pCount[tstY0 * width + tstX0] += 1; //计数
        }
}
//step.2 ------------ 寻找最大值位置 --------------------- //
* x0 = * y0 = maxCount = 0;
for (tstY0 = 0, pCur = pCount; tstY0 < height; tstY0++)
{
        for (tstX0 = 0; tstX0 < width; tstX0++, pCur++)
        {
                if ( * pCur > maxCount)
                {
                        maxCount = * pCur;
                        * x0 = tstX0;
                        * y0 = tstY0;
                }
        }
}
//step.3 ------------ 结束 ---------------------------- //
return maxCount;                    //由于计算误差等原因,此值不代表出现在
                                    //结果圆上的边缘点数

}
```

图 6-16(a)是含有两种圆形药片的灰度图像,它们的半径是相等的。图 6-16(b)是该图的边缘点图像,使用算法 6-6 得到的霍夫变换计数器数值如图 6-16(c)所示。可以看到在图 6-16(c)中有若干局部亮点,它们就是圆形颗粒的圆心位置。算法 6-6 只能输出一个圆心的位置,该圆如图 6-16(d)中黑圈所示。

要得到图 6-16(a)中所有药片的圆心,可以做如下操作:考虑到这些药片之间是互不重叠的,所以先在一定的范围内只取 1 个圆心。把这些圆心中对应计数值大于 3 的以黑色圆圈画在图 6-16(e)中,可以发现已经得到所有的圆,但是有一些虚假者。因此,再在原图中检测这些圆圈经过的像素点边缘梯度,去掉平均梯度太小和经过边缘点数太少的圆,则筛选得到的圆如图 6-16(f)中黑色圆圈所示。

因为本例中背景和药片都是白色的,而且有影子,药片的检测有一定的难度。若是采用黑色背景将非常易于检测。另外,本例中药片的检测使用深度学习的方法会更加有效。

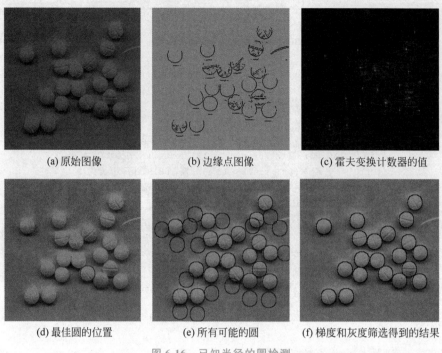

(a) 原始图像 　　　　　 (b) 边缘点图像 　　　　　 (c) 霍夫变换计数器的值

(d) 最佳圆的位置 　　　　　 (e) 所有可能的圆 　　　　　 (f) 梯度和灰度筛选得到的结果

图 6-16　已知半径的圆检测

6.2.2　未知半径的圆检测与分治法

在半径未知的情况下，需要进行 3 个参数 (x_0, y_0, r) 的检测，这个时候霍夫变换的原理仍然相同，但是因为多了一个维数，即还需要对 r 在一定范围内进行枚举，这使计算量增大许多。在某些情况下，如果图像中的圆形目标允许将 x_0、y_0 和 r 分别求解（即分治法），则能提高圆检测的速度。

图 6-17(a) 中只有一枚印鉴，根据圆的左右对称特性，构造一个一维的参数空间和计数器 pCount，在每一行中从左到右进行水平扫描得到的最左边缘点 x_1，从右向左进行水平扫描得到最右边缘点 x_2，计算它们的中点 $cx=(x_1+x_2+1)/2$，将 pCount[cx] 的值增加 1，则 pCount[cx] 中最大值对应的 cx 就是圆心的横坐标 x_0。图 6-17(b) 中黑色点所示的是每行中的最左和最右边缘点，白色所示的是横坐标 x_0 计数器 pCount 的值。

同理，根据圆的上下对称特性，在每一列中从上向下进行垂直扫描得到的最上边缘点 y_1，从下向上进行垂直扫描得到的最下边缘点 y_2，计算它们的中点 $cy=(y_1+y_2+1)/2$，将 pCount[cy] 的值增加 1，则 pCount[cy] 中最大值对应的 cy 就是圆心的纵坐标 y_0。图 6-17(c) 中黑色点所示的是每列中的最上和最下边缘点，白色所示的是纵坐标 y_0 计数器 pCount 的值。

得到了圆心坐标 (x_0, y_0) 后，对图 6-17(b) 和图 6-17(c) 中的黑点 (x_i, y_i)，计算 $R=\sqrt{(x_i-x_0)^2+(y_i-y_0)^2}$，将 pCount[R] 的值增 1，则 pCount[R] 中的最大值对应的 R 就是圆的半径 r。

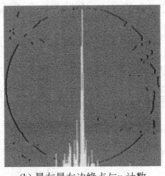
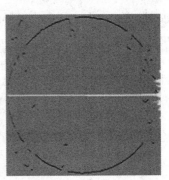

(a) 原始图像　　　　　(b) 最左最右边缘点与x_0计数　　　(c) 最上最下边缘点与y_0计数

图 6-17　分治法圆心检测

分治法用在噪声较弱、边缘点分布比较均匀的情况下是可行的,但在有些极端情况下,分治法是无效的,比如当只有单侧的半个圆时。

6.2.3　随机霍夫变换圆检测

当半径的范围未知和圆心的分布范围未知时,进行经典的霍夫充换圆检测是非常费时间的,此时常常采用随机霍夫变换的方法。随机霍夫变换圆检测的方法是根据已知圆上 3 个点就可以求出圆心和半径的原理,任意选取 3 个边缘点(为了减小计算误差,这 3 个点之间的距离不能太近;为了加速,不要选在同一条直线上的 3 个点),求解得到圆的参数(x_0, y_0, r),并对此进行计数。此外,考虑到三维计数器会浪费极大的内存空间,所以又常用链表方式记录参数(x_0, y_0, r)出现的次数。

顺便说明一下,这样用有限的几个点求解得到一组参数的方法被称为 many to one 方法,相比于它之外的方法被称为 one to many 方法。

6.3　目标轮廓描述与链码

回顾第 5 章,图像分割是按照一定的规则把图像划分成了若干区域,比如把图像分成了一系列黑白区域。在实际应用中,仅仅把图像划分成一个个区域是不够的,还经常需要知道图像的目标个数,需要每个目标的长度、宽度与面积、周长等。那么,怎么从图像分割后的结果图像中计算这些参数呢?

6.3.1　轮廓描述与连通性

一个目标可以由其轮廓线确定,比如,一个湖泊可由它的湖岸线确定。所谓轮廓线就是一个个轮廓点$(x_0, y_0), (x_1, y_1), \cdots, (x_{n-1}, y_{n-1})$按序排列构成的闭合曲线。目标的轮廓点就是属于目标但至少有一个邻居不在目标上的点,比如本身是个黑色像素点,但其有一个邻居是白色点,反之亦然。

与图形学中目标的顶点不同,图像目标的轮廓点具有特别的属性,即一个个轮廓点是紧密相邻的,它们互为邻居。一个像素与其邻居的邻接关系传统上分为 4 邻接或 8 邻接两种。4 邻接是指两个轮廓点仅在上下或左右方向相邻(称为直接邻居)时才是连通的,如图 6-18(a)中浅灰色位置所示；8 邻接是指除了上下左右外，还可以有 4 个斜向的邻接（称为间接邻居），如图 6-18(b)中浅灰色位置所示。

　　如果轮廓点的连通性采用 4 邻接，则轮廓线就称为是 4 连通的；如果轮廓点的连通性采用 8 邻接，则轮廓线就称为是 8 连通的。对图 6-19 若采用 4 连通，会得到 2 条轮廓线，在图中分别用灰色和深灰色表示；若采用 8 连通，则得到 1 条轮廓线。

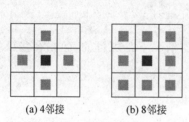

(a) 4邻接　　　　(b) 8邻接

图 6-18　轮廓点的邻接关系

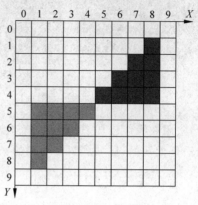

图 6-19　目标轮廓线

　　4 连通时深灰色表示的部分是一个目标，用 13 个轮廓点表示（多个轮廓点被重复经过），轮廓线如下：

　　(8,1)(8,2)(7,2)(7,3)(6,3)(6,4)(5,4)(6,4)(7,4)(8,4)(8,3)(8,2)(8,1)

　　4 连通时浅灰色表示的部分是另一个目标。用 13 个轮廓点表示（多个轮廓点被重复经过），轮廓点如下：

　　(1,5)(1,6)(1,7)(1,8)(1,7)(2,7)(2,6)(3,6)(3,5)(4,5)(3,5)(2,5)(1,5)

　　8 连通时浅灰色和深灰色表示的部分是同一个目标，用 21 个轮廓点表示（个别轮廓点被重复经过），轮廓线如下：

　　(8,1)(7,2)(6,3)(5,4)(4,5)(3,5)(2,5)(1,5)(1,6)(1,7)(1,8)(2,7)(3,6)(4,5)(5,4)(6,4)(7,4)(8,4)(8,3)(8,2)(8,1)

6.3.2　链码

　　从图 6-19 可以看出，用轮廓点来描述轮廓线不容易看出目标的形状，非常难以从一系列轮廓点想象出目标形状。考虑到图像中轮廓点的邻接特性，Freeman 提出了方向码（direction code）的概念（Computer processing of line-drawing images[J]. Computing Surveys，1973，6(1)：57-97)，将相邻接的两个轮廓点之间的关系表示为如图 6-20 所示的方向关系。

　　4 邻接只需要 4 个符号就可以表示，通常用 0～3 表示；8 邻接需要 8 个符号表示，通常用 0～7 表示。由于方向码是 Freeman 提出的，因此有时又被称为 Freeman 码；又因为一系列的方向码构成了一个链式结构，丢失其中任何一个方向码都导致轮廓线错误，所以方向码也常被称为链码（chain code）。

　　为了保持旋转不变性，比如一条水平线段旋转一定角度后必须仍然是一条线段而不会变成多个线段，所以一般采用 8 连通，因为若按 4 连通就有可能把一条直线线段在旋转后变成多

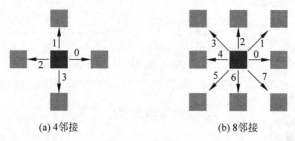

(a) 4邻接   (b) 8邻接

图 6-20 链码定义

条线段。在使用 8 连通时,图 6-19 中的目标轮廓用链码表示为(8,1)555544466611111000222,其中(8,1)是轮廓起点。

在图像分析中,目标的轮廓常记为$(x_0, y_0)c_0c_1\cdots c_{n-1}$,其中$(x_0, y_0)$是轮廓的起点坐标,$0 \leqslant c_0 \leqslant 7$是链码,$n$是链码个数。通过链码序列很容易看出轮廓的走向,而且存储链码还比存储轮廓点坐标更节省空间,因为链码共有 8 种类型,所以它最多只需要 3b。

在对计算机内存空间不敏感的应用中,为了数据访问方便,一般采用一个字节(8b)存储一个链码。

6.3.3 目标周长和面积计算

基于链码表示的目标轮廓,可以方便地求出目标的周长或面积、在某个方向上的宽度、对 x 轴或 y 轴的一阶矩和二阶矩、目标形心的位置、轮廓到直线的距离、轮廓中的角点、轮廓中的线段等目标参数。

下面讲述其中两个最常用的、也是最简单的目标参数求取:周长和面积的计算。

1. 周长计算

相较于用轮廓点序列表示的轮廓在求取目标周长时需要计算轮廓点之间的距离,用链码表示的轮廓只需要知道链码的个数即可,即有几个链码周长就为多长。考虑到奇数码代表的邻接距离是对角线距离,所以周长的计算公式为

$$P = n_e + n_0\sqrt{2} \tag{6-7}$$

其中n_e为轮廓中偶数码的个数,n_0为轮廓中奇数码的个数。

【算法 6-7】 基于链码的目标周长计算

```
double RmwContourPerimeter(BYTE * pChainCode, int n)
{
    int no, ne, i;

    no = 0;
    for (i = 0; i < n; i++)
    {
        no += pChainCode[i]&0x01;          //奇数码个数
    }
    ne = (n - no);                          //偶数码个数
    return ne + no * sqrt(2.0);
}
```

2. 面积计算

根据格林定理,求一个区域 D 的面积 S 公式如下:

$$S = \oiint_D dx\,dy = \oint_L y\,dx = \oint_L x\,dy \tag{6-8}$$

其中，L 为区域 D 的边界曲线，L 等价于轮廓线。图 6-21 中目标的轮廓为 $(2,2)666000222444$，使用格林定理 $S = \oint_L y\,dx$，则其面积计算过程如下：

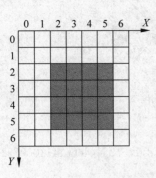

```
S = 2×0 + 3×0 + 4×0 +      //链码 6 的 dx = 0
    5×1 + 5×1 + 5×1 +      //链码 0 的 dx = 1
    5×0 + 4×0 + 3×0 +      //链码 2 的 dx = 0
    2×(-1) + 2×(-1) + 2×(-1)  //链码 4 的 dx = -1
  = 9
```

图 6-21　基于链码的面积计算

图 6-22(a)示意了 S 表达式中正数部分的面积，图 6-22(b)示意了 S 表达式中负数部分的面积，通过它们可以直观地理解使用线积分求面积的过程。

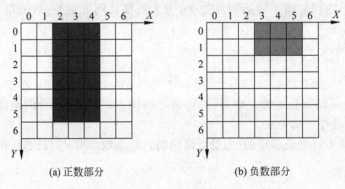

(a) 正数部分　　　　(b) 负数部分

图 6-22　面积中正数和负数部分的示意图

这条轮廓的链码碰巧都是偶数，当有奇数链码时怎么计算面积呢？图 6-23(a)给出了一个带有奇数链码的轮廓 $(3,2)6560002324$，轮廓点 $(3,3)$ 到轮廓点 $(2,4)$ 时的链码为"5"，此时 dx 为 -1，dy 为 1，它对面积的贡献不应该为 $3×(-1)$，而应该为 $(3+0.5)×(-1) = -3.5$，如图 6-23(b)中最左侧的立柱所示；轮廓点 $(5,4)$ 到轮廓点 $(4,3)$ 时的链码为"3"，此时 dx 为 -1，dy 为 -1，它对面积的贡献不应该为 $4×(-1)$，而应该为 $(4-0.5)×(-1) = -3.5$，如图 6-23(b)中最右侧的立柱所示。

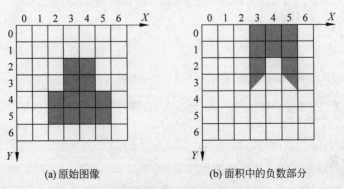

(a)原始图像　　　　(b)面积中的负数部分

图 6-23　奇数链码对面积的贡献

综上分析,并考虑到 dy 不等于 0 的情况,面积的计算公式为:

$$S = \sum_{i=0}^{n-1} \left[y_i + \frac{1}{2} dy(c_i) \right] dx(c_i) \tag{6-9}$$

表 6-1 给出了在不同 c_i 时的 dx 和 dy 取值。

表 6-1　坐标偏移量表

c_i	dx	dy
0	1	0
1	1	-1
2	0	-1
3	-1	-1
4	-1	0
5	-1	1
6	0	1
7	1	1

【算法 6-8】　基于链码的目标面积计算

```
double RmwContourArea(BYTE * pChainCode, int n)
{
    static int dx[8] = { 1, 1, 0, - 1, - 1, - 1, 0, 1 };
    static int dy[8] = { 0, - 1, - 1, - 1, 0, 1, 1, 1 };
    int i,yi,ci;
    double S = 0.0;

    yi = 0;                     //随意假定一个初值即可,因为面积与起点无关
    for (i = 0; i < n; i++)
    {
        ci = pChainCode[i];
        S += (yi + dy[ci]/2.0) * dx[ci];
        yi += dy[ci];      //下一个轮廓点的坐标
    }
    return fabs(S);         //轮廓为逆时针走向时得到正数,顺时针走向得到负数,所以取绝对值
}
```

根据式(6-9),图 6-21 得到的目标面积为 9,图 6-23(a)得到的目标面积为 6,但是发现它们明显少于目标像素的个数,这是因为式(6-9)忽略了轮廓点的大小。不同于式(6-8)的边界 L 是无穷细的,图像目标的轮廓线是有尺寸大小的,因此在实际应用中,常把式(6-9)得到的面积 S,再加上周长的一半,即把面积修正为 $S+P/2$。这样经过修正后,图 6-21 和图 6-23(a)中的目标面积分别为 $9+12/2=15$ 和 $6+(8+2\sqrt{2})/2 \approx 12$,已经很接近目标区域的像素个数 16 和 12。算法如下。

【算法 6-9】　基于链码的目标修正面积计算

```
double RmwContourPerimeterAndArea(BYTE * pChainCode, int n,double * Perimeter)
{
    static int dx[8] = { 1, 1, 0, - 1, - 1, - 1, 0, 1 };
    static int dy[8] = { 0, - 1, - 1, - 1, 0, 1, 1, 1 };
```

```
    int i, yi, ci, no;
    double S = 0.0;

    no = 0;
    yi = 0;                    //随意假定一个初值即可,因为面积与起点无关
    for (i = 0; i < n; i++)
    {
        ci = pChainCode[i];
        //面积计算
        S += (yi + dy[ci]/2.0) * dx[ci];
        yi += dy[ci];        //下一个轮廓点的坐标
        //周长计算
        no += ci&0x01;       //奇数码个数
    }
    //周长
    * Perimeter = (n - no) + no * sqrt(2.0);
    //使用周长修正过的面积
    return fabs(S) + ( * Perimeter/2);
}
```

算法 6-9 使用 1/2 周长对式(6-9)得到的面积进行了修正,并顺便输出了目标周长。算法 6-9 是图像处理和分析中求取目标面积和周长的最常用方法。

3. 轮廓包围的像素个数计算

仔细观察就会发现,即使把式(6-9)得到的面积进行修正,但得到的面积值与目标的像素个数仍会有差异。那么,有没有一种方法得到轮廓包围的具体像素个数呢?

Tang(Region Filling with the use of the discrete Green theorem[J]. CVGIP, 1988, 42:297-305)在研究格林定理离散化时,指出一个区域可由若干条垂直线段和垂直尖点组成。根据轮廓点(x_i, y_i)的进入链码 c_{i-1} 和出发链码 c_i,把轮廓点分类为上端点、下端点、无用点和尖点,分别用数字 $0,1,2,3$ 代表,表 6-2 给出了进入链码和出发链码所有组合下的轮廓点分类情况。根据轮廓点的分类情况,可以计算轮廓包围的像素个数,下面给出具体的实现算法。

表 6-2 根据进出链码的轮廓点分类

c_{i-1}	c_i							
	0	1	2	3	4	5	6	7
0	1	1	1	3	3	2	2	1
1	1	1	1	3	3	3	2	1
2	2	2	2	0	0	0	0	2
3	2	2	2	0	0	0	0	3
4	3	2	2	0	0	0	0	3
5	3	3	2	0	0	0	0	3
6	1	1	1	2	2	2	2	1
7	1	1	1	3	2	2	2	1

【算法 6-10】　轮廓包围的像素个数计算

```
int RmwContourPixels(BYTE  * pChainCode, int n)
{
    static int dy[8] = { 0, −1, −1, −1, 0, 1, 1, 1 };
    static int typeLUT[8][8] = { 1,1,1,3,3,2,2,1,//0
                                 1,1,1,3,3,3,2,1,//1
                                 2,2,2,0,0,0,0,2,//2
                                 2,2,2,0,0,0,0,3,//3
                                 3,2,2,0,0,0,0,3,//4
                                 3,3,2,0,0,0,0,3,//5
                                 1,1,1,2,2,2,2,1,//6
                                 1,1,1,3,2,2,2,1 //7
                                };
    int i, ci_1,ci,type,yi;
    int num = 0;

    num = 0;
    yi = 0;                       //随意假定一个初值即可,因为面积与起点无关
    ci_1 = pChainCode[n−1];       //起点的进入链码(即最末尾的链码)
    for (i = 0; i<n; i++)
    {
        ci = pChainCode[i];       //出发链码
        type = typeLUT[ci_1][ci]; //轮廓点类型
        if (type == 0) num −= yi;
        else if (type == 1) num += yi + 1;
        else if (type == 3) num += 1;
        yi += dy[ci];             //下一个轮廓点的坐标
        ci_1 = ci;                //下一个轮廓点的进入链码
    }
    return abs(num);              //在轮廓逆时针走向时为正,顺时针走向时为负,所以
                                  //取绝对值
}
```

　　需要注意的一个情况是,有些轮廓点会被多次访问,会被多次分成上端点或下端点,尽管这样会导致 num 的多次加减,但并不影响计算结果的正确性。采用本算法得到图 6-21 的像素数为 16,图 6-23(a)的像素数为 12,与实际情况完全一致。

　　需要说明的是,外轮廓时得到的像素个数是包含轮廓点在内的,内轮廓时得到的像素个数是不包含轮廓点的。这与轮廓的定义是一致的,因为外轮廓包围的区域是目标像素,外轮廓的轮廓点也是目标像素;内轮廓包围的区域是背景像素,而内轮廓的轮廓点却是目标像素。

6.3.4　像素点是否被轮廓包围

　　在很多图像分析应用中,常常需要判定像素和轮廓之间的关系,比如像素是否在区域内部、是否在区域外部、是否在某一轮廓上等。Tang(见 6.3.3 节)同样使用格林定理,给出了判定一个像素是否在轮廓内部的方法,算法实现如下。

【算法 6-11】 像素点是否被轮廓包围的判定

```
bool RmwIsPixelInContour ( int x0, int y0, BYTE * pChainCode, int n,
                            int x, int y
                          )
{
    static int dx[8] = { 1, 1, 0, -1, -1, -1, 0, 1 };
    static int dy[8] = { 0, -1, -1, -1, 0, 1, 1, 1 };
    int DY[8][8] =     { 0 ,1 ,1 ,1 ,1 ,0 ,0 ,0,
                         0 ,1 ,1 ,1 ,1 ,0 ,0 ,0,
                         0 ,1 ,1 ,1 ,1 ,0 ,0 ,0,
                         0 ,1 ,1 ,1 ,1 ,0 ,0 ,0,
                         -1, 0, 0, 0, 0, -1, -1, -1,
                         -1, 0, 0, 0, 0, -1, -1, -1,
                         -1, 0, 0, 0, 0, -1, -1, -1,
                         -1, 0, 0, 0, 0, -1, -1, -1,
                       };
    int CY[8][8] = { 0, 0, 0, 0, 0, 0, 0, 0,
                     0, 0, 0, 0, 0, 1, 0, 0,
                     0, 0, 0, 0, 0, 1, 1, 0,
                     0, 0, 0, 0, 0, 1, 1, 1,
                     1, 0, 0, 0, 0, 1, 1, 1,
                     1, 1, 0, 0, 0, 1, 1, 1,
                     1, 1, 1, 0, 0, 1, 1, 1,
                     1, 1, 1, 1, 0, 1, 1, 1,
                   };
    int sum, i, V, J;
    int pre, cur;

    pre = pChainCode[n-1];
    for (sum = 0, i = 0; i < n; i++)
    {
        cur = pChainCode[i];
        V = ((x0 - x) >= 0) && ((y0 - y) == 0);
        J = ((x0 - x) == 0) && ((y0 - y) == 0);
        sum += V * DY[pre][cur] + J * CY[pre][cur];
        //Next
        x0 = x0 + dx[cur];
        y0 = y0 + dy[cur];
        pre = cur;
    }
    //外轮廓时,轮廓点和轮廓内包围像素的 sum 值是 1,轮廓外像素的 sum 值为 0
    //内轮廓时,轮廓点和轮廓外像素的 sum 的值是 0,轮廓内包围像素的 sum 值是 -1
    return (sum != 0);
}
```

当 pChainCode 是逆时针方向的外轮廓时,轮廓点和轮廓内包围像素的 sum 值都是 1,轮廓外像素的 sum 值为 0,这与外轮廓定义是一致的,因为外轮廓包围的区域是目标像素,外轮廓的轮廓点也是目标像素。当 pChainCode 是顺时针方向的内轮廓时,轮廓点和轮廓外像素的 sum 的值都是 0,轮廓内包围像素的 sum 值是 -1,这与内轮廓定义是一致的,同样是因为内轮廓包围的区域是背景像素,而内轮廓的轮廓点却是目标像素。

6.4 轮廓跟踪

6.3 节讲述了使用链码表示轮廓的优点,但是如何从一幅图像中得到所有目标的轮廓呢? 这就是轮廓跟踪算法要完成的工作。

轮廓跟踪初看起来是一个很简单的问题,但实际情况是,在很长的一段时间内,并没有一个完备的算法。有的算法会给一个目标跟踪出多条轮廓;有的算法需要将图像扫描多遍,浪费时间;有的算法需要边跟踪边填充;有的算法常常丢失内轮廓(即物体内部的孔洞),比如空心圆和实心圆都得到一条轮廓,导致实心目标和空心目标不能区分的严重问题;有的算法不具有旋转不变性,在图像旋转后会把原本的一条轮廓跟踪成多条轮廓。

比如,吴立德老师在 1994 年提出了一个改进算法(区域围线跟踪算法的改进[J]. 模式识别与人工智能,1994,7(3):215-226),但仍存在丢失内轮廓问题;在 1996 年提出了一个基于边过程的跟踪算法(基于边过程的围线追踪与围线的树结构[J]. 计算机学报,1996,19(6):457-465),能正确执行但破坏了目标原有的像素结构,并断言"给出基于像素的、能追踪形状任意复杂的区域的围线的追踪方法如果不是不可能的话,也将是十分困难的"。

本书作者有幸解决了这个问题(Tracing boundary contours in a binary image[J]. Image and Vision Computing,2002,20(2):125-131),采用的算法以下简称为 Rmw 轮廓跟踪算法。该算法通过一个巧妙的轮廓标记策略,解决了现有算法有时丢失内轮廓的问题;提出了新的可保持连通性的跟踪终止条件,解决了现有算法可能将一个目标跟踪成多个目标的问题;并利用相邻链码间的关系,建立了邻居快速搜索顺序表,使搜索下一个轮廓点所需的比较次数减少到最低。其正确性和优良的算法效率已使其成为一个通用算法。该算法是基于像素的,且能正确跟踪任意复杂形状目标的内外轮廓线。

6.4.1 轮廓跟踪的一般过程

为了便于理解后续章节的内容,本节先简单讲述一下从轮廓起点 (x_0,y_0) 开始轮廓跟踪的一般过程。

【算法 6-12】 轮廓跟踪算法示例

```
int TraceContourDemo( BYTE * pBinImg,int width,int height,   //输入图像
                      int x0, int y0,                          //轮廓起点
                      bool isOuter,                            //是否是外轮廓
                      BYTE * pChainCode      //外部申请好的一个内存空间,用来保存链码
                      )
{
    static int dx[8] = { 1, 1, 0, -1, -1, -1, 0, 1 };
    static int dy[8] = { 0, -1, -1, -1, 0, 1, 1, 1 };
    int curx, cury, code, x, y, i;
    int N;
```

```
    N = 0;                              //链码个数初始化为0
    curx = x0;cury = y0;                //把当前点设为轮廓起点
    code = isOuter ? 7 : 3;             //是外轮廓就初始化为7,是内轮廓就初始化为3
    do
    {
        code = (code - 2 + 8) % 8;      //从当前点开始检查的第一个链码,比上个链码少2
        for (i = 0; i < 8; i++)         //最多顺序检查8个链码所对应的邻居
        {
            x = curx + dx[code]; y = cury + dy[code];//邻居点的坐标
            if ( * (pBinImg + y * width + x) == 0)      //是目标点(假设目标灰度值为0)
            {
                pChainCode[N++] = code; //保存链码
                curx = x; cury = y;     //当前点移动到(x,y)
                break;                  //找到了一个轮廓点,就不再继续检查其他邻居
            }
            else code = (code + 1) % 8; //继续检查下一个链码
        }
        if ((curx == x0)&&(cury == y0)) break;          //回到起点就结束
    }while (i < 8);                     //找到轮廓点时一定有 i < 8
    return N;                           //返回链码的个数
}
```

本算法的核心思想是按照图 6-20(b)中 8 邻接的定义,顺序检查当前点(curx,cury)的 8 个邻居,当得到下一个轮廓点(x,y)时,就把当前点移动到它,直到当前点(curx,cury)回到轮廓起点(x_0,y_0)时结束。

图 6-24(b)示例了图 6-24(a)中的外轮廓跟踪过程,为了区分清楚,相邻轮廓点的邻居检查分别用了明暗不同的箭头。此轮廓的起点为(1,1),因为是外轮廓,所以 code 初始值为 7,第一个检查链码为(7-2+8)%8=5,对应点坐标为(0,2);因为(0,2)不是目标点,所以检查链码变为(5+1)%8=6,对应点坐标为(1,2);因为(1,2)是目标点,所以保存该链码 6,同时将当前点移动到(1,2),退出 for 循环。因为(1,2)点不是起始点,不能结束,所以从它开始的第一个检查链码为(6-2+8)%8=4,对应点坐标为(0,2);因为(0,2)不是目标点,所以检查链码继续变为(4+1)%8=5,对应点坐标为(0,3);因为(0,3)是目标点,所以检查链码继续变为(5+1)%8=6,对应点坐标为(1,3);因为(1,3)是目标点,所以保存该链码 6,同时将当前点移动到(1,3),退出 for 循环。如此循环执行,直到当前点为轮廓起点(1,1)时结束,得到的轮廓跟踪结果为(1,1)66002244。

图 6-24(c)示例了图 6-24(a)中的内轮廓跟踪过程。此轮廓的起点为(1,2),因为是内轮廓,所以 code 的初始值为 3,第一个检查链码为(3-2+8)%8=1,对应点坐标为(2,1);因为(2,1)是目标点但不是跟踪起点,所以保存该链码 1,同时将当前点移动到(2,1),退出 for 循环。从(2,1)开始的第一个检查链码为(1-2+8)%=7,对应点坐标为(3,2);因为(3,1)是目标点但不是跟踪起点,所以保存该链码 7,同时将当前点移动到(3,2),退出 for 循环。如此循环执行,直到当前点为(1,2)时结束,得到的内轮廓跟踪结果为(1,2)1753。本例中恰巧每次顺序检查的第一个链码就对应轮廓点,但一般情况下不是这样的。

另外,从图 6-24(b)可以发现,外轮廓的跟踪结果是逆时针方向的;从图 6-24(c)可以

发现,内轮廓的跟踪结果是顺时针方向的。

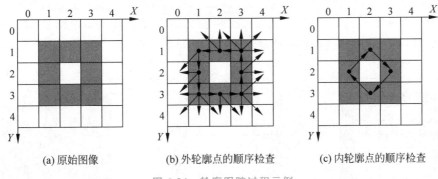

(a) 原始图像　　　　(b) 外轮廓点的顺序检查　　　　(c) 内轮廓点的顺序检查

图 6-24　轮廓跟踪过程示例

在起点是孤立点时,算法 6-12 返回链码长度为 0。算法 6-12 只是给出了轮廓跟踪算法的一个示例,下面对其进行改进和优化。

6.4.2　轮廓标记方法

得到图像中所有目标轮廓的一个基本思路就是按照从上向下、从左向右的顺序扫描图像,若相邻像素的灰度值从背景灰度值跳变到目标灰度值,则表示发现一个新的外轮廓线;若相邻像素的灰度值从目标灰度值跳变到背景灰度值,则表示发现一个新的内轮廓线。为了防止已经跟踪过的轮廓线被重复跟踪,都对已经跟踪过的轮廓线进行标记。

下面通过图 6-25 做个说明,图 6-25(a)是原始图像,假设背景为白色,目标为黑色,目标内部有个孔洞(白色);当像素从(0,1)到(1,1)时,像素的灰度值从白色变到了黑色,即发现了一条外轮廓,起点为(1,1),使用算法 6-12 进行跟踪,图 6-25(b)是外轮廓跟踪结束后的示意图,该轮廓上的点被标记成了浅黑色;继续扫描,当像素从(3,4)到(4,4)时,像素的灰度值从黑色变到了白色,即发现了一条内轮廓,起点为(3,4),使用算法 6-12 进行跟踪,图 6-25(c)是内轮廓跟踪结束后的示意图,该轮廓上的点被标记成了浅黑色。继续从上向下、从左向右的顺序扫描图像,直到图像结束,再也没有发现从白到黑和从黑到白的灰度值,再也没有发现新的轮廓线,即该图像共得到了 1 条外轮廓线和 1 条内轮廓线,结果正确。

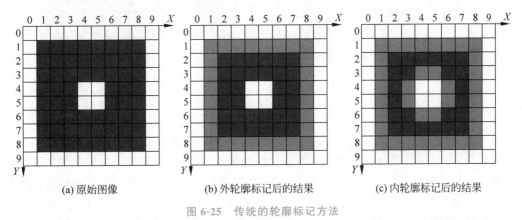

(a) 原始图像　　　　(b) 外轮廓标记后的结果　　　　(c) 内轮廓标记后的结果

图 6-25　传统的轮廓标记方法

但是对于图 6-26(a)，上面的标记过程就产生了错误。图 6-26(b)是外轮廓跟踪结束后的结果。继续扫描，再也没有发现相邻像素的灰度值从黑色变到白色，所以丢失了目标的内轮廓。对于图 6-26(a)与图 6-26(c)，算法 6-12 都只是得到一条轮廓线，空心目标和实心目标得到了相同的轮廓结果，这显然是一个严重的错误。

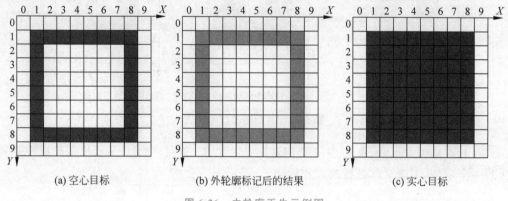

(a) 空心目标　　　　　(b) 外轮廓标记后的结果　　　　　(c) 实心目标

图 6-26　内轮廓丢失示例图

Rmw 轮廓跟踪算法给出了解决该问题的简单方法：就是把在跟踪过程中被检查过的背景点也进行标记，不仅是对轮廓点标记为浅黑色，而且把这些被检查过的背景点标记为浅白色，如图 6-27(a)所示。在图 6-27(a)中，可以发现位于外轮廓外面的背景点变成了浅白色(轮廓点被标记成了浅黑色)，但是与内轮廓邻接的背景点仍然是白色的。继续扫描，当像素从(1,2)到(2,2)时，像素的灰度值从浅黑色变到了白色，即发现了一条内轮廓，所以继续跟踪并按新方法进行标记，进一步得到的标记结果如图 6-27(b)所示，可以发现与内轮廓邻接的背景点被标记成了浅白色。同理，图 6-27(c)是含有实心目标的图 6-26(c)在轮廓跟踪后的结果。

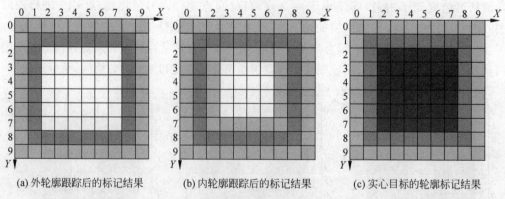

(a) 外轮廓跟踪后的标记结果　　(b) 内轮廓跟踪后的标记结果　　(c) 实心目标的轮廓标记结果

图 6-27　背景和轮廓同时标记示例图

采用新的标记方法后，发现一条新的外轮廓的条件"相邻像素的灰度值从背景灰度值跳变到目标灰度值"就改为"相邻像素的灰度值从背景灰度值或者背景像素的标记值跳变到目标灰度值"。在图 6-26(a)中，就是灰度值从白色(背景灰度值)或者浅白色(背景像素的标记值)跳变到黑色(目标灰度值)。同理，发现一条新的内轮廓的条件"相邻像素的灰度值从目标灰度值跳变到背景灰度值"就改为"相邻像素的灰度值从目标灰度值或者目标像素的标记值跳变到背景灰度值"。在图 6-26(a)中,就是灰度值从黑色(目标灰度值)或者浅黑色(目标像素的标记值)跳变到白色(背景灰度值)。

对图 6-27(b)继续从上向下、从左向右的顺序扫描,直到图像结束,再也没有发现从白色或浅白色到黑色、从黑色或浅黑色到白色的像素了,因此图像 6.26(a)共得到了 1 条外轮廓线和 1 条内轮廓线,结果正确。

6.4.3　跟踪终止条件

算法 6-12 在当前点回到轮廓起点时就停止跟踪,但这样的判定条件会导致将一个目标的轮廓分裂成多个轮廓的错误。图 6-28(a)中,当(2,1)为轮廓起点时,算法 6-12 得到第一条轮廓线(2,1)51,该轮廓没有包含点(3,2),但是(3,2)和(2,1)是连通的,在图 6-28(a)中的所有黑色像素属于同一个目标,因此导致了错误。这说明"当前点到达轮廓起点就停止跟踪"的处理是错误的。

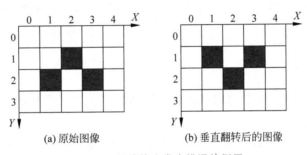

(a) 原始图像　　　　　　　(b) 垂直翻转后的图像

图 6-28　跟踪终止发生错误的例子

图 6-28(b)是图 6-28(a)的垂直翻转后的图像,轮廓起点为(1,1),算法 6-12 却能得到正确的轮廓结果(1,1)7153,这说明算法 6-12 不具有旋转不变性。

Rmw 轮廓跟踪算法给出了解决该问题的简单办法,它把跟踪终止的条件设置为:与跟踪起点相邻接的轮廓点都已经全部被检查过。

在图 6-28(a)中,当前点回到跟踪起点(2,1)时,与(2,1)相邻接的轮廓点(3,2)尚未被跟踪,所以跟踪不能终止。起点在(2,1)点时,要检查完它的 8 个邻居,按照算法 6-12,起点对应的链码顺序为 5、6、7、0、1、2、3、4。当从(1,2)点以链码 1 回到起点时,只相当于检查了(2,1)点的链码 5,对于(2,1)点而言,它还有链码 6、7、0、1、2、3、4 没有被检查,所以应该继续检查剩余链码。当链码为 7 时,发现轮廓点(3,2),所以继续跟踪。当轮廓点(3,2)以链码 3 回到起点(2,1)时,相当于起点(2,1)的检查链码为 7,所以还应该继续检查起点的剩余链码 0,1,2,3,4,但这些剩余链码再也没有与之对应的轮廓点,所以此时才终止跟踪。至此,得到轮廓的正确结果(2,1)5173。

6.4.4　快速搜索

仔细观察图 6-24(b)就能发现,背景点(0,2)、(0,3)、(2,4)、(3,4)、(4,2)、(4,1)和(2,0)都被检查了 2 遍,因此导致了较多的比较次数,浪费了算法时间。轮廓跟踪是一个连续的过程,如果利用好相邻链码间的关系,就可以节省比较次数,从而提高算法的效率。

Rmw 轮廓跟踪算法给出了在当前链码分别为 0～7 时,避免背景点被重复检查的链码检查表(见图 6-29)。其中,■代表当前点,带⊙的数字代表上一个轮廓点的位置;×代表此点肯定是背景点,不用再检查;数字 0～7 代表从当前点开始的检查顺序。

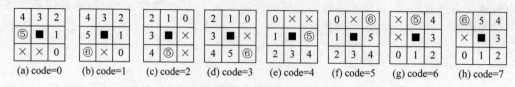

图 6-29 邻域检查顺序

从图 6-29 可以看出,在当前链码为 0～7 时,按照其检查顺序对应的起始链码分别为 7、7、1、1、3、3、5、5,需要检查的链码个数分别为 6、7、6、7、6、7、6、7。

比如,在图 6-24(b)中,当以链码 6 到达点(1,2)时,根据图 6-29 可知链码为 6 时的起始检查链码为 5,对应的检查点是(0,3),从而避免了对点(0,2)的重复检查,节省了算法时间。

6.4.5 轮廓跟踪算法

下面给出完整的 Rmw 轮廓跟踪算法,要注意该算法中轮廓标记、跟踪终止判定和邻居快速搜索的实现。

假设输入图像是个二值图像,设背景像素的灰度值为 0,目标像素的灰度值为 255;跟踪过程中,将被检查过的背景点的灰度值标记为 1,将被检查过的轮廓点的灰度值标记为 254。为便于理解,先写出跟踪函数的主调代码如下。

【方法 6-3】 Rmw 轮廓跟踪算法的主调代码

```
BYTE * pCur;
    int x, y;
    int N;

    //step.1----- 为了避免跟踪时的超界检测,首先将图像边框赋 0-------- //
    RmwSetImageBoundary(pBinImg, width, height, 0);
    //step.2----- 从上向下,从左向右扫描图像,寻找新的轮廓---------- //
    for (y = 1, pCur = pBinImg + y * width; y < height - 1; y++)   //从上向下
    {
        pCur++; //跳过最左侧点
        for (x = 1; x < width - 1; x++, pCur++)              //从左向右
        {
            if ( ( * pCur == 255)&& ( * (pCur - 1)<= 1 ) )      //发现一条外轮廓
            {  //调用轮廓跟踪算法,进行外轮廓跟踪
                N = RmwTraceContour( pBinImg, width, height,
                                    x, y,                       //轮廓起点
                                    true,                       //是外轮廓
                                    pChainCode,                 //用来存放链码的数组
```

```
                    MAX_CONOUR_LENGTH          //数组的大小
                    );
        }
        else if ( ( * pCur == 0)&& ( * (pCur - 1)> = 254) )    //发现一条内轮廓
        {    //调用轮廓跟踪算法,进行内轮廓跟踪
            N = RmwTraceContour( pBinImg, width, height,
                    x - 1, y,                  //轮廓起点,注意是 x - 1
                    false,                     //是内轮廓
                    pChainCode,                //用来存放链码的数组
                    MAX_CONOUR_LENGTH          //数组的大小
                    );
        }
    }
    pCur++;                                    //跳过最右侧点
}
```

从轮廓起点(x_0, y_0)跟踪一条轮廓的算法如下。

【算法 6-13】 Rmw 轮廓跟踪算法

```
int RmwTraceContour( BYTE * pBinImg, int width, int height,  //二值图像
                int x0, int y0,                   //轮廓起点
                bool isOuter,                     //是否是外轮廓
                BYTE * pChainCode,            //外部申请好的一个内存空间,用来存放链码
                int maxChainCodeNum                 //可以存放的最大链码个数
                )
{
    static int dx[8] = { 1, 1, 0, - 1, - 1, - 1, 0, 1 };
    static int dy[8] = { 0, - 1, - 1, - 1, 0, 1, 1, 1 };
    static int initCode[8] = { 7, 7, 1, 1, 3, 3, 5, 5 };
    int dADD[8];                               //地址偏移量
    BYTE * pBegin, * pCur, * pTst;             //轮廓起点,当前点,检查点
    int code, beginCode, returnCode, i;
    int N;

    //step.1----- 初始化 ----------------------------------------- //
    //不同链码对应的地址偏移量
    for(code = 0;code < 8;code++) dADD[code] = dy[code] * width + dx[code];
    pBegin = pBinImg + y0 * width + x0;        //轮廓起点的地址
    pCur = pBegin;                             //当前点设置到轮廓起点
    if (isOuter)                               //外轮廓时的初始化
    {
        * (pCur - 1) = 1;                      //左侧是背景点,标记为灰度值1
        code = 7;                              //初始化为 7
    }
    else                                       //内轮廓时的初始化
    {
        * (pCur + 1) = 1;                      //右侧是背景点,标记为灰度值1
        code = 3;                              //初始化为 3
    }
```

174

```
        beginCode = initCode[code];                              //从起点检查的第一个链码
        //step.2----- 轮廓跟踪 --------------------------------------//
        N = 0;                                                    //链码个数初始化为0
        do {
            *pCur = 254;                                          //是轮廓点,标记为灰度值254
            for (i = 0, code = initCode[code]; i < 7; i++, code = (code + 1) % 8)
            {
                pTst = pCur + dADD[code];                         //得到要检查的轮廓点的地址
                if (*pTst < 2) *pTst = 1;                         //是背景点,标记为灰度值1
                else //是轮廓点
                {
                    if (N < maxChainCodeNum) pChainCode[N++] = code;   //保存链码
                    if (pTst == pBegin)                          //回到起点的处理
                    {
                        //找出剩余链码的起始序号
                        returnCode = (code + 4) % 8;        //转换为从起点出发已经检查过的链码
                        for(i = 0, code = beginCode; i < 7; i++, code = (code + 1) % 8)
                        {
                            if (code == returnCode)
                            {
                                i++;                             //剩余链码的起始序号
                                code = (code + 1) % 8;           //剩余链码的起始值
                                break;
                            }
                        }
                        //检查剩余链码
                        for (; i < 7; i++, code = (code + 1) % 8)
                        {
                            pTst = pBegin + dADD[code];
                            if (*pTst < 2) *pTst = 1;            //是背景点,标记为灰度值1
                            else
                            {                                    //保存链码
                                if (N < maxChainCodeNum) pChainCode[N++] = code;
                                break;                           //从起点开始,找到了新的轮廓点 pTst
                            }
                        }
                    }
                    break;                                       //找到了新的轮廓点 pTst
                }
            }
            pCur = pTst;                                          //当前点移动到新的轮廓点 pTst
        } while (i < 7);                                          //找到轮廓点时一定有 i < 7
        //step.3----- 结束 --------------------------------------//
        return N;                                                //返回链码个数
    }
```

该算法中使用了像素的地址来表示像素的位置,没有使用像素的坐标 x 和 y；当链码的个数超过可以存放的最大链码个数 maxChainCodeNum 时,不再保存链码到 pChainCode 中,但是不能结束跟踪。为了进一步优化计算,还可以把"%8"替换为"&0x07"。该算法能够跟踪任意复杂的目标轮廓和图形,可以广泛应用在数字图像和图形处理中。

6.5　目标轮廓填充

6.4节把目标区域变成了轮廓线,那么能否再把轮廓线变成目标区域呢? 这就需要通过轮廓填充算法来实现。

区域填充是图像和图形处理的基本问题,在图像和图形处理的众多应用领域占有重要地位。传统的填充算法大致可以分为奇偶性检测填充和连通性填充两大类别。奇偶性检测填充算法基于"一条直线与任何一条封闭曲线(一个区域的轮廓)相交偶数次",它首先计数该条直线与轮廓的交点数目并对处于两交点之间的线段进行编号,然后定义在编号为奇数的线段上的所有像素是区域内部的点。连通性填充算法(又称种子填充)需要给定一个区域内部的点作为种子,定义由种子出发能达到轮廓而又不穿过轮廓的所有像素是区域内部的点。

奇偶性检测填充算法存在的问题是:数字图像是离散信号处理,如果对原始轮廓进行采样的精度不够,就可能把原始轮廓上的多个点采样成一个点,从而产生错误的线段编号,导致错误填充。

连通性填充算法存在的问题是:首先,自动给出一个种子非常困难,很多应用中只能使用人机交互的方式给出;其次,当轮廓内部存在多个不连通区域时,必须给出多个种子方可填充完全,否则只能填充部分区域。

轮廓填充和轮廓跟踪是相反的两个问题,轮廓跟踪是由目标到轮廓,轮廓填充则是由轮廓到目标。本书作者提出了一种简单高效的轮廓填充算法(A new and fast contour filling algorithm[J]. Pattern Recognition,2005,38(12):2564-2577),以下简称为 Rmw 轮廓填充算法。该算法的优点是:不需要辅助空间,不需要排序操作,且自动寻找种子的扫描过程和填充范围仅限于填充区域内,能快速正确填充任意复杂形状的外轮廓或者内轮廓。

6.5.1　填充起点与终点的判定

Rmw 轮廓填充算法实现按行填充,对于每行中的填充起点和填充终点,给出了一个非常简单的判据:若一个轮廓点的所有进出链码对应的纵坐标变化 dy 之和大于 0,该轮廓点就是填充起点;小于 0,该轮廓点就是填充终点;等于 0,该轮廓点就是忽略点。

与链码 0～7 对应的 dy 的取值如表 6-1 所示。将一个轮廓点的所有进出链码纵坐标变化之和记为 sumDy,则有 $-2 \leqslant sumDy \leqslant 2$。

图 6-30(a)和图 6-30(b)分别示例了外轮廓和内轮廓的填充起点 B 与填充终点 E 的几种情况,假设背景像素为灰色,目标像素为白色。

在图 6-30(a)所示的外轮廓中,点(4,7)总共被进出 6 次,其进出链码分别为 751731,但这些链码的纵坐标变化之和为 0,所以点(4,7)是忽略点。点(2,1)的进入链码为 4,出发链码为 5,所以其纵坐标变化之和为 1,所以点(2,1)为填充起点;点(7,1)的进入链码为 2,出发链码为 4,所以其纵坐标变化之和为 -1,所以点(7,1)为填充终点。同理,点(1,3)

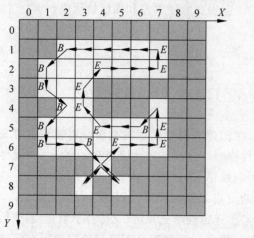

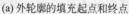

(a) 外轮廓的填充起点和终点

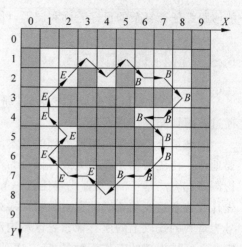

(b) 内轮廓的填充起点和终点

图 6-30　轮廓填充起点与终点的判定

的所有进出链码纵坐标变化之和为 2，所以点 (1,3) 为填充起点；点 (3,3) 的所有进出链码纵坐标变化之和为 -2，所以点 (3,3) 为填充终点。

　　在图 6-30(b) 所示的内轮廓中，点 (1,3) 的进入链码为 2，出发链码为 1，所以其纵坐标变化之和为 -2，所以点 (1,3) 为填充终点；点 (8,3) 的进入链码为 7，出发链码为 5，所以其纵坐标变化之和为 2，所以点 (8,3) 为填充起点。点 (2,2) 的进入链码为 1，出发链码为 1，所以其纵坐标变化之和为 -2，所以点 (2,2) 为填充终点；点 (6,2) 的进入链码为 7，出发链码为 0，所以其纵坐标变化之和为 1，所以点 (6,2) 为填充起点。

　　无论是外轮廓还是内轮廓，沿轮廓点出现的顺序，总是先遇到填充起点，后遇到填充终点；只不过外轮廓的填充是从左到右，而内轮廓的填充是从右到左。

6.5.2　轮廓填充算法

　　只要计算一个轮廓点的所有进出链码的纵坐标变化之和，就可知道该轮廓点是否是填充起点，不用考虑这个轮廓点到底被链码经过了几次，因此填充起点的判定非常简单。找到填充起点后，只要从它开始沿水平方向填充，直到遇到一个填充终点结束，就可完成填充，因此填充过程也非常简单。

　　外轮廓的填充是从填充起点开始按从左向右的顺序进行，把像素赋值成目标的灰度值；内轮廓的填充是从填充起点按从右向左的顺序进行，把像素赋值成背景的灰度值（内轮廓包围的区域是背景）。所有从填充起点开始的填充都完毕后，最后把轮廓点赋值成目标灰度值。

　　假设对区域的填充灰度值为 regionC，对轮廓点的灰度赋值为 contourC。因为算法需要对填充起点和填充终点的进行标记，填充起点显然可以用 regionC 标记，而填充终点则必须使用另外一种灰度进行标记，设为 nonC。

　　从填充起点到填充终点的填充过程是按照外轮廓从左向右和内轮廓从右向左的顺序对像素赋值为 regionC，遇到 nonC 的像素就结束。所以 nonC 必须是待填充区域中不存在的灰度。

另外,在填充起点和填充终点的判定过程中,轮廓点的 sumDy 暂时用其灰度值表示。由于轮廓点的灰度值不能为负数,所以 sumDy 要加上一个偏移量 sumC,sumC 要满足 $2 \leqslant sumC \leqslant 253$,且 regionC 和 nonC 不在[sumC－2,sumC＋2]区间内。

【算法 6-14】　Rmw 轮廓填充算法

```
void RmwFillContour( BYTE * pGryImg, int width, int height,   //待填充图像
                     int x0, int y0,                          //轮廓起点
                     bool isOuter,                            //是否是外轮廓
                     BYTE * pCode,                            //链码
                     int N,                                   //链码个数
                     int regionC,int contourC,int nonC
                    )
{
    static int dx[8] = { 1, 1, 0, -1, -1, -1, 0, 1 };
    static int dy[8] = { 0, -1, -1, -1, 0, 1, 1, 1 };
    int dADD[8];                                              //地址偏移量
    BYTE * pBegin, * pCur, * pTst;                            //轮廓起点,当前点,填充点
    int inCode, outCode, i;
    int sumC, sumDy, direction;

    //step.1----- 初始化 --------------------------------------- //
    pBegin = pGryImg + y0 * width + x0; //轮廓起点的地址
    //不同链码对应的地址偏移量
    for (i = 0; i < 8; i++) dADD[i] = dy[i] * width + dx[i];
    //step.2----- 轮廓点的所有链码纵坐标变化量之和赋初值 ---------- //
    for (sumC = 2; sumC <= 253; sumC++) //求 sumC
    {
        if ((regionC >= sumC - 2)&&(regionC <= sumC + 2)) continue;
        if ((nonC >= sumC - 2)&&(nonC <= sumC + 2)) continue;
        break;
    }
    for(i = 0, pCur = pBegin; i < N; pCur += dADD[pCode[i]], i++) * pCur = sumC;
    //step.3----- 计算轮廓点的所有链码纵坐标变化量之和 ------------ //
    inCode = pCode[N - 1];                                    //进入轮廓起点的链码
    for (i = 0, pCur = pBegin; i < N; i++)
    {
        outCode = pCode[i];                  //从该轮廓点出发的链码
        * pCur += dy[inCode] + dy[outCode];  //像素的灰度值就是变化量之和
        inCode = outCode;                    //当前轮廓点的出发码就是下一个轮廓点的进入码
        pCur += dADD[outCode];               //指向下一个轮廓点的地址
    }
    //step.4----- 对填充起点和填充终点进行标记 -------------------- //
    for (i = 0, pCur = pBegin; i < N; pCur += dADD[pCode[i]], i++)
    {
        sumDy = * pCur;
        if ((sumDy == sumC + 1)||(sumDy == sumC + 2)) * pCur = regionC;  //起点标记
        else if ((sumDy == sumC - 1)||(sumDy == sumC - 2)) * pCur = nonC;  //终点标记
```

```
        }
        //step.5----- 按行在填充起点和填充终点之间进行填充 ------------ //
        direction = isOuter ? 1 : -1;              //外轮廓是从左向右,所以是 +1;内轮廓反之
        for (i = 0, pCur = pBegin; i < N; pCur += dADD[pCode[i]], i++)
        {
            if ( * pCur == regionC)                //找到一个填充起点
            {
                pTst = pCur;
                while ( * pTst!= nonC)              //一直填充到终点
                {
                     * pTst = regionC;
                    pTst += direction;
                }
                 * pCur = nonC;                     //该水平段已经填充过了,避免重复填充
            }
        }
        //step.6----- 对轮廓点的颜色进行赋值 -------------------------- //
        for(i = 0,pCur = pBegin;i < N;pCur += dADD[pCode[i]],i++) * pCur = contourC;
        //step.7----- 结束 ----------------------------------------- //
        return;
    }
```

6.6 本章小结

   本章讲述了直线和圆的霍夫变换、目标轮廓跟踪和填充方法,给出了具体算法,并给出了应用实例。掌握它们的原理和实现方法,在实际中灵活运用,常常能够解决开源软件所不能解决的具体问题。

   目标轮廓跟踪和轮廓填充在连通域滤波、非规则形状区域的灰度均值和方差计算、目标形状分析、目标筛选等领域有着广泛的应用。

作业与思考

   6.1 图像空间的一个点映射为(ρ,θ)参数空间的一条正弦曲线。设一幅图像的宽度和高度均为 256,给出分别经过点$(128,128)$、$(0,255)$、$(255,0)$和$(255,255)$的所有可能的(ρ,θ)的值,将其曲线画在$\rho-\theta$坐标系中(以ρ为x轴,以θ为y轴;θ取$[0°,180°)$或$[0°,360°)$皆可。

   6.2 使用 C/C++ 语言编程,对方章的二值图像 H0601Bin. bmp(见图 6-31)和 H0602Bin. bmp(见图 6-32)使用直线的霍夫变换,分别使用单边求取和矩形目标四边联合求取的方法,求出方章的 4 条外边,给出它们的 thro 和 theta 的值,并把计数器的值以图像形式显示出来。

   6.3 使用 C/C++ 语言编程,对圆章的二值图像 H0603Bin. bmp(见图 6-33)和 H0604Bin. bmp(见图 6-34)使用分治法求出圆章的外圆方程,并把相关 3 个计数器的值分别以图像形式显示出来,最好叠加在原图像上。

图 6-31　H0601Bin. bmp

图 6-32　H0602Bin. bmp

图 6-33　H0603Bin. bmp

图 6-34　H0604Bin. bmp

6.4　使用 C/C++ 语言编程，实现链码跟踪和填充算法，提取出 H0605Bin. bmp（见图 6-35）中形状完整的米粒，并将这些完整米粒填充到一个结果图像中。

图 6-35　H0605Bin. bmp

6.5　基于链码跟踪算法的轮廓标记方法，能够快速实现二值图像中邻域大小为 3×3 的膨胀和腐蚀，用 C/C++ 语言编程实现。

6.6 使用相邻链码之间的转角表判定一条轮廓线是逆时针方向的还是顺时针方向的,并用 C/C++语言编程实现。

6.7 通常情况下,影响常规霍夫变换的运算速度的因素主要有参数空间的维数、边缘点的数量、参数空间的离散化程度、运算的复杂性、最后的峰值检测以及对于先验知识的应用。图像 H0606Gry.bmp(见图 6-36)中有一条飞机跑道,若对该图中所有的边缘点进行霍夫变换,由于边缘点数众多,会浪费较多的时间。针对飞机跑道两侧边缘点间的距离相等的特点,可以按照水平方向统计相邻两个边缘点之间的距离值,则出现次数最多的距离值就是跑道两个边缘点之间的距离,设此距离值为 dw;得到 dw 后,再选出水平方向上满足距离为 dw 的边缘点对,然后仅把这些边缘点进行霍夫变换,则能提高算法的执行速度。而且,若是已知跑道的宽度,则通过 dw 还能得到跑道的方向,从而减小 θ 的枚举范围,更能提高霍夫变换的速度。请采用上述策略,完成图中所有飞机跑道的检测,用 C/C++语言编程实现,并进行执行速度的比较。

图 6-36　H0606Gry. bmp

第 7 章

应 用 实 践

图像处理与图像分析经过了几十年的发展,出现了众多的优良方法,难以把它们一一讲述。随着机器视觉、模式识别和人工智能等相关技术的发展,图像处理和图像分析的应用领域也越来越广,新方法和新技术层出不穷,若能进一步学习"图像特征描述与计算""计算机视觉"等课程,则有利于建立完整的知识体系,本章也为这些课程的学习做个铺垫。

本章通过两个具体的实际应用讲述如何灵活运用本书中讲述的基本原理和方法,说明本书中讲述图像数据处理和分析的原理和思想是非常有价值的,深刻理解它们,完全可以用来解决实际问题。

7.1　C++图像应用编程框架

在讲述两个具体应用之前,先给出一个图像应用的 C++编程框架。

图像的应用现在越来越倾向于视频图像处理,即使是常被认为是单幅图像处理的应用,比如人脸识别或者指纹识别,在其预处理过程中也有可能是视频图像的处理,比如它们通过对视频的处理得到移动的人,从而在移动的区域搜索人脸,或者从连续的多个图像帧的结果中挑选出最优结果。

绝大多数的图像应用都是处理特定的图像源,被处理图像的大小是固定的,是一种固定宽度和固定高度的数据。该应用中的每帧图像数据都具有相同的宽度(width)、高度(height)等属性。是否程序中每个函数都要传递它们? 肯定是不需要的。不传递定值参数,可以减少大量的函数调用时的压栈、弹栈指令,从而提高处理速度;另外,要保证程序长年累月的连续运行,如何保证不越来越慢呢? 减少内存的频繁动态申请与释放,减少内存碎片,是不停机长期运行的重要保障。

7.1.1　C++图像编程框架

下面给出一个供参考的 C++图像编程框架,在具体应用时,把类的名字进行替换并增加相应的函数参数、成员函数、成员变量、接口函数即可。

【程序 7-1】 C++图像编程框架

(1) **ImgProgramFrame. cpp**。

```
# include < windows.h >
# include < stdio.h >
```

```cpp
# include < stdlib. h >
# include < string. h >
# include < math. h >
# include < time. h >
# include "ImgProgramFrame. h"
//////////////////////////////////////////////////////////////
//
//构造/析构函数
//
//////////////////////////////////////////////////////////////
ImgProgramFrame::ImgProgramFrame()
{   //在构造函数中把所有成员变量赋零值
    //是否初始化成功
    m_isInitedOK = false;
    //图像属性
    m_isRGB = false;
    m_width = 0;
    m_height = 0;
    //内存空间
    m_pRGBImg = NULL;
    m_pGryImg = NULL;
    m_pGrdImg = NULL;
    m_pTmpImg = NULL;
    m_pResImg = NULL;
    m_memSize = 0;                              //已申请的内存大小(参考标准)
    //图像帧号
    m_frameID = 0;
}


ImgProgramFrame::~ImgProgramFrame()
{   //在析构函数中释放类中动态申请的内存
    Dump();
}


void ImgProgramFrame::Dump()
{   //写一个专门的用作释放内存的函数,因为内存可能会有多次的申请与释放
    if (m_pRGBImg) { delete m_pRGBImg; m_pRGBImg = NULL; }
    if (m_pGryImg) { delete m_pGryImg; m_pGryImg = NULL; }
    if (m_pGrdImg) { delete m_pGrdImg; m_pGrdImg = NULL; }
    if (m_pTmpImg) { delete m_pTmpImg; m_pTmpImg = NULL; }
    if (m_pResImg) { delete m_pResImg; m_pResImg = NULL; }
    m_memSize = 0;
}
//////////////////////////////////////////////////////////////
//
//初始化
//
//////////////////////////////////////////////////////////////
bool ImgProgramFrame::Initialize(bool isRGB, int width, int height)
```

```
{   //在初始化函数中对所有的成员变量赋初值
    //动态申请内存仅发生在初始化函数中
    //若已经申请的内存大于本次需要的内存,则不再申请
    //初始化函数可以被多次调用,可以作为复位函数使用

    //step.1------ 图像属性 ----------------------- //
    m_isRGB = isRGB;
    m_width = width;
    m_height = height;
    //step.2------ 内存申请 ----------------------- //
    if (m_width * m_height > m_memSize)
    {
        //先释放
        Dump();
        //后申请
        m_pRGBImg = new BYTE [m_width * m_height * 3];//彩色图像
        m_pGryImg = new BYTE [m_width * m_height];    //灰度图像
        m_pGrdImg = new BYTE [m_width * m_height];    //梯度图像
        m_pTmpImg = new BYTE [m_width * m_height];    //临时图像
        m_pResImg = new BYTE [m_width * m_height];    //结果图像
        //记录已申请的内存大小(参考标准)
        m_memSize = m_width * m_height;
    }
    //step.3------ 初始化成功标志 ------------------ //
    m_isInitedOK = m_pRGBImg &&
                   m_pGryImg &&
                   m_pGrdImg &&
                   m_pTmpImg &&
                   m_pResImg;
    return m_isInitedOK;
}
/////////////////////////////////////////////////////////////////
//
//执行
//
/////////////////////////////////////////////////////////////////
bool ImgProgramFrame::DoNext(BYTE * pImgData, int frameID)
{
    //step.1------ 安全验证 ----------------------- //
    if (! m_isInitedOK) return false;
    m_frameID = frameID;                              //记录图像帧号
    //step.2------ 算法处理 ----------------------- //
    //...
    //...
    //step.3------ 调试与返回 ---------------------- //
    //某个特定帧的调试,比如 10
    if (m_frameID == 10)
    {
        Debug();
```

```
        }
        //返回
        return true;
    }
    ///////////////////////////////////////////////////////////////////
    //
    //对外接口
    //
    ///////////////////////////////////////////////////////////////////
    BYTE * ImgProgramFrame::GetResImg()
    {   //返回结果图像
        return m_pResImg;
    }
    int ImgProgramFrame::GetResWidth()
    {   //返回结果图像的宽度
        return m_width;
    }
    int ImgProgramFrame::GetResHeight()
    {   //返回结果图像的高度
        return m_height;
    }
    ///////////////////////////////////////////////////////////////////
    //
    //调试
    //
    ///////////////////////////////////////////////////////////////////
    void ImgProgramFrame::Debug()
    {   //本类的内部调试,屏幕输出、文件输出等
        return;
    }
```

（2）**ImgProgramFrame. h**。

```
# ifndef IMG_PROC_FRAME_H
# define IMG_PROC_FRAME_H

class ImgProgramFrame
{
public:
    //构造/析构
    ImgProgramFrame();
    ~ImgProgramFrame();
    //初始化
    bool Initialize(bool isRGB, int width, int height);
    //执行
    bool DoNext(BYTE * pImgData, int frameID);
    //对外接口
    BYTE * GetResImg();
    int GetResWidth();
    int GetResHeight();
```

```
private:
    //内存释放
    void Dump();
    //调试
    void Debug();
private:
    //初始化成功标志
    bool m_isInitedOK;
    //图像属性
    bool m_isRGB;
    int m_width;
    int m_height;
    //内存
    BYTE * m_pRGBImg;
    BYTE * m_pGryImg;
    BYTE * m_pGrdImg;
    BYTE * m_pTmpImg;
    BYTE * m_pResImg;
    int m_memSize;
    //图像帧号
    int m_frameID;
};
#endif
```

7.1.2　编程框架的特点

(1) 在构造函数中把所有成员变量赋零值。

(2) 在析构函数中释放本类动态申请的内存。

(3) 有一个专门的内存释放函数。

(4) 有一个专门的初始化函数。

(5) 有一个专门的调试函数,可以输出该类内部的成员变量的值等。

(6) 记录图像的帧号,便于连续图像处理时某个特定帧的跟踪和调试。

(7) 在初始化函数中对所有的成员变量赋初值,不把变量的初始化放在构造函数中,使得该类的对象可以被多次初始化,从而能够适用于变化大小和类型的图像数据。

(8) 动态申请内存仅发生在初始化函数中。内存申请时,若已经申请的内存大于本次需要的内存,则不再申请,这样尽可能减少了内存的申请与释放的次数,从而减少了计算机中内存碎片的产生。

(9) 初始化函数可以被重复调用,从而可以作为复位函数使用。

7.1.3　图像算法的对外接口

使用 C++类编程的图像处理算法,在对外提供技术服务时,必须提供类的头文件,而类的头文件中包含了大量的私有函数、成员变量等,不够简洁,会使得使用者感到厌烦,同时也会导致算法思想的泄露,此时可以把类中再进行一次封装,封装成简单的函数形式。比如:

```
# include "ImgProcFrame. h"
//定义一个全局对象
static class ImgProcFrame  _gImgProc;
//初始化
bool ImgProcFrame_Initialize(bool isRGB, int width, int height)
{
    return _gImgProc.Initialize(isRGB, width, height);
}
//执行
bool ImgProcFrame_DoNext(BYTE * pImgData, int frameID)
{
    return _gImgProc.DoNext(pImgData, frameID);
}
//对外接口
BYTE * ImgProcFrame_GetResImg()
{
    return _gImgProc.GetResImg();
}
int ImgProcFrame_GetResWidth()
{
    return _gImgProc.GetResWidth();
}
int ImgProcFrame_GetResHeight()
{
    return _gImgProc.GetResHeight();
}
```

这样，编译成相应的静态库或者动态库后，头文件只需要提供简单的几个函数声明即可，如下：

```
# ifndef IMG_PROC_FRAME_LIB_H
# define IMG_PROC_FRAME_LIB_H
//初始化
bool ImgProcFrame_Initialize(bool isRGB, int width, int height);
//执行
bool ImgProcFrame_DoNext(BYTE * pImgData, int frameID);
//对外接口
BYTE * ImgProcFrame_GetResImg();
int ImgProcFrame_GetResWidth();
int ImgProcFrame_GetResHeight();
# endif
```

以上定义了一个全局对象，所以在多线程编程时，需要定义多个对象，封装成多组函数，每个线程使用一组函数。

7.2　投影及其在行道线检测中的应用

汽车智能驾驶是一类非常重要的图像应用场景。现在所有的智能驾驶汽车都离不开对图像数据的处理，都需要用摄像机来采集图像，然后对图像数据进行分析，来实现交通环境中车辆、行人、交通标识和行道线等的检测。下面给出一个行道线检测的例子。

7.2.1 投影的基本概念

本节将举例说明基于投影数据来实现马路上行道线的可靠检测,因此先讲解一下投影的基本概念。

从第 3 章和第 4 章可以知道,图像中的加法运算具有模糊的效果,即表现从整体上看是怎么样,比如一个班级的成绩累加之和,突出的是这个班级的整体水平;而图像中的减法运算突出的个体差别,是个体之间的差异比较,比如张三同学比李四同学成绩高了多少分或者少了多少分。

图像平滑的均值滤波、高斯滤波都是典型的加法运算;边缘检测的各个算子,无论一阶微分算子还是二阶微分算子,都是典型的减法运算。当然,为了加强对噪声的抑制,边缘检测算子中也往往会有加法运算,即"先平滑后求导"的思想,比如索贝尔算子。

除了图像平滑外,图像中还有一种典型的加法运算,即本节要讲的投影(project)。

【定义 7-1】 所谓投影,简单地说就是在某个方向上所有像素的灰度值之和,或者直线 L 上所有像素的灰度值之和,直线 L 的方向称为投影的方向。水平投影和垂直投影是两种最典型的投影。

在不同的领域,投影的定义有些混乱,其差异表现在是向某个方向投影还是沿某个方向投影,在图像处理领域指的是沿着某个方向投影,即是某个方向的直线 L 上所有像素点的灰度值之和。

水平投影的计算公式见式(7-1),即某一行 y 上的所有像素的灰度值之和。

$$\mathrm{prjHor}(y) = \sum_{x=0}^{width-1} g(x,y) \tag{7-1}$$

【算法 7-1】 计算图像的水平投影

```
void RmwGetProjectHor(BYTE * pGryImg, int width, int height, int * prjHor)
{
    BYTE * pCur;
    int x, y;

    for (y = 0, pCur = pGryImg; y < height; y++)
    {
        prjHor[y] = 0;
        for (x = 0; x < width; x++) prjHor[y] += * (pCur++);
    }
    return;
}
```

垂直投影的计算公式见式(7-2),即某一列 x 上的所有像素的灰度值之和。

$$\mathrm{prjVer}(x) = \sum_{y=0}^{height-1} g(x,y) \tag{7-2}$$

【算法 7-2】 计算图像的垂直投影

```
void RmwGetProjectVer(BYTE * pGryImg, int width, int height, int * prjVer)
{
```

```
BYTE * pCur;
int x, y;

memset(prjVer, 0, sizeof(int) * width);
for (y = 0, pCur = pGryImg; y < height; y++)
{
    for (x = 0; x < width; x++) prjVer[x] += *(pCur++);
}
return;
}
```

自然界中的目标受到重力的影响,人造目标受到加工方式和加工效率的限制,因此它们会具有典型的水平或者垂直特征,比如树干都是竖直的、建筑物大多是长方形、窗户一般都是长方形、车辆的尾部有一些水平线条、文档多是一行行的文字等,使用投影能够很好地检测这些典型的结构特征。图 7-1(a)是一个灰度文档图像,图 7-1(b)画出了水平投影数据,纵坐标为 y,其底是黑色的,是采用白色水平线段的长短代表该第 y 行水平投影数值的大小,从左向右画得到的。

(a) 灰度文档图像　　　　　(b) 水平投影数据

图 7-1　文档图像及其水平投影

从图 7-1(b)中可以明显看出文字的行数和行间距的大小。因为行间像素是白色的,所以其投影值很大;因为文字是黑色的,所以文字行的投影值很小。图 7-1(b)投影值的大小变化很好地反映了图 7-1(a)文档图像的版面布局,能够看出有 7 行文字,其中 2 行较宽,5 行较窄,有两种行间距。

7.2.2　路面图像分块的垂直投影

路面图像中有多种多样的行道线,有实线、虚线、白线、黄线、斑马线等,检测行道线的任务也多种多样。图 7-2 是一个标准的路面图像,如何从中检测出图像下方的两条白实线呢?

分析可知,白线有一定的宽度和走向,且其像素的灰度值大于路面像素的灰度值。如果计算路面图像的垂直投影,则其投影数据上对应白线位置的数值会大于对应路面像素位置的数值。但是白线是斜的,导致白线像素的 x 坐标分布范围很大,在不同行上的行道线位置也不同,因此对整幅图像做垂直投影是不合适的。图 7-3 是对该路面图像均匀分成 20 个水平图像块,对每个水平图像块做垂直投影得到的总计 20 个垂直投影的图示。在每个投影中,横坐标为 x,白色竖直线的高低代表垂直投影数值的大小。

图 7-2 路面图像

图 7-3 分块垂直投影

从图 7-3 中可以看出这些投影数据很好地反映了行道线和路口上下的斑马线。

7.2.3 投影数据的自适应分割

如何从投影数据中找出白线呢？图 7-4(a)是图 7-2 中最下方的图像块,其投影数据为图 7-4(b)。

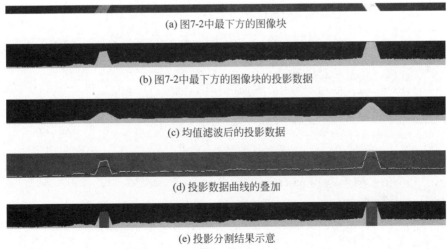

(a)图7-2中最下方的图像块

(b)图7-2中最下方的图像块的投影数据

(c)均值滤波后的投影数据

(d)投影数据曲线的叠加

(e)投影分割结果示意

图 7-4 图像块及其相关投影

从图 7-4(b)中可以明显发现在行道线的位置，投影数据明显偏大，行道线对应于投影的波峰位置。因此找到了投影数据的波峰区间，就找到了行道线的位置。进一步考虑，所谓的波峰还是波谷都是和其周围相比较来判定的，因此把原始的投影数据进行均值滤波，得到平滑后的投影数据，将二者进行比较，那么原始的投影数据大于均值滤波后的数据的位置处就是波峰，原始的投影数据小于均值滤波后的数据的位置处就是波谷。图 7-4(c)是图 7-4(b)均值滤波后的结果，图 7-4(d)是原始投影数据和均值滤波后投影数据叠加的结果，白色曲线是原始的投影数据，黑色曲线是均值滤波后的投影数据。

设原始的投影数据为 prjOrg，均值滤波后的投影数据为 prjAvr，如果 $prjOrg[x] - prjAvr[x] > T$，那么坐标 x 处判定为在波峰区间。

显然，把 T 设定为常数值是不行的，因此使用直方图统计 prjOrg 和 prjAvr 的差值，采用算法 5-2 得到 Otsu 阈值，用来自适应投影数据的变化情况。

一维数据（投影数据）的均值滤波见算法 7-3。使用该算法时，prjOrg 对应 pData，prjAvr 对应 pResData，图像的宽度对应 n，滤波窗口的尺寸对应 filterSize。

【算法 7-3】 一维数据变窗口的均值滤波

```c
void Rmw1DAverageFilter(int * pData, int n, int filterSize, int * pResData)
{
    int sum, wSize, halfw;
    int x, j;

    //step.1------ 初始化 ---------------------------- //
    halfw = filterSize/2;
    //step.2------[0,halfw) ---------------------- //
    wSize = 1;
    for (sum = pData[0], x = 0, j = 1; x < halfw; x++, j += 2)
    {
        pResData[x] = sum/wSize;
        sum += pData[j] + pData[j + 1];
        wSize += 2;
    }
    //step.3------[halfw,n - halfw) ------------------- //
    wSize = (2 * halfw + 1);
    for (x = halfw; x < n - halfw - 1; x++)
    {
        pResData[x] = sum/wSize;
        sum = sum - pData[x - halfw] + pData[x + halfw + 1];
    }
    //step.4------[n - halfw - 1,n) ------------------ //
    for (x = n - halfw - 1, j = x - halfw; x < n; x++, j += 2)
    {
        pResData[x] = sum/wSize;
        sum -= (pData[j] + pData[j + 1]);
        wSize -= 2;
    }
    //step.5------ 结束 ---------------------------- //
    return;
}
```

投影数据的阈值求取见算法 7-4。

【算法 7-4】　求投影分割的自适应阈值

```
int RmwGetDifAdaptiveThreshold(int * prjOrg, int * prjAvr, int width)
{    //约定 prjOrg,prjAvr 的值都小于 256
    int histogram[256];
    int x, dif;

    memset(histogram, 0, sizeof(int) * 256);
    for (x = 0; x < width; x++)
    {
        dif = abs(prjOrg[x] - prjAvr[x]);
        histogram[dif]++;
    }
    return RmwGetOtsuThreshold(histogram, 256); //见算法 5-2
}
```

对图 7-4(b)得到的阈值为 $T=20$,把位于波峰区间的投影数据标记为灰色,如图 7-4(e)
所示。

7.2.4　行道线检测

通过对路面图像从上向下分成若干水平图像块,计算每块的垂直投影,对垂直投影进
行分割,得到了行道线的候选水平线段,如图 7-5 中的黑色短线所示; 后续处理可以对这
些候选线段的中间点,通过算法 6-3 直线的霍夫变换,加上一定的应用策略,就可以得到
左右两条行道线的解析方程,此部分不再赘述。

图 7-5　行道线上的候选线段

采用 7.1 节中给出的 C++编程框架,行道线上的候选线段的检测程序如下。

【程序 7-2】　单个图像块的行道线候选线段检测程序

(1) RmwRoadLaneRL. h。

```
/////////////////////////////////////////////////////////////////
//
// RmwRoadLaneRL.h : header file
//
/////////////////////////////////////////////////////////////////
```

```cpp
# ifndef RMW_ROAD_LANE_RL_H
# define RMW_ROAD_LANE_RL_H

# define RMW_MAX_RL_NUM 32                    //最多 32 条候选线段

class RmwRoadLaneRL
{
public:
    //构造/析构
    RmwRoadLaneRL();
    ~RmwRoadLaneRL();
    //初始化
    bool Initialize( int width,               //输入图像的宽度
                     int height,              //输入图像的高度
                     int estLaneW             //估计的行道线宽度
                   );
    //执行
    bool DoNext(BYTE * pGryImg,int frameID);
    //结果 - 得到波峰的起点和终点
    int GetRL(int * pX1, int * pX2, int N);
    //结果 - 返回垂直投影数据
    int * GetPrjVer();
private:
    //内存释放
    void Dump();
    //调试
    void Debug(BYTE * pGryImg);
    //投影分割
    void PrjAndSegment(BYTE * pGryImg);
private:
    //初始化成功的标志
    bool m_isInitedOK;
    //图像属性
    int m_width;
    int m_height;
    //估计的行道线宽度
    int m_estLaneW;
    //内存
    int * m_prjVerOrg;
    int * m_prjVerAvr;
    int m_memImgSize;
    //结果
    int m_threshold;
    int m_pX1[RMW_MAX_RL_NUM];                //RL 的起点
    int m_pX2[RMW_MAX_RL_NUM];                //RL 的终点
    int m_nRL;
```

```
    //图像帧号
    int m_frameID;
};
#endif
```

(2) **RmwRoadLaneRL. cpp**。

```
////////////////////////////////////////////////////////////////////
//
// RmwRoadLaneRL.cpp : implementation file
//
////////////////////////////////////////////////////////////////////
#define _CRT_SECURE_NO_WARNINGS

#include <windows.h>
#include <stdio.h>
#include <stdlib.h>
#include <string.h>
#include <math.h>
#include <time.h>
#include "bmpFile.h"

#include "RmwRoadLaneRL.h"


////////////////////////////////////////////////////////////////////
//
//构造/析构函数
//
////////////////////////////////////////////////////////////////////
RmwRoadLaneRL::RmwRoadLaneRL()
{   //在构造函数中把所有的成员变量赋零值
    //是否初始化成功
    m_isInitedOK = false;
    //图像属性
    m_width = 0;
    m_height = 0;
    //估计的行道线宽度
    m_estLaneW = 0;
    //内存空间
    m_prjVerOrg = NULL;
    m_prjVerAvr = NULL;
    m_memImgSize = 0;                          //已申请的内存大小(参考标准)
    //结果
    m_threshold = 0;
    m_nRL = 0;
    //图像帧号
    m_frameID = 0;
}


RmwRoadLaneRL::~RmwRoadLaneRL()
```

```
    {   //在析构函数中释放类中动态申请的内存
        Dump();
    }


    void RmwRoadLaneRL::Dump()
    {   //写一个专门的用作释放内存的函数,因为内存可能会有多次的申请与释放
        if (m_prjVerOrg) { delete m_prjVerOrg; m_prjVerOrg = NULL; }
        if (m_prjVerAvr) { delete m_prjVerAvr; m_prjVerAvr = NULL; }
        m_memImgSize = 0;
    }
    /////////////////////////////////////////////////////////////////////////
    //
    //初始化
    //
    /////////////////////////////////////////////////////////////////////////
    bool RmwRoadLaneRL::Initialize( int width,              //输入图像的宽度
                                    int height,             //输入图像的高度
                                    int estLaneW            //估计的行道线宽度
                                  )
    {   //在初始化函数中对所有的成员变量赋初值
        //动态申请内存仅发生在初始化函数中
        //若已经申请的内存大于本次需要的内存,则不再申请
        //初始化函数可以被多次调用,可以作为复位函数使用

        //step.1------ 图像属性 --------------------------- //
        m_width = width;
        m_height = height;
        m_estLaneW = estLaneW;
        //step.2------ 内存申请 --------------------------- //
        if (m_width > m_memImgSize)
        {
            //先释放
            Dump();
            //后申请
            m_prjVerOrg = new int[m_width];
            m_prjVerAvr = new int[m_width];
            //记录申请的大小
            m_memImgSize = m_width;
        }
        //step.3------ 初始化成功标志 --------------------- //
        m_isInitedOK = m_prjVerOrg && m_prjVerAvr;
        return m_isInitedOK;
    }
    /////////////////////////////////////////////////////////////////////////
    //
    //执行
    //
    /////////////////////////////////////////////////////////////////////////
    bool RmwRoadLaneRL::DoNext(BYTE * pGryImg, int frameID)
```

```
{
    //step.1------安全验证------------------------//
    if (!m_isInitedOK) return false;
    m_frameID = frameID; //记录图像帧号
    //step.2------投影分割------------------------//
    PrjAndSegment(pGryImg);
    //step.3------返回与调试----------------------//
    Debug(pGryImg);                          //每帧都调试
    return true;
}
/////////////////////////////////////////////////////////////////
//
//结果-得到波峰的起点和终点
//
/////////////////////////////////////////////////////////////////
int RmwRoadLaneRL::GetRL(int * pX1, int * pX2, int N)
{
    for (int i = 0; i < min(N, m_nRL); i++)
    {
        pX1[i] = m_pX1[i];
        pX2[i] = m_pX2[i];
    }
    return min(N, m_nRL);
}
/////////////////////////////////////////////////////////////////
//
//结果-返回垂直投影数据
//
/////////////////////////////////////////////////////////////////
int * RmwRoadLaneRL::GetPrjVer()
{
    return m_prjVerOrg;
}
/////////////////////////////////////////////////////////////////
//
//投影分割
//
/////////////////////////////////////////////////////////////////
void RmwRoadLaneRL::PrjAndSegment(BYTE * pGryImg)
{
    int x, dif;
    bool isBegin;

    //step.1------计算垂直投影----------------------//
    RmwGetProjectVer(pGryImg, m_width, m_height, m_prjVerOrg);
    //归一化处理,保证不大于255
    for (x = 0; x < m_width; x++) m_prjVerOrg[x] /= m_height;
    //step.2------对垂直投影进行均值滤波-------------//
    Rmw1DAverageFilter( m_prjVerOrg,
```

```
                        m_width,
                        m_estLaneW,                    //以行道线宽度作为滤波半径
                        m_prjVerAvr
                        );
    //step.3 ------ 计算自适应阈值 -------------------- //
    m_threshold = RmwGetDifAdaptiveThreshold( m_prjVerOrg,
                                              m_prjVerAvr,
                                              m_width
                                              );
    m_threshold = max(4, m_threshold);                 //可以加个阈值约束,至少大于4
    //step.4 ------ 记录RL,每个波峰的起点和终点 -------- //
    m_nRL = 0;
    for (isBegin = true,x = 0; x < m_width; x++)
    {
        dif = m_prjVerOrg[x] - m_prjVerAvr[x];         //因为行道线是白色的,肯定大于背景
        if (dif < m_threshold)
        {
            if (!isBegin)
            {
                //记录终点
                if (m_nRL < RMW_MAX_RL_NUM)
                {
                    if (x - m_pX1[m_nRL] > 3)           //可以去掉太短的RL,比如小于或等于3的
                    {
                        m_pX2[m_nRL] = x - 1;
                        m_nRL++;
                    }
                }
            }
            isBegin = true;
        }
        else
        {
        //记录起点
        if (isBegin)
        {
            m_pX1[m_nRL] = x;
            isBegin = false;
        }
        }
    }
    //step.5 ------ 返回 --------------------------- //
return;
}
////////////////////////////////////////////////////////////////////
//
//调试
//
////////////////////////////////////////////////////////////////////
```

```
void RmwRoadLaneRL::Debug(BYTE * pGryImg)
{      //本类的内部调试,屏幕输出、文件输出等
    int i;
    BYTE * pDbgImg, * pRow;
    char fileName[255];

    //step.1------ 调试图像------- ------------------- //
    pDbgImg = new BYTE[m_width * m_height * 3];
    memset(pDbgImg, 0, m_width * m_height * 3);
    for (i = 0; i < m_width * m_height; i++)
    {
        * (pDbgImg + i) = min(250, * (pGryImg + i));
    }
    //step.2------ 画水平线段,画在中心行上------------ //
    pRow = pDbgImg + (m_height/2) * m_width;
    for (i = 0; i < m_nRL; i++)
    {
        memset(pRow + m_pX1[i], 0, m_pX2[i] - m_pX1[i] + 1);
    }
    //step.3------ 画投影曲线------------------------ //
    RmwDrawPrjVer2Img( pDbgImg + m_width * m_height, m_width, m_height,
                    m_prjVerOrg, m_prjVerAvr, m_width,
                    255,                        //原值 - 红色
                    254                         //均值 - 绿色
                    );
    //step.4------ 保存文件------------------------- //
    sprintf( fileName, "d:\\tmp\\frameID = %04d_threshold = %d_nRL = %d.bmp",
            m_frameID,
            m_threshold, m_nRL
            );
    Rmw_Write8BitImg2BmpFileMark(pDbgImg, m_width, m_height * 3, fileName);
    //step.5------ 返回----------------------------- //
    delete pDbgImg;
    return;
}
```

(3)**路面图像分块候选线段检测的主调代码**。

```
int blockNum = 20;                          //分成 20 个水平图像块
int estLaneW = 18;                          //行道线宽度为 18
int blockHeight = height/blockNum;          //每块图像的高度
int pX1[32], pX2[32], N;                     //每块的候选线段检测结果
BYTE * pBlockImg;                           //块图像的内存地址
//对象初始化
gRoadLane.Initialize(width, blockHeight, estLaneW);
//分块行道线的线段检测
for (i = 0; i < blockNum; i++)
{
    //分块检测
    pBlockImg = pGryImg + i * blockHeight * width;
```

```
gRoadLane.DoNext(pBlockImg, i);
//取出行道线位置
N = gRoadLane.GetRL(pX1, pX2, 32);
//调试:画行道线位置到原始图像中,画在块的中心行上
for (j = 0; j < N; j++)
{
    memset( pBlockImg + (blockHeight/2) * width + pX1[j],
            0,                                    //画成黑色线段
            pX2[j] – pX1[j] + 1
          );
}
}
```

本算法具有很好的抗光照变化的能力,在光照不均、局部阴影、水迹和强逆光等多种情况下,都能得到良好的候选线段结果。另外,为了计算加速,还可以把原始图像的宽度缩小 1/4 后执行,从而提高检测速度。

7.2.5 投影的灵活运用

按照投影的基本定义,投影是在某条直线上的图像像素灰度之和,称为灰度投影;若图像是个边缘强度图像呢? 那么就不再是灰度之和而是边缘强度之和,可以称为边缘强度投影;若是边缘点图像呢? 就是像素点数之和,可以称为边缘点投影。

1. 边缘强度投影

在很多应用中,直接对原始灰度图像进行投影会受到光照不均的影响,此时若对边缘强度图像投影则能取得显著的效果。图 7-6(a)是存在着光照不均的图像,图像的下面偏暗;图 7-6(b)是其水平投影,从中可以看出与文字位置对应的投影数据不显著。图 7-6(c)是图 7-6(a)使用索贝尔算子得到的边缘强度图像,消除了局部区域的光照不均;图 7-6(d)是其水平投影,从中可以看出与文字位置对应的投影数据非常显著,使用图 7-6(d)进行文字区域的上下边界的定位会非常可靠。

对边缘强度图像进行投影,在抵抗光照不均的同时,又很好地利用了文字的笔画特征(梯度值大),对于均匀背景上(图 7-6(a)中文字在白色纸条中)的文字定位具有很好的效果。

下面再举一个多行文字的检测问题。图 7-7(a)是一个有两行数字的灰度图像,第一行是 11 位字符编码的某种序列号,第二行是 3 位数字;图 7-7(b)是其水平投影,由于数字"100"字黑且笔画非常粗,导致序列号对应的灰度投影数据与数字"100"对应的灰度投影数据非常接近。图 7-7(c)是图 7-7(a)使用图 4-11(a)所示的 x 方向偏导数得到的边缘强度图像,图 7-7(d)是其水平投影,因为序列号是 11 个字符而"100"是 3 个字符,所以序列号所在的区域具有更多的笔画,其对应的投影数据非常显著,明显高于数字"100"对应的投影值。显然,使用边缘强度投影能可靠找到序列号区域。另外,从一定意义上说,边缘强度投影还能够区分字符个数的多少。

(a) 光照不均的灰度图像　　　　　　　　(b) 灰度的水平投影

(c) 索贝尔算子图像　　　　　　　　　　(d) 梯度的水平投影

图 7-6　光照不均的灰度投影和边缘强度投影比较

(a) 多行文字的灰度图像　　　　　　　　(b) 灰度的水平投影

(c) x 方向偏导数图像　　　　　　　　(d) 梯度的水平投影

图 7-7　多行字符的灰度投影和边缘强度投影比较

2. 边缘点投影

　　智能交通中经常需要检测车辆的拐弯状态、车牌的倾斜角度等,下面给出一种基于边缘点投影的车尾倾斜角度求取方法,车尾的倾斜角度也能够反映车辆的拐弯方向。

　　图 7-8(a)是标准车尾的图像,图 7-8(b)是其索贝尔算子得到的边缘强度图像,图 7-8(c)是图 7-8(b)的水平投影。由于车尾上大量水平线条的存在,其投影数据峰谷分明。

　　图 7-9(a)是车尾倾斜时的图像,图 7-9(b)是其索贝尔算子得到的边缘强度图像,图 7-9(c)是图 7-9(b)的水平投影。可以发现,当车身倾斜时,车尾的水平线条会分布在多个图像行上,导致投影数据的峰谷差异变小。

(a) 标准车尾的图像　　　　　(b) 索贝尔算子图像　　　　　(c) 边缘强度的水平投影

图 7-8　标准车尾的边缘强度投影

(a) 车尾倾斜的图像　　　　　(b) 索贝尔算子图像　　　　　(c) 边缘强度的水平投影

图 7-9　倾斜车尾的边缘强度投影

比较图 7-8(c) 和图 7-9(c) 可知,标准车尾的投影数据峰谷鲜明,而倾斜车尾的投影数据峰谷模糊;若计算投影数据的方差,则倾斜车尾的方差肯定小于标准车尾的方差。因此下面采用投影数据的方差大小来描述其峰谷鲜明的程度以及车尾的倾斜程度。

车尾倾斜角度求取的算法如下:将车尾的边缘强度图像在一定的范围内旋转,每旋转一次就计算水平投影及投影方差一次,则最大方差对应的旋转角度就是车尾的倾斜角度。

但是将整个边缘强度图像进行旋转会浪费大量的时间,因此修改为在车尾灰度图像中检测出边缘点,将边缘点坐标记录到数组中,只对保存在数组中的边缘点进行旋转,并计算边缘点的投影及方差。因为边缘点的个数远远小于整个车尾图像的像素个数,所以能大大提高旋转计算和投影计算的速度。图 7-10(a) 是 4.5.1 节中方法得到的边缘点,图 7-10(b) 是它的边缘点个数的水平投影,在顺时针旋转 18°时得到的投影数据具有最大方差,其投影如图 7-10(c) 所示。所以求得的车尾倾斜角度为 18°,与真实情况一致。

(a) 车尾倾斜图像的边缘点　　　(b) 边缘点个数的水平投影　　　(c) 边缘点顺时针旋转18°时的水平投影

图 7-10　不同旋转角度时的边缘点投影比较

7.3　基于边缘方向简单分块直方图的字符识别

第 3 章中讲述了积分图的概念和应用,第 4 章中讲述了罗伯特边缘检测算子。本节将利用以上基本知识实现纸币冠字号码区域的检测和字符切分。

第 2 章中讲述了直方图的构造,第 4 章中讲述了边缘检测的边缘强度和边缘方向。本节将利用以上基本知识,构造边缘强度加权的边缘方向直方图,利用该直方图描述字符的特征来实现字符识别。

在纸币验钞模块中,冠字号码识别是一项关键任务。纸币在验钞模块中移动时,会有倾斜、搓动等多种现象发生,所以冠字号码的几何校正尤其要引起足够的重视。在纸币的白光反射图像中,设纸币区域下边界线和左边界线与 x 轴夹角分别为 horAngle 和 verAngle,因为这些现象的发生,某张纸币的这两个角度分别为 $178.64°$ 和 $86.12°$,上边界偏离了水平方向 $1.36°$ 而左边界偏离了垂直方向 $3.88°$,二者偏离的角度不相等。

7.3.1　字符识别的一般流程

日常生活中谈到字符识别,一般不是仅指单个字符的识别,而是往往还包括了文本区域检测、文本区域旋转与倾斜校正、字符切分等把单个字符从图像中切分出来的一系列流程。有别于深度学习字符识别(端到端的字符识别),传统的字符识别的一般流程如图 7-11 所示。

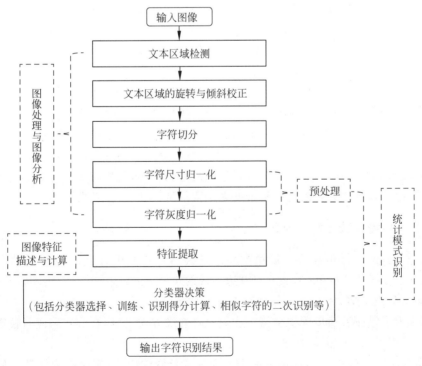

图 7-11　传统字符识别的一般流程

其中,文本区域检测、文本区域的旋转与倾斜校正、字符切分、字符尺寸归一化、字符灰度归一化属于图像处理与图像分析的范畴;关于字符的特征提取,若是提取字符图像的形状、边缘、角点等图像特征,那么就是分别属于图像处理与图像分析、图像特征描述与计算的范畴;单个字符的识别一般认为是模式识别的研究范畴。因为冠字号码是印刷体字符,只有数字和英文字母,结构简单,能够用同一种特征向量的不同取值来表示不同字符的特征,所以采用统计模式识别。统计模式识别一般包括预处理、特征提取和分类器决策 3 个步骤,所以图 7-11 中的字符尺寸归一化、字符灰度归一化又可看作是模式识别中的预处理过程。

7.3.2　文本区域检测与字符切分

从一幅输入图像中检测出文本所在的区域,并对该区域进行旋转与倾斜校正,然后尽可能利用先验知识对文本区域切分出每个字符的图像,将单个字符的图像送入模式识别流程。

1. 文本区域检测

文本区域检测就是在输入图像中检测出文本所在的区域,它不需要对文本区域进行精确定位,只需要粗定位即可。但是由于它的处理对象是整幅图像,数据量很大,为了加快文本检测的速度,一般是把原始图像进行较大幅度的缩小后,在缩小的图像中进行文本区域检测。由于文本区域检测是工作的第一步,虽然允许采用粗定位加速,但是不允许漏检或者错检,此时合理运用该文本区域的先验知识能够减低错误率。

冠字号码的定位可以采用 4.5.2 节中所述的文本定位方法。取出冠字号码所在的大致区域,采用 4.2.2 节的罗伯特算子求出其边缘强度图像,计算出该区域的积分图,利用积分图中在边缘强度图像中快速搜索一个宽度为 w 高度为 h 的固定大小的块(要比冠字号码区域的正常尺寸向左、向右扩展 1 个字符的宽度,向上向下各扩展半个字符的高度),使得该块中像素的边缘强度之和减去其上、其左、其右的边缘强度之和为最大(参见图 4-36)

采用罗伯特算子处理原始图像,能减弱纸币表面污染,比如茶渍、涂抹、黑色胶带等的影响;能减弱纸币在自动存取款机中因移动不平顺带来的局部阴影或高亮;同时又突出了字符具有的众多笔画,因此具有非常好的稳健性。当然,采用 4.2.3 节的索贝尔算子也是可以的,但是索贝尔算子的时间复杂度大于罗伯特算子,会多花费时间。

2. 文本区域旋转与倾斜校正

如上所述,由于纸币在验钞模块中移动时会同时发生相对于 x 轴和 y 轴方向的旋转,因此下边界线的角度 horAngle 与左边界线的角度 verAngle 并不一定相差 90°。所以在按 x 轴旋转的同时,还必须进行相对于 y 轴的倾斜校正。

同时,为了保证后续步骤中字符特征提取时边缘方向精确,在旋转和倾斜校正过程中对灰度值采用了双线性插值技术。

所谓双线性插值就是在 x 和 y 两个方向都进行线性插值,它是图像几何变换中的常用方法。意思是说已知矩形 4 个顶点像素的灰度值 $g(x_1,y_1)$、$g(x_2,y_1)$、$g(x_1,y_2)$ 和

$g(x_2,y_2)$，如何得到该矩形内部像素(x,y)的灰度值$g(x,y)$，如图 7-12 所示。要明白双线性插值得先介绍单线性插值，在图 7-13 中，若已知 x_1 和 x_2 处的灰度值为 $g(x_1)$ 和 $g(x_2)$，使用式(7-3)即可得到 x 处的灰度值 $g(x)$。

$$g(x)=\frac{x_2-x}{x_2-x_1}g(x_1)+\frac{x-x_1}{x_2-x_1}g(x_2) \tag{7-3}$$

在式(7-3)中，当 $x=x_1$ 时，有 $g(x)=g(x_1)$；当 $x=x_2$ 时，有 $g(x)=g(x_2)$；当 $x=\frac{x_1+x_2}{2}$ 时，有 $g(x)=\frac{g(x_1)+g(x_2)}{2}$。式(7-3)其实就是两点式直线方程，如式(7-4)所示。

$$g(x)=g(x_1)+\frac{g(x_2)-g(x_1)}{x_2-x_1}(x-x_1) \tag{7-4}$$

同理，在图 7-14 中，使用式(7-5)可以得到 y 处的灰度值 $g(y)$。

$$g(y)=\frac{y_2-y}{y_2-y_1}g(y_1)+\frac{y-y_1}{y_2-y_1}g(y_2) \tag{7-5}$$

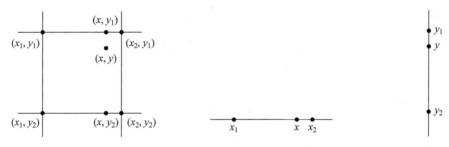

图 7-12　双线性插值　　　　图 7-13　x 方向插值　　　　图 7-14　y 方向插值

根据式(7-3)和式(7-5)的含义，则双线性插值可以分解为先做 x 方向的线性插值，得到 $g(x,y_1)$ 和 $g(x,y_2)$；再对 x 方向线性插值的结果做 y 方向的线性插值，得到 $g(x,y)$。计算过程如式(7-6)～式(7-8)所示。

$$g(x,y_1)=\frac{x_2-x}{x_2-x_1}g(x_1,y_1)+\frac{x-x_1}{x_2-x_1}g(x_2,y_1) \tag{7-6}$$

$$g(x,y_2)=\frac{x_2-x}{x_2-x_1}g(x_1,y_2)+\frac{x-x_1}{x_2-x_1}g(x_2,y_2) \tag{7-7}$$

$$g(x,y)=\frac{y_2-y}{y_2-y_1}g(x,y_1)+\frac{y-y_1}{y_2-y_1}g(x,y_2) \tag{7-8}$$

在实际应用中，一般取最近邻(x,y)的 4 个像素，此时有 $x_2-x_1=1$ 和 $y_2-y_1=1$，式(7-6)～式(7-8)被简化为式(7-9)～式(7-11)，如下：

$$g(x,y_1)=(x_2-x)g(x_1,y_1)+(x-x_1)g(x_2,y_1) \tag{7-9}$$

$$g(x,y_2)=(x_2-x)g(x_1,y_2)+(x-x_1)g(x_2,y_2) \tag{7-10}$$

$$g(x,y)=(y_2-y)g(x,y_1)+(y-y_1)g(x,y_2) \tag{7-11}$$

因为 x 位于 x_1 和 x_2 之间，x_2-x 和 $x-x_1$ 是小于 1 的浮点数；y 位于 y_1 和 y_2 之

间，y_2-y 和 $y-y_1$ 是小于 1 的浮点数；所以在算法 7-5 中，采用 3.2.4 节中给出的浮点乘法变为整数乘法和移位的计算技巧，去掉了相应的浮点乘法。

【算法 7-5】 基于双线性插值的旋转和倾斜校正算法

```
void RmwCopyRectRotateCCSAndShift( BYTE * pOrgImg,int width,int height,
                                   double horAngle, double verAngle,
                                   int x0,int y0,      //旋转的起点
                                   int reswidth,       //结果图像的宽度
                                   int resheight,      //结果图像的高度
                                   BYTE * pResImg      //结果图像
                                   )
{   //结果图像 pResImg 的点(x,y)(整数)进行逆时针旋转得到其在 pOrgImg 中的坐标(浮点数)
    //逆时针旋转方程 x = x * cos - y * sin,y = x * sin + y * cos
    BYTE  * pRes, * pL;
    int sinv,cosv;
    int x,y;                                //在 pResImg 中的坐标
    int fx,fy,x1,x2,y1,y2;                  //在 pOrgImg 中的坐标
    int L, R, U, D;                         //双线性插值
    double angleCCS;                        //逆时针旋转角
    double shiftXperRow;                    //旋转后的倾斜平移量
    int iShiftXperRow;                      //旋转后的倾斜平移量
    int shiftx;                             //倾斜校正的平移量

    //step.1---------- 逆时针旋转角 ---------------------------- //
    if (horAngle > 90) angleCCS = - (180 - horAngle);
    else angleCCS = horAngle;
    //step.2---------- 倾斜角与平移量 -------------------------- //
    verAngle = verAngle - angleCCS;                //重新修正垂直转角,因为已经旋转过
    shiftXperRow = - tan((verAngle - 90) * 3.14159/180);      //转换为平移量
    iShiftXperRow = (int)(shiftXperRow * (1 << 16));          //平移量放大取整
    //step.3---------- 进行旋转和倾斜校正 ---------------------- //
    sinv = (int)(sin(angleCCS * 3.1415/180) * (1 << 16));     //放大取整
    cosv = (int)(cos(angleCCS * 3.1415/180) * (1 << 16));     //放大取整
    x0 = x0 << 16;                                 //同等放大
    y0 = y0 << 16;                                 //同等放大
    for(y = 0,pRes = pResImg;y < resheight;y++)
    {
        shiftx = iShiftXperRow * y;                //每行的平移量
        for(x = 0;x < reswidth;x++)
        {
            //旋转
            fx = x0 + x * cosv - y * sinv;
            fy = y0 + x * sinv + y * cosv;
            //倾斜校正
            fx += shiftx;                          //+ 平移量
            //整数坐标,最近邻的 4 个像素,x2 - x1 = 1,y2 - y1 = 1
            y1 = (fy >> 16);
            y2 = y1 + 1;
            x1 = (fx >> 16);
```

```
        x2 = x1 + 1;
        //顶部 U,左右插值 g(x,y1)
        pL = pOrgImg + y1 * width + x1;
        L = * pL;
        R = * (pL + 1);
        U = (L * ((x2 << 16) - fx) + (fx - (x1 << 16)) * R) >> 16;
        //底部 D,左右插值 g(x,y2)
        pL = pOrgImg + y2 * width + x1;
        L = * pL;
        R = * (pL + 1);
        D = (L * ((x2 << 16) - fx) + (fx - (x1 << 16)) * R) >> 16;
        //结果,再上下插值 g(x,y)
        * (pRes++) = (U * ((y2 << 16) - fy) + (fy - (y1 << 16)) * D) >> 16;
        // * (pRes++) = * (pOrgImg + y1 * width + x1);
      }
    }
    //step.4 ---------- 返回 ------------------------------------ //
    return;
}
```

算法 7-5 的思想是对于结果图像 pResImg 中的像素(x,y),按照逆时针旋转,得到其在原始图像 pOrgImg 中的浮点数坐标(fx,fy),并按照倾斜量对 fx 进行修正。在 pOrgImg 中,根据浮点坐标(fx,fy),进行双线性插值,得到 pResImg 中像素(x,y)应赋值的最佳灰度值。由于采用了最近邻(fx,fy)的 4 个像素,所以有 x2−x1=1 和 y2−y1=1,满足式(7-9)～式(7-11),从而去掉了不必要的除法运算。在计算过程中,通过乘以 2^{16} 去掉了浮点计算,提高了算法的执行速度。采用算法 7-5,对图 7-1 的冠字号码区域旋转和倾斜校正的结果如图 7-15 所示。

图 7-15　冠字号码区域旋转和校正的结果

如果不进行双线性插值,即直接使用 * (pRes++) = * (pOrgImg+y1 * width+x1),得到的结果如图 7-16 所示。

图 7-16　字符区域不进行双线性插值的结果

如果不进行倾斜校正,即使用 shiftx=0,则得到的结果如图 7-17 所示。

图 7-17　字符区域不进行倾斜校正的结果

比较图 7-15、图 7-16 和图 7-17 可知，采用双线性插值和倾斜校正能够取得最佳结果。

3. 字符切分

字符切分就是把文本区域的多个字符划分开来，使得每个字符都是一个独立的图像（称之为字符图像）。在冠字号码识别中，字符的个数是已知的；对于特定的自动存取款机中而言，由于 CIS 图像传感器的分辨率是固定的，所以冠字号码区域的宽度也是已知的，则每个字符的宽度也是已知的；通过边界定位已经得到了纸币正面图像的高度后，根据字符高度和纸币高度的固定比例关系，则每个字符的高度也是已知的。根据这些先验知识，对图 7-15 采用类似文本区域定位的方法实现多个字符的同时定位，即先对图 7-15 计算罗伯特算子，计算出积分图；再根据字符排列位置特征，构造同时检测 10 个字符的位置评价函数；通过位置搜索使得该函数取得最佳值，从而得到每个字符的位置，具体过程不再赘述。图 7-15 的字符切分结果如图 7-18 所示。

图 7-18　字符切分结果

7.3.3　字符尺寸归一化和灰度归一化

从图 7-15 中可以看出，冠字号码不同位置的字符具有不同的大小，前 4 个字符和后 6 个字符还具有不同的亮度，后面 6 个字符更黑。为了使得字符识别的分类器既能用于前面的字符，也能用于后面的字符，比如图 7-15 中不同位置的"5"和"0"，需要进行尺寸归一化和灰度归一化。

1. 字符尺寸归一化

字符尺寸归一化就是使得每个字符图像具有相同的长度和宽度，实现字符之间具有尺寸可比性。

需要说明的是，为了便于字符识别，字符图像必须保证一定的背景扩展。背景扩展就是在尺寸归一化后的结果图像中，最左边、最右边、最上面、最下面必须是背景像素。这就需要在尺寸归一化前根据归一化比例参数，首选对字符的位置进行扩展，然后对位置扩展后的字符图像进行尺寸归一化，从而保证尺寸归一化后的字符图像中最大可能地达到图像边界背景像素的要求。

设原始字符图像的尺寸为 w_1，尺寸归一化化后的结果图像宽度为 w_2，结果图像中最左和最右为背景的列数均为 m（一般要大于或等于 2），对原始字符图像左右扩展的列数均为 n，则 n 需要满足：

$$\frac{w_2}{w_1 + 2n} = \frac{2m}{2n} \qquad (7\text{-}12)$$

因此有

$$n = \frac{m \times w_1}{w_2 - 2m} \qquad (7\text{-}13)$$

同理，可以得到原始字符图像上下扩展的行数。

【算法 7-6】　基于双线性插值的字符尺寸归一化

```
void RmwSizeNormalize( BYTE * pGryImg,int width,int height,
                       int x1,int x2,int y1,int y2,   //字符的位置
                       int nMargin,                //归一化结果图像四周是背景的列数或行数
                       int resWidth,               //归一化结果图像的宽度
                       int resHeight,              //归一化结果图像的高度
                       BYTE * pResImg              //归一化结果图像
                     )
{
    BYTE * pUp, * pDown, * pRes;
    int nx, ny;
    int y, x;
    int ry, fy, iy1, iy2;
    int rx, fx, ix1, ix2;
    int L, R, U, D;

    //step.1---------- 计算原始字符图像的边界扩展 ------------------ //
    //修正 x1,x2
    nx = (int)(nMargin * (x2 - x1 + 1.0)/(resWidth - 2 * nMargin) + 0.5); //四舍五入
    x1 -= nx;
    x2 += nx;
    //修正 y1,y2
    ny = (int)(nMargin * (y2 - y1 + 1.0)/(resHeight - 2 * nMargin) + 0.5); //四舍五入
    y1 -= ny;
    y2 += ny;
    //step.2---------- 使用双线性插值进行放大或者缩小 -------------- //
    rx = (x2 - x1 + 1) * (1 << 16)/resWidth;
    ry = (y2 - y1 + 1) * (1 << 16)/resHeight;
    x1 = x1 << 16; //同等放大
    y1 = y1 << 16; //同等放大
    for (y = 0, pRes = pResImg; y < resHeight; y++)
    {
        //y1,y2,y2 - y1 = 1
        fy = y1 + ry * y;
        iy1 = fy >> 16;
        iy2 = iy1 + 1;
        //行指针
        pUp = pGryImg + iy1 * width;
        pDown = pGryImg + iy2 * width;
        for (x = 0; x < resWidth; x++)
        {
            //x1,x2,x2 - x1 = 1
            fx = x1 + rx * x;
```

```
        ix1 = fx >> 16;
        ix2 = ix1 + 1;
        //顶部左右插值
        L = * (pUp + ix1);
        R = * (pUp + ix2);
        U = (L * ((ix2 << 16) - fx) + (fx - (ix1 << 16)) * R) >> 16;
        //底部左右插值
        L = * (pDown + ix1);
        R = * (pDown + ix2);
        D = (L * ((ix2 << 16) - fx) + (fx - (ix1 << 16)) * R) >> 16;
        //上下插值
        * (pRes++) = (U * ((iy2 << 16) - fy) + (fy - (iy1 << 16)) * D) >> 16;
    }
    }
    //step.3 ---------- 返回 ----------------------------------- //
    return;
}
```

图 7-15 中的 10 个字符尺寸归一化后的结果如图 7-19 所示。

图 7-19　字符尺寸归一化结果

2. 字符灰度归一化

字符灰度归一化就是使得每个字符图像具有相同的灰度最大值和灰度最小值，使得字符之间具有灰度可比性。

要使得不同的字符图像经处理后具有相同的灰度最大值和灰度最小值，是一个简单的灰度线性拉伸（见 2.2 节）。需要说明的是，为了避免原始的字符图像中灰度最大值和灰度最小值受噪声影响，分析字符图像的特性可知，虽然各种字符的占空比不同，但是字符图像中至少有 5% 以上的像素来自字符，至少有 10% 的像素来自背景，因此把原始字符图像的灰度最小值取为 5% 的位点，灰度最大值取为 90% 的位点，然后依此进行线性拉伸，把灰度最小值变为 5，把灰度最大值分别变为 250，灰度归一化算法如下。

【算法 7-7】 字符图像灰度归一化

```
void RmwGryLevelNormalize(BYTE * pGryImg, int width, int height)
{   //把 5% 的最小值的平均值和 10% 的最大值的平均值,拉伸到 5 和 250.
    BYTE * pCur, * pEnd = pGryImg + width * height;
    int histogram[256];
    int g, sum, num, minGry, maxGry, numThre;
    int k, LUT[256];

    //step.1 --- 统计直方图 ----------------------------------- //
    memset(histogram, 0, sizeof(int) * 256);
    for(pCur = pGryImg; pCur < pEnd; ) histogram[ * (pCur++)]++;
    //step.2 -- 求 5% 的最小值的平均值和 10% 的最大值的平均值 ------------ //
```

```
numThre = width * height * 5/100;
//最小值
for (sum = num = 0, g = 0; g < 256; g++)
{
    num += histogram[g];
    sum += histogram[g] * g;
    if (num > numThre) break;
}
minGry = sum/num;
//最大值
for (sum = num = 0, g = 255; g > 0; g-- )
{
    num += histogram[g];
    sum += histogram[g] * g;
    if (num > numThre * 2) break;
}
maxGry = sum/num;
//step.3 -- 线性拉伸的查找表 ---------------------------------- //
for(g = 0;g < minGry;g++) LUT[g] = 5;
k = (250 - 5) * (1 << 10)/(maxGry - minGry);
for(g = minGry;g <= maxGry;g++)
{
    LUT[g] = 5 + (((g - minGry) * k)>> 10);
}
for(g = maxGry;g < 256;g++) LUT[g] = 250;
//step.4 -- 线性拉伸 ------------------------------------------ //
for(pCur = pGryImg;pCur < pEnd;pCur++)  * pCur = LUT[ * pCur];
return;
}
```

图 7-19 中的 10 个字符尺寸归一化后的结果如图 7-20 所示。

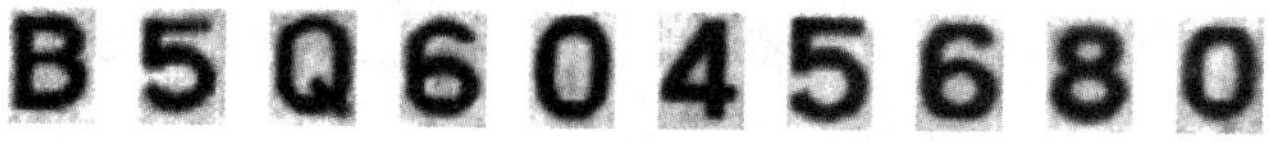

图 7-20　字符灰度归一化结果

7.3.4　采用边缘方向分块直方图的字符特征提取

因为冠字号码图像是白纸黑字，这时最容易想到的做法是将字符图像二值化，求它与各种字符标准二值图像的差异，最后将该字符识别为与其差异最小的那一种字符。但是，在实际应用中，由于纸币的皱褶、纸币在自动存取款机中移动时的不平顺、茶渍及污染、纸币新旧程度差异等，若把字符图像直接进行二值化，在极少数情况下会得到错误的分割阈值，进而导致识别错误。另外，如果字符稍有倾斜，也会导致它与标准图像有很大的差异。类似这类逐像素直接匹配的方法，虽然有可能在大多数情况下的识别结果是正确的，或许正确率能够达到 99.9%，但是很难达到国家标准要求的 99.97% 以上的正确率。

那么，如何描述字符的特征呢？显然，该特征要能够抑制一定的灰度值变化、一定的局部阴影或者高亮、一定的倾斜、一定的左右或者上下平移和一定的噪声等。

1. 采用边缘检测算子抑制亮度变化和局部亮度不均

如何抑制灰度值变化、局部阴影或者高亮呢? 因为边缘检测算子能够抑制灰度值的
变化、局部阴影或高亮,所以采用边缘检测算子计算每个
像素的边缘方向,将边缘方向作为描述字符的基本特征。
因为自动存取款机 CIS 图像传感器采集的图像清晰度很
高,字符图像黑白分明且笔画较粗,所以采用 4.2.2 节的
罗伯特算子计算 x 方向的偏导数和 y 方向的偏导数的计
算模板,如图 7-21 所示。

图 7-21　偏导数的计算模板

2. 采用边缘方向角度分级抑制倾斜

如何抑制一定的倾斜呢? 如果采用较大的量化步长对边缘方向进行量化,这样相差
不到一个步长的 2 个边缘方向角度值在量化后是相等的,比如把边缘方向的角度范围
$[0°, 360°)$ 按步长 15°量化到 0~23 共计 24 个等级,此时 2°和 12°被量化成相等的值 0,从
而抑制了倾斜。

但是会发现相差很小的两个角度值被量化成了两个不同的等级,比如 14°和 16°分别
被量化成了 0 和 1,因此采用向相邻等级同等投票的解决办法。比如,某个像素的边缘方
向为 87°,其等级应该为 $\lfloor 87/15 \rfloor = 5$,在计算字符特征时,则令该像素对等级 4、等级 5 和
等级 6 有同等贡献; 某个像素的边缘方向为 10°,其等级应该为 $\lfloor 10/15 \rfloor = 0$,在计算字符
特征时,则令该像素对等级 23、等级 0 和等级 1 有同等贡献。

经过了 7.3.2 节所述的文本区域旋转与倾斜校正,字符的倾斜是非常小的。但是纸
币的皱褶、在自动存取款机中移动时的不平顺等会导致字符局部区域变形,所以边缘方向
角度量化的步长不能太小; 另外,为了区分不同字符中相似笔画的走向,比如 B 和 8、O
和 Q、Z 和 2 等,边缘方向角度量化的步长又不能太大。经过实验证明,对于该款自动存
取款机,角度量化步长设为 15°为佳。

3. 采用无位置加权的分块统计抑制位移

如何抑制一定的平移呢? 类似上面的边缘方向角度量化,可以在空间上采取较大的
量化步长把坐标进行量化,其实这就是分块的概念,就是把字符图像按照一定的 x 步长
和 y 步长分成若干块,计算每块的特征且保证该特征与像素在该块内的具体位置无关。
特征与像素在块内的位置无关就抑制了平移,因为直方图数据就是与像素位置无关的,所
以计算每个块的边缘方向角度等级直方图。

经过了 7.3.2 节所述的字符切分,字符的位移也是非常小的。但是由于纸币在自动
存取款机中移动时会同时发生相对于 x 轴和 y 轴方向的旋转、字符的局部变形等都会影
响切分的精度,不同位置的字符原始尺寸本不相等而经过 7.3.3 节所述的字符尺寸归一
化带来的计算误差等,都会带来字符的位置偏移。大量实验证明对于该款自动存取款机,
字符的位移不大,一般会小于 2 像素。

4. 采用边缘强度加权抑制噪声

如何抑制噪声呢？在自动存取款机中，纸币图像是通过 1.4.1 节中所述的 CIS 图像传感器扫描得到的。由于 CIS 是主动照明和紧贴纸币表面成像的，所以噪声的幅值相对较小，因噪声而产生的边缘点的强度值较小。

但是，由于采用了边缘检测算子，边缘检测算子对噪声非常敏感，若仅利用边缘方向，则字符特征必定受到噪声的干扰，尽管噪声的边缘强度不大。因此，为了抑制噪声对方向直方图数据的影响，在统计每种方向上的像素个数时采用边缘强度加权，则加权后的直方图数据中噪声的影响将被减弱。

5. 字符特征提取算法

根据以上分析，本书提出一个简单的字符特征提取算法，称为边缘强度加权的边缘方向简单分块直方图（intensity-weighted orientation simply blocked histogram，IOSBH）。约定字符图像的宽度 width 能够被 nBlockX 整除，高度 hight 能够被 nBlockY 整除，360 能被 nAngleSector 整除。

【算法 7-8】　IOSBH 字符特征提取算法

```
int RmwIOSBHFeature( BYTE * pGryImg,          //字符图像
                int width,                    //字符图像宽度
                int height,                   //字符图像高度
                int nBlockX,                  //图像宽度的分块个数
                int nBlockY,                  //图像高度的分块个数
                int nAngleSector,             //边缘方向角度的扇区个数
                int * pOSBH                   //边缘方向简单分块直方图
                )
{
    BYTE * pRow, * pCur;
    int * pFeature;                           //本块直方图的首地址
    int nFeatureSize;                         //特征维数
    int stepX, stepY;                         //x 轴和 y 轴的分块步长
    int stepDegree;                           //边缘方向角度的分区步长
    int intensity;                            //边缘强度
    int angle;                                //边缘方向
    int i, j, x1, x2, y1, y2;
    int x, y, dx, dy;

    //step.1--- 特征初始化 ------------------------------------- //
    stepDegree = 360/nAngleSector;            //要保证整除
    nFeatureSize = nBlockX * nBlockY * nAngleSector;
    memset(pOSBH, 0, nFeatureSize * sizeof(int));
    //step.3--- 计算分块特征 ------------------------------------- //
    stepX = width/nBlockX;                    //要保证整除
    stepY = height/nBlockY;                   //要保证整除
    for (i = 0, y1 = 0; i < nBlockY; i++, y1 += stepY)
    {
```

```
            y2 = min(height - 2, y1 + stepY - 1);
            for (j = 0, x1 = 0; j < nBlockX; j++, x1 += stepX)
            {
                x2 = min(width - 2, x1 + stepX - 1);
                pFeature = pOSBH + (i * nBlockX + j) * nAngleSector;
                for (y = y1, pRow = pGryImg + y1 * width; y <= y2; y++, pRow += width)
                {
                    for (x = x1, pCur = pRow + x; x <= x2; x++, pCur++)
                    {
                        //step.2.1 --- 计算偏导数,采用 Roberts 模板
                        dx = * pCur - * (pCur + width + 1);
                        dy = * (pCur + 1) - * (pCur + width);
                        //step.2.2 --- 确定边缘的角度起点
                        if (dx > 0) angle = (dy > 0) ? 0 : 270;        //1,4 象限
                        else angle = (dy > 0) ? 90 : 180;              //2,3 象限
                        //step.2.3 --- 计算边缘角度(建议根据实际情况查表加速)
                        if (dx != 0) angle += atan(fabs(dy * 1.0/dx)) * 180/3.1415926;
                        //step.2.4 --- 计算边缘强度(建议采用平方根局部查表法加速)
                        intensity = (int)(sqrt(dx * dx + dy * dy));
                        //step.2.5 --- 强度加权边缘方向直方图(建议采用按角度查表)
                        angle /= stepDegree;
                        pFeature[angle] += intensity;
                        pFeature[(angle + 1) % nAngleSector] += intensity;
                pFeature[(angle - 1 + nAngleSector) % nAngleSector] += intensity;
                    }//end of x
                }//end of y
            }//end of j
        }//end of i
        //step.4 --- 返回特征维数 ------------------------------------- //
        return nFeatureSize;
    }
```

需要说明的是,该算法在实际应用时,需要采用查表的方法进行加速,在此不再赘述。否则,atan 函数、sqrt 函数、浮点除法和乘法运算以及%模运算,都会导致较大的时间花费。

假设单个字符图像的宽度为 28,高度为 36;在宽度 x 轴上分为 4 块,即令 nBlockX=4;在高度 y 轴上分为 4 块,即令 nBlockY=4,则共计分为 16 块;边缘方向角度的分区步长为 15°,则边缘方向角度的扇区个数为 24,即令 nAngleSector=24,每块有 24 个特征值;则字符特征的维数为 16×24,即 nBlockX×nBlockY×nAngleSector,为 384 维。

该算法的特点是:

(1) 将图像简单地划分成互不重叠的块,不采用重叠分块。若采用重叠分块则相当于增加了位于重叠区域像素的权重,会降低字符识别的正确率。

(2) 统计每种方向上的像素个数时,不使用像素坐标位置加权。若采用像素坐标位置加权则相当于增加了该块的中心像素的权重,会降低对字符位移的抑制能力及字符识别的正确率。

(3) 像素对自身边缘方向和对相邻边缘方向的贡献是相等的,不使用角度偏差加权。

若采用角度偏差加权则相当于增加了对边缘方向的精度要求,会降低对字符倾斜和局部区域变形的抑制能力及字符识别的正确率。

(4) 统计每种边缘方向上像素的个数时,采用边缘强度加权,充分利用噪声像素的边缘强度较小的特点,在加权后的直方图数据中噪声的影响会被减弱。

本 IOSBH 算法对直方图数据不进行归一化,原因如下:

(1) 已经对每个字符分别做了 7.3.3 节所述的尺寸归一化,每个字符图像的大小都是相同的;

(2) 对冠字号码字符而言是白纸黑字,且已经对每个字符分别做了 7.3.3 节所述的灰度归一化,可以认为每个字符图像的最大亮度和最小亮度都是相等的;

(3) 由于不同字符的边缘点数相差很大,比如字符"1"的边缘点数就比字符"8"的边缘点数少很多,边缘点数的多寡也是一种重要特征,归一化反而会抹杀它们之间的差异。

为了便于直观地观察,下面把图 7-20 中相似字符各自的 384 个特征值用图示的方式表示出来,如图 7-22 所示,横坐标代表特征序号 0~383,纵坐标代表该序号特征的值,用黑色表示。图 7-20 中字符"B"与字符"8",字符"Q"与字符"0"的图示分别见图 7-22(a)~图 7-22(d)所示。

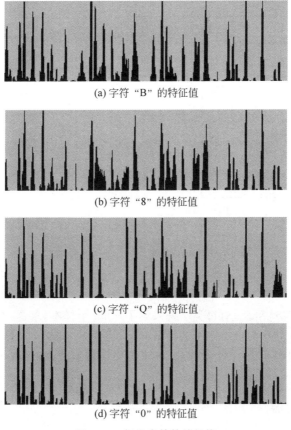

(a) 字符 "B" 的特征值

(b) 字符 "8" 的特征值

(c) 字符 "Q" 的特征值

(d) 字符 "0" 的特征值

图 7-22　相似字符的特征值

7.3.5 分类器决策

分类器的作用是根据计算得到的字符特征向量来判定该字符所属的类别。在模式识别中,有分类器设计和分类器决策两个阶段。分类器设计是选定一种分类器,根据已知类别的字符样本(称为训练样本)的特征向量,训练出分类参数,要努力满足分类器类型及其参数对训练样本的分类错误率达到最小。分类器决策是在识别阶段,根据未知类别字符(称为待识样本)的特征向量,利用训练阶段得到的参数,判定每个字符的所属类别。常用的分类器类型有最近邻分类器、k 近邻分类器、随机森林分类器、朴素贝叶斯、集成学习方法、鉴别分析分类器、支持向量机等(注:这些分类器在 MATLAB 中均有实现)。

本节不对模式识别中分类器相关技术展开详细的讨论,也不使用复杂的分类方法或者深度学习方法。为了便于理解,下面采用最简单的分类器,即最近邻分类器来实现冠字号码字符识别,其流程如图 7-23 所示。

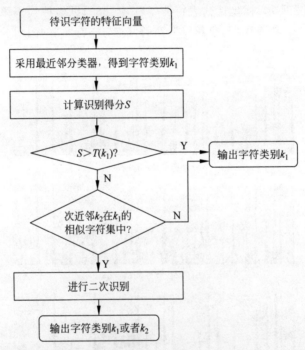

图 7-23 冠字号码字符识别的分类器决策

假定在分类器训练阶段,对每类字符采集了 4096 个样本,求这 4096 个样本的特征向量的算术平均值,令其作为该类字符的特征向量,记为 $Y_k(y_{k,0}, y_{k,1}, \cdots, y_{k,n})$,其中 k 代表类别,因为冠字号码是由 10 个数字和 26 个英文字母组成,所以有 $0 \leqslant k \leqslant 35$;因为每个字符提取了 384 特征,所以 $n=383$。

1. 最近邻分类器

设待识字符的特征向量为 $\boldsymbol{X}(x_0, x_1, \cdots, x_{383})$,若使用最近邻分类器,则该字符的类别 k_1 为

$$k_1 = \arg \min_{0 \leqslant k \leqslant 35} d(k) \tag{7-14}$$

其中

$$d(k) = \sum_{i=0}^{383} (x_i - y_{k,i})^2 \tag{7-15}$$

式(7-14)的含义是令 k 在字符类别 0 到字符类别 35 之间进行枚举，使得 $d(k)$ 取最小值时的 k 即为所求的 k_1。

在实际应用中，对两个特征向量的相似程度进行度量的方法是很多的，比如欧氏距离、曼哈顿距离、余弦距离、相关系数、马氏距离、标准化欧氏距离、切比雪夫距离和闵可夫斯基距离等，其中欧氏距离、曼哈顿距离、余弦距离和相关系数是较常用的。

欧氏距离是最常见的距离度量，衡量的是多维空间中两个点之间的直线距离，如式(7-16)表示，欧氏距离的值越小则表明两个向量越相似。

$$\mathrm{dist}(\boldsymbol{X}, \boldsymbol{Y}) = \sqrt{\sum_{i=0}^{n} (x_i - y_i)^2} \tag{7-16}$$

曼哈顿距离为城市街区距离，如式(7-17)表示，曼哈顿距离的值越小则表明两个向量越相似。

$$\mathrm{dist}(\boldsymbol{X}, \boldsymbol{Y}) = \sum_{i=0}^{n} |x_i - y_i| \tag{7-17}$$

余弦距离表示两个向量夹角间的余弦值。用该距离作为衡量两个向量之间的差异时，余弦值接近 1，夹角趋于 0，表明两个向量越相似；余弦值接近于 0，夹角趋于 $90°$，表明两个向量越不相似，如式(7-18)表示。余弦距离的值越大则表明两个向量越相似。

$$\cos(\theta) = \frac{\sum_{i=0}^{n} (x_i \times y_i)}{\sqrt{\sum_{i=0}^{n} x_i^2} \times \sqrt{\sum_{i=0}^{n} y_i^2}} \tag{7-18}$$

相关系数表示两个向量的相关程度，相关系数的取值范围是 $[-1, 1]$，如式(7-19)表示。相关系数的值大于 0 时，表示两个向量正相关；相关系数的值小于 0 时，表示两个向量负相关。相关系数的绝对值越大则表明两个向量越相似。

$$\rho(\boldsymbol{X}, \boldsymbol{Y}) = \frac{\sum_{i=0}^{n} (x_i - \bar{x}) \times (y_i - \bar{y})}{\sqrt{\sum_{i=0}^{n} (x_i - \bar{x})^2} \times \sqrt{\sum_{i=0}^{n} (y_i - \bar{y})^2}} \tag{7-19}$$

其中

$$\bar{x} = \frac{\sum_{i=0}^{n} x_i}{n+1} \tag{7-20}$$

$$\bar{y} = \frac{\sum_{i=0}^{n} y_i}{n+1} \tag{7-21}$$

需要说明的是,因为 $\bar{x}$ 和 $\bar{y}$ 为浮点数,采用式(7-19)在计算机中计算时,可能会带来较大的计算误差,还会带来更多的浮点运算。所以当 x_i 和 y_i 为整数时,在能保证没有计算溢出的情况下,可以采用式(7-22),能够取得更快、更好的结果;另外为了更好地加速计算,式(7-22)中的有些表达式可以只计算一次。

$$\rho(\boldsymbol{X},\boldsymbol{Y}) = \frac{1.0 \times (n+1)\sum_{i=0}^{n}(x_i \times y_i) - \left(\sum_{i=0}^{n}x_i\right) \times \left(\sum_{i=0}^{n}y_i\right)}{\sqrt{(n+1)\sum_{i=0}^{n}x_i^2 - \left(\sum_{i=0}^{n}x_i\right)^2} \times \sqrt{(n+1)\sum_{i=0}^{n}y_i^2 - \left(\sum_{i=0}^{n}y_i\right)^2}} \quad (7\text{-}22)$$

在冠字号码识别中,式(7-14)计算实际上使用的是欧氏距离,式(7-15)与式(7-16)给出的欧氏距离相比只是少了一个开方运算,这不影响最小距离的判定。实验发现,当分别改用棋盘距离、余弦距离和相关系数时,错误识别的字符图像不尽相同,但识别精度相差甚微,可以认为采用这些不同的距离函数没有对识别精度造成影响;但是因为欧氏距离的计算最简单,所以在式(7-14)中采用了欧氏距离。

2. 识别得分的计算

当 k 在 0 到 35 之间变化时,假设式(7-15)得到的最小距离为 $d(k_1)$ 和次小距离为 $d(k_2)$,根据式(7-14),则字符被识别为 k_1 类,可采用式(7-23)量化识别得分 S:

$$S = 2048 \times \left(1.0 - \sqrt{\frac{d(k_1)}{d(k_2)}}\right) \quad (7\text{-}23)$$

式(7-23)利用的是字符到 k_1 类和 k_2 类的距离差异程度。当 $d(k_1)$ 很小而 $d(k_2)$ 很大时,说明该字符显著接近 k_1 类,此时得分 S 的值很大;当 $d(k_1)$ 和 $d(k_2)$ 接近时,说明该字符与 k_1 类和 k_2 类都接近,此时得分 S 的值很小。

在分类器设计阶段,通过测试样本,得到了每一类字符的合理阈值 $T(k)$,$0 \leqslant k \leqslant 35$。若 $S > T(k_1)$,则直接输出识别结果 k_1;否则进入相似字符的二次识别。

3. 相似字符的二次识别

除了个别版式的纸币对相似字符进行了变形,增加了它们的差异外,很多版式的冠字号码字符中,存在着多对形状相似的字符,比如"O"与"Q"、"I"与"1"、"B"与"8"和"2"与"Z"等。在这些版式的纸币中,字符的识别错误率较高,但同时发现这些字符由式(7-23)得到的识别得分较低,因此可以在 $S \leqslant T(k_1)$ 时,如果 k_2 出现在事先设定的 k_1 相似字符集中,则进入二次识别。

二次识别分类器的设计阶段是在两类相似字符的特征向量 $\boldsymbol{Y}_{k_1}$ 和 $\boldsymbol{Y}_{k_2}$ 中,自动选出差异最大的 96 个特征,并建立相似字符集;在分类器决策阶段,仅使用特征向量 $\boldsymbol{Y}_{k_1}$ 和 $\boldsymbol{Y}_{k_2}$ 的这 96 个特征与待识字符特征向量 $\boldsymbol{X}$ 的这 96 个特征,进行距离计算,得到 $d(k_1)$ 和 $d(k_2)$。若 $d(k_1) < d(k_2)$,则输出字符类别 k_1;否则,输出字符类别 k_2。

4. 应用策略与计算加速

本方法在实际应用时,还可以增加对字符拒绝识别的判定,以处理字符受到污染、带有划痕时的情况;可以对 7.3.2 节得到的字符区域,采用算法 5-2 得到 Otsu 阈值,进行二值化,并对二值图像采用算法 6-11 进行链码跟踪,得到字符的外接矩形,从而对字符位置进行进一步的求精;在识别得分较低时,还可以对 7.3.2 节得到的字符位置,最多进行一定次数的平移,对每次位置平移后的图像再次进行识别,以处理切分得到的字符位置不准确的情况;还可以根据冠字号码"首字符为字母,第 2 个到第 4 个字符可能为数字或者字母,后6 个字符为数字"的特点,对首字符进行纯字母识别,对后 6 个字符进行纯数字识别,这样能提高速度并降低错误率;为了能够使用 3.2.6 节所介绍的 SIMD 指令集进行计算加速,还可以在算法 7-8 中函数返回之前采用如下 C 语言语句把特征值约束到[0, 255]范围内。

```
for (i = 0; i < nFeatureSize; i++) pOSBH[i] = min(255, pOSBH[i]/3);
```

类似地,在实际运用时可采用的策略还有很多,需要根据具体情况而定,不再一一细举。

7.3.6 实验结果

本节详细给出了冠字号码识别的一种方法(使用深度学习的冠字号码识别方法也能达到很好的结果)。该方法在实际应用中面对不同新旧程度的纸币,甚至是脏旧的纸币,达到了 99.97% 以上的单字符识别正确率;其执行速度非常快,能够满足在嵌入式处理器(比如 DM642、DM6437、DM6655 等)上的应用需求;加上一些合理的应用策略后,使用该方法的自动存取款机、点钞机等产品通过了国家标准的检测。

作业与思考

7.1 上网查阅和学习"图像特征描述与计算"和"计算机视觉"课程的主要内容。

7.2 把见图 7-24 的灰度值分别放大或者缩小来模仿光照变亮、变暗和对比度变大、变小的情况。运行例子程序 RmwLDWRL. sln,对结果进行观察,说明亮度变化是否对行道线的候选水平线段检测造成重大影响,并分析原因。

图 7-24 H0701Gry. bmp

7.3 设计一种对类似图 7-25～图 7-27 中的点阵字符进行识别的方案。

图 7-25　H0702Gry. bmp

图 7-26　H0703Gry. bmp

图 7-27　H0704Gry. bmp

附录 A

程序与算法汇总

为了便于读者查找和参考,本附录列出书中各章节的 C/C++源程序,给出了它们的起始页码。标记为【程序 X-X】者是供参考和修改的,标记为【算法 X-X】者是可以直接使用的。

图 书 资 源 支 持

感谢您一直以来对清华版图书的支持和爱护。为了配合本书的使用,本书提供配套的资源,有需求的读者请扫描下方的"书圈"微信公众号二维码,在图书专区下载,也可以拨打电话或发送电子邮件咨询。

如果您在使用本书的过程中遇到了什么问题,或者有相关图书出版计划,也请您发邮件告诉我们,以便我们更好地为您服务。

我们的联系方式:

地　　　址: 北京市海淀区双清路学研大厦 A 座 714

邮　　　编: 100084

电　　　话: 010-83470236　010-83470237

客服邮箱: 2301891038@qq.com

QQ: 2301891038(请写明您的单位和姓名)

资源下载: 关注公众号"书圈"下载配套资源。

资源下载、样书申请

书 圈

获取最新书目

观看课程直播